信息技术应用创新系列教材

云计算部署与运维

项目化教程

主　编◎陈宗仁　王玉贤　魏育华
副主编◎姜　晔　杨家慧　蒋小波　朱映辉　陈允行
主　审◎王建华

中国水利水电出版社
www.waterpub.com.cn
·北京·

内 容 提 要

本书是一本以项目为导向的云计算部署与运维书籍，以华为鲲鹏云为平台，通过设计“××大学 BBS 论坛”项目讲解了云计算部署与运维的完整流程。

本书共分为 11 个部分，首先对“××大学 BBS 论坛”项目进行了整体介绍，然后通过任务 1～10 分别讲述了华为云注册与管理、部署云计算服务、部署云存储服务、部署云网络服务、部署云数据库服务、部署云容器服务、部署云运维服务、部署云监控服务、部署云安全服务、部署云容灾备份服务等内容的实现。各任务不仅分析了云计算部署与运维的相关理论知识，而且讲解了华为鲲鹏云部署与运维的所有任务实施步骤，让读者体会项目开发的全过程并切身感受项目开发带来的乐趣。

本书既可作为高等院校电子信息类、计算机类及相关专业本、专科“云计算部署与运维”的课程教材，也可作为职业培训教育及云端运维人员的参考用书。

本书附有配套视频、教学课件、习题及答案、实训指导手册等数字化学习资源，读者可以从中国水利水电出版社网站（www.waterpub.com.cn）或万水书苑网站（www.wsbookshow.com）免费下载。

图书在版编目（CIP）数据

云计算部署与运维项目化教程 / 陈宗仁，王玉贤，魏育华主编. -- 北京 : 中国水利水电出版社，2023.4
信息技术应用创新系列教材
ISBN 978-7-5226-1485-4

Ⅰ. ①云… Ⅱ. ①陈… ②王… ③魏… Ⅲ. ①云计算－教材 Ⅳ. ①TP393.027

中国国家版本馆CIP数据核字(2023)第064685号

策划编辑：石永峰　责任编辑：赵佳琦　加工编辑：白绍昀　封面设计：梁　燕

书　名	信息技术应用创新系列教材 云计算部署与运维项目化教程 YUNJISUAN BUSHU YU YUNWEI XIANGMUHUA JIAOCHENG
作　者	主　编　陈宗仁　王玉贤　魏育华 副主编　姜　晔　杨家慧　蒋小波　朱映辉　陈允行 主　审　王建华
出版发行	中国水利水电出版社 （北京市海淀区玉渊潭南路 1 号 D 座　100038） 网址：www.waterpub.com.cn E-mail：mchannel@263.net（答疑） sales@mwr.gov.cn 电话：（010）68545888（营销中心）、82562819（组稿）
经　售	北京科水图书销售有限公司 电话：（010）68545874、63202643 全国各地新华书店和相关出版物销售网点
排　版	北京万水电子信息有限公司
印　刷	三河市德贤弘印务有限公司
规　格	210mm×285mm　16 开本　12 印张　300 千字
版　次	2023 年 4 月第 1 版　2023 年 4 月第 1 次印刷
印　数	0001—3000 册
定　价	42.00 元

前　　言

云计算是传统计算机技术和网络技术发展融合的产物，也是引领未来信息产业创新发展的关键战略性技术和手段。近年来，云计算已成为IT业界最热门的研究方向之一。云计算可以实现随时随地、便捷、随需应变地从可配置计算资源共享池中获取所需资源，具有分布式计算和存储，高扩展性，用户友好性等。

本书内容突出技能性，以“××大学BBS论坛”项目为导向，以实践为原则，将华为鲲鹏云实际部署与运维中可能要用到的基础知识与基本技能作为主要的教学内容。本书整体设计以职业技能培养为目标，以案例（项目）任务实现为载体，将理论学习与实践操作相结合，旨在提升学生的综合素质和职业能力。

本书具有如下特色：

1．融入思政元素。运用鲜活案例、科技成果、发展成就等载体，将思政内容有机融入课程教材之中，通过项目化教学、情境式教学、沉浸式教学等多种教学方法，发挥思政课堂的引领作用，帮助学生认识和理解中国共产党的领导是中国最大的国情，要坚定地永远跟党走，积极投身中华民族伟大复兴的实践中。

2．项目驱动式教学。本书采用“项目驱动式”的教学方式，将一个项目分成了多个任务，每个任务都有详细的实现步骤及步骤说明，以实现任务的方式将知识点贯穿起来并运用到实际应用中，达到了学用结合的效果。

3．对应企业需求。写作团队深入研究当今企业对云计算部署与运维从业人员的实际需求，并根据市场需求设计了本书，力求打造一本最贴近企业从业者需求的精品书籍。

4．内容新颖全面。华为鲲鹏云技术属于现今的热门技术，其在未来也必将成为主流技术，拥有很大的受众群体，而目前关于华为鲲鹏云的教材非常少。本书是对华为鲲鹏云部署与运维的一个综合运用，涵盖的知识非常新颖全面，包含鲲鹏芯片、TaiShan服务器、鲲鹏弹性云服务器等知识。

5．立体化多媒体配套资源。本教材注重数字化资源的配备，配有PPT课件、微课、微视频，包含了华为鲲鹏云部署与运维各方面的知识和技能，做到了理论和实践相结合。

本书将华为云计算部署与运维拆分成10个任务模块，20个子任务细化讲解，构建了一个较为合理的结构。每个任务均由任务描述、任务目标、任务分析、知识链接、任务实施、任务小结、考核评价、任务拓展、思考与练习9部分组成，构成一个统一的整体。而每个部分又有其特定的功能，对进一步改进课堂教学，充分发挥教师的主导作用和学生的主体作用，培养学生的素质和能力，提高教学质量都有着十分重要的意义。

本书共分为11部分，主要内容包括项目概述、华为云注册与管理、部署云计算服务、部署云存储服务、部署云网络服务、部署云数据库服务、部署云容器服务、部署云运维服务、部署云监控服务、部署云安全服务、部署云容灾备份服务。

本书由陈宗仁、王玉贤、魏育华任主编，姜晔、杨家慧、蒋小波、朱映辉、陈允行任副主编，王建华任主审，王任飞、伍思立、詹昌明参与编写，陈宗仁负责全书的统稿工作。本书由企业鲲鹏认证培训专家和高校资深教师联合倾力打造，是多年研究成果和经验的结晶。

在本书编写过程中，参阅并引用了华为云官网、学术期刊、书籍数据和互联网资源，在此向相关作者表示衷心的感谢。

由于编者水平有限，书中难免存在疏漏和不足之处，敬请广大读者批评指正。

编 者

2022 年 12 月

目　　录

项目概述　××大学 BBS 论坛

【项目背景】

××大学有在校生 20000 人左右，在学校内部部署了一个提供学生失物招领、学习交流、交友讨论的公告板系统（Bulletin Board System，BBS）论坛。该 BBS 论坛高峰期并发在线人数为 2000 人左右，低峰期并发在线人数为 500 人左右，目前采用本地互联网数据中心（Internet Data Center，IDC）机房的部署方式，其中有 3 台 Web 服务器和 2 台 MySQL 数据库服务器，无灾备方案。

3 台 Web 服务器配置如下：

服务器 1（Server1）：Dual Xeon 3.0/4GB 内存/1TB SCSI 硬盘。

服务器 2（Server2）：Dual Xeon 3.0/4GB 内存/1TB SCSI 硬盘。

服务器 3（Server3）：Dual Xeon 3.0/4GB 内存/1TB SCSI 硬盘。

2 台 MySQL 数据库服务器配置如下：

服务器 1（Server1）：Dual Xeon 5335/8GB 内存/1TB SAS 硬盘（RAID0+1）;

主数据库：CentOS5.1-x86_64/MySQL5。

服务器 2（Server2）：Dual Xeon 5335/8GB 内存/1TB SAS 硬盘（RAID0+1）;

从数据库：CentOS5.1-x86_64/MySQL5。

其中，SCSI 为小型计算机系统接口（Small Computer System Interface），SAS 为串行连接 SCSI（Serial Attacned SCSI）。GB 和 TB 均为存储容量单位，存储容量单位由小到大分别为比特（bit，b）、字节（Byte，B）、千字节（Kilo Byte，KB）、兆字节（Mega Byte，MB）、吉字节（Giga Byte，GB）、太字节（Tera Byte，TB）、拍字节（Peta Byte，PB）、艾字节（Exa Byte，EB）等。

5 台机器通过内网进行连接，当前服务器连接拓扑如图 0.1 所示。

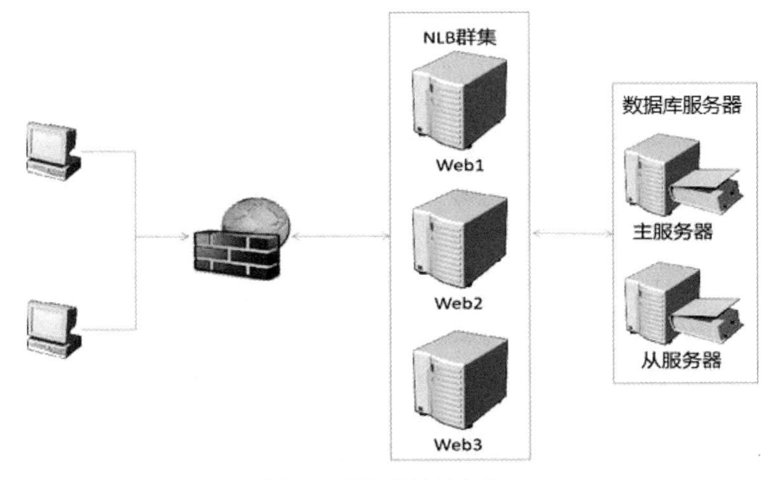

图 0.1　服务器连接拓扑

目前，这种本地 IDC 机房部署的方案主要存在以下问题：

（1）随着业务的增多，硬件更新迭代成本过高。

（2）运维复杂，对运维人员的专业化要求较高。

（3）人员投入成本高，为保证设备正常运行，需要24小时人员值守。

（4）软件的更新部署复杂。

（5）无有效的灾备解决方案，一旦发生黑客入侵、人员失误操作、自然灾害等事件，数据不能有效恢复。

【项目分析】

为解决以上问题，以及从总拥有成本（Total Cost of Ownership，TCO）、易维护、容灾等角度考虑，学校网络运维部门决定对BBS论坛应用云上部署的方案，配置如下：

（1）Web服务器（8vCPU/16GB内存/40GB硬盘）：操作系统约占5GB空间，Web服务、PHP环境和其他辅助软件约占15GB空间，剩余磁盘空间用于存放交换数据和用户临时数据。后期如果磁盘空间不足，可以通过外挂云硬盘（Elastic Volume Service，EVS）来解决。

（2）数据库（8vCPU/32GB内存/1TB硬盘）：采用关系型数据库服务（Relational Database Service，RDS），主要用于存储用户密钥、用户ID、权限、发帖等内容。本项目主要为电子公告板形式，以文字信息为主，1TB硬盘约可以支持数据存储4年。

（3）云上容灾（存储容灾服务/云数据库主备）：为保证数据安全，采用云上容灾和两地三中心的解决方案。

（4）运维方式（运维管理服务）：采用云上运维应用运维管理（Application Operations Management，AOM）、云审计等运维方式。

本地IDC机房部署方案和云上部署方案对比情况见表0.1。

表0.1　本地IDC机房部署方案和云上部署方案对比情况

比较标准	本地IDC机房部署	云上部署
Web服务器	15000元×3台，一次性买断	每月500元×3台
数据库服务器	36000元×2台，一次性买断	每月385元×2台
网络费用	20M，每年50000元	20M，每年21600元
灾备方案	无	云上容灾，存储容灾服务/云数据库主备
运维成本	24小时值守：电力、消防等	基础运维由华为负责，用户只关心应用运维
安全防护	硬件防火墙30000元，一次性买断，病毒数据库更新需要另外支付费用	根据需求自行选择购买，按需支付

华为公有云具有云服务种类多、部署方便、计费方便、接入方式广泛、资源池化以及按需自助服务等特点，非常适合本BBS项目的部署环境。其中，弹性云服务器（Elastic Cloud Server，ECS）既具有普通服务器的特点，同时又具有资源分配灵活、计费方便、扩容方便等特点；RDS既可以代替普通数据服务器，同时又可以灵活选择服务器引擎。另外，华为云的灾备服务可以为本项目提供灾难恢复的功能，安全服务可以为本BBS论坛提供Web防火墙、漏洞扫描、分布式拒绝服务（Distributed Denial of Service，DDOS）防御等功能。华为云还具有云服务监控功能，便于随时查看资源的配置和使用情况，云审计功能便于对历史服务进行重放，云日志功能可以记录BBS服务的运行情况。

综上所述，可以把本地IDC机房的部署方式更换为华为公有云鲲鹏云服务方式，它为用户提供Web页面登录、发布公告、回复、管理员登录、权限控制、历史数据查询等功能，同时保证服务的正常运行和运维。

【项目要求】

××大学 BBS 论坛主要服务于××大学的学生，同时面向全国用户开放。该论坛对云服务的资源配置、网速、服务的稳定性、灾备能力和防护功能等都有特定的要求，项目总体部署如下：

（1）基本功能部署。Web 服务部署在 ECS 上，数据库部署在 RDS 服务上，两种服务器通过虚拟私有云（Virtual Private Cloud，VPC）进行连接。同时 Web 服务器能够通过公网网际互连协议（Internet Protocol，IP）为用户提供服务，数据库服务器运行 MySQL 或者 mariaDB，数据库主要用于记录用户账号、用户名、密码、权限、行为等信息。

（2）运维管理部署。Web 服务器采用 httpd（超文本传输协议服务器的主程序），需要对 httpd 的中央处理器（Central Processing Unit，CPU）使用率、内存使用率、RDS 数据库服务每秒读写次数（Input/Output Operations Per Second，IOPS）、网络吞吐量、活跃数、缓冲池等指标进行监控，各服务器的日志文件需要统一管理，并转存到对象存储服务（Object Storage Service，OBS）。

（3）云监控部署。云监控主要针对运行 Web 服务的 ECS 的 CPU 负载、传输控制协议（Transmission Control Protocol，TCP）连接数、磁盘输入/输出（Input/Output，I/O）、进程、云盘读写带宽、关系型数据库、弹性公网 IP、虚拟私有云等进行监控部署。

（4）容灾部署。为保证在站点发生宕机时，本项目也能够继续提供服务，可采用华为云不同区间的云上容灾方案。该方案主要有存储容灾服务（Storage Disaster Recovery Service，SDRS）、数据库容灾、容灾演练、容灾一键切换等功能。

（5）安全防护部署。为保证本项目的正常运行，防止病毒和漏洞的侵扰，还需要部署华为云的 Web 应用防火墙（Web Application Firewall，WAF）服务、防止流量攻击的分布式拒绝服务（Distributed Denial of Service，DDOS）和漏洞扫描服务（Vulnerability Scan Service，VSS）。

本项目共分解为 10 个任务来完成：华为云注册与管理、部署云计算服务、部署云存储服务、部署云网络服务、部署云数据库服务、部署云容器服务、部署云运维服务、部署云监控服务、部署云安全服务、部署云容灾备份服务。

项目部署框架如图 0.2 所示。

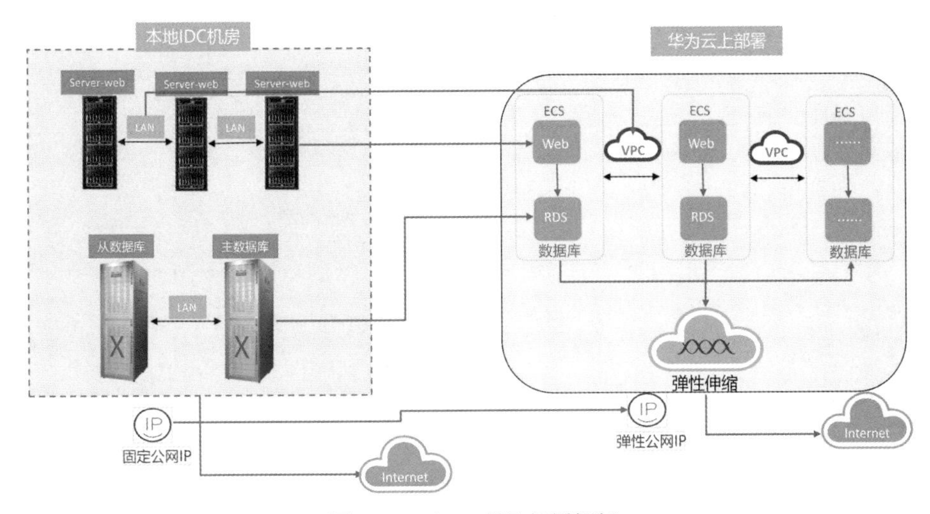

图 0.2（一）　项目部署框架

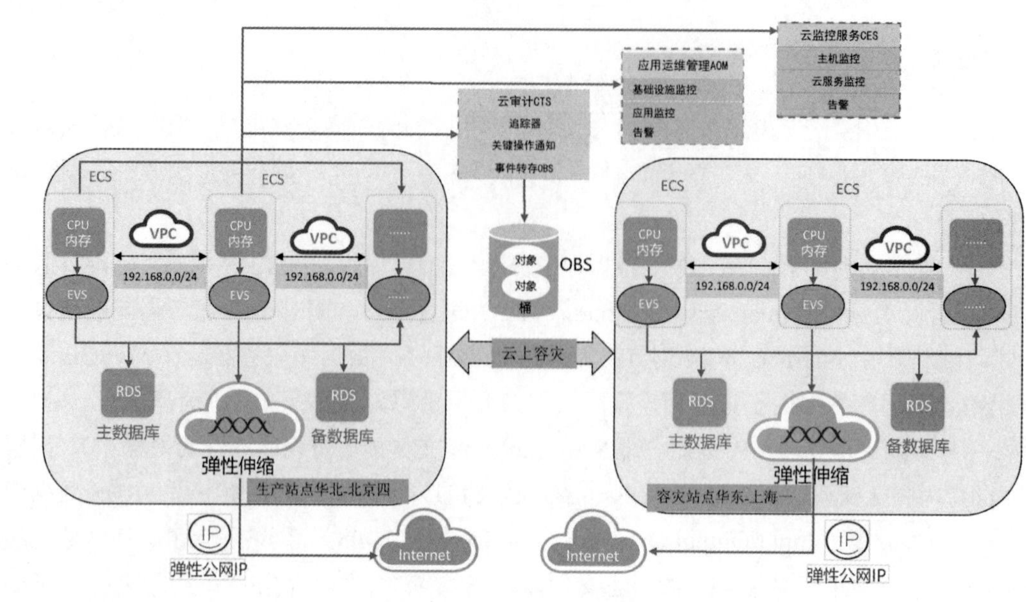
云监控服务CES
主机监控
云服务监控
告警
应用运维管理AOM
基础设施监控
应用监控
告警
云审计CTS
追踪器
关键操作通知
事件转存OBS
ECS
ECS
CPU
内存
VPC
192.168.0.0/24
EVS
RDS
主数据库
RDS
备数据库
弹性伸缩
生产站点华北-北京四
对象
对象
桶
OBS
云上容灾
容灾站点华东-上海一
弹性公网IP
Internet

图 0.2（二） 项目部署框架

任务1　华为云注册与管理

【任务描述】

传统企业互联网技术（Internet Technology，IT）基础设施面临着业务上线慢、生命周期管理复杂、TCO居高不下和关键应用性能受限等痛点。云计算可以实现随时随地、便捷、随需应变地从可配置计算资源共享池中获取所需资源，其资源能够快速供应并释放。它具有按需自助服务、广泛网络接入、资源池化、快速弹性伸缩和可计量付费的特点，能很好地满足BBS项目的部署。

本任务主要介绍了云计算的演进、概念、基本特质、发展阶段、部署模式、分类，以及华为云服务战略。通过对华为云鲲鹏云服务技术架构、技术核心和服务类型的分析，将BBS项目部署在华为云鲲鹏云服务上。本任务是整个项目最基础的工作之一，需要完成华为云账号的注册、登录、认证及控制台的相关操作，最后要保证账号内有足够的资金用于购买云服务，为后续任务的开展做准备。

【任务目标】

- 了解云计算的演进、概念、分类、基本特质与部署模式。
- 了解华为云鲲鹏云服务的技术架构和技术核心。
- 了解华为云鲲鹏云服务的类型、概念与优势。
- 掌握华为云鲲鹏云服务的注册、登录、认证方法及控制台的使用。
- 了解华为云服务战略，培养学生民族自豪感和自尊心，进行中国梦宣传教育。

【任务分析】

任务1-任务分析

完成项目的部署首先要注册合法的华为云账号，华为云账号可通过身份证、护照、居住证等证件进行实名认证。购买华为云服务除了需要实名认证外还需要账号有足够的资金，资金可通过移动充值（支付宝、微信等）、华为云代金券、华为云现金券或者统一身份证（Identity and Access Management，IAM）统一支付的方式获取。注册和登录账号可在华为云官网（www.huaweicloud.com）上进行。如果需要进行企业实名认证，还需要提供企业营业执照、税务登记证等信息。

【知识链接】

任务1-知识链接

一、云计算概述

1. 云计算的演进

传统企业IT基础设施面临以下痛点：

（1）业务上线慢，生命周期管理复杂。

（2）TCO居高不下。

（3）关键应用性能受限于I/O等瓶颈。

“天下大势，合久必分，分久必合”，云计算时代IT基础设施演进的下一个10年，是从分离重新走向融合的10年，其将经历以下2个阶段：

（1）通过云操作系统，将多厂家异构的计算、存储与网络资源的水平融合，对外提供开放与标准化的IT服务接口，实现面向利用IT基础设施的“融合”模式。

（2）通过融合架构一体机，将单厂家的计算、存储与网络资源的垂直融合，对外提供模块化、一站式、高性能、性价比最优的IT服务接口，实现面向新建基础设施的“交付”模式。

无论IT架构如何螺旋式演进，客户价值和驱动力主要体现在以下3点：

（1）更高的业务部署与生命周期管理效率。

（2）更低的TCO。

（3）更优的业务性能与用户体验。

云计算技术发展历程代表主要包括VMware、AWS、OpenStack、Huaweicloud 2015，如图1.1所示。

（1）2003年，威睿（VMware）推出服务器虚拟化解决方案vSphere。

（2）2006年，亚马逊推出专业云计算服务亚马逊公有云（Amazon Web Services，AWS）。

（3）2010年，美国国家航空航天局（NASA）和瑞克空间（Rackspace）联合推出由阿帕奇（Apache）许可证授权的自由软件和开放源代码项目OpenStack。

（4）2015年，华为推出Huaweicloud 2015混合云。

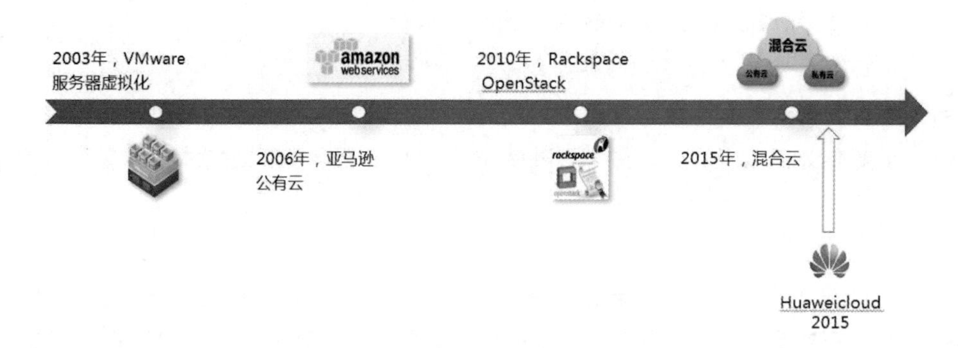

图1.1　云计算技术发展历程代表

2. 云计算的概念

云计算（Cloud Computing）是分布式计算的一种，指的是通过网络“云”将巨大的数据计算处理程序分解成无数个小程序，然后，通过多部服务器组成的系统进行处理和分析这些小程序得到结果并返回给用户。云计算早期，简单地说，就是简单的分布式计算，解决任务分发，并进行计算结果的合并。因而，云计算又称为网格计算。通过这项技术，可以在很短的时间内（几秒钟）完成对数以万计数据的处理，从而达到强大的网络服务。

3. 云计算的五大基本特质

（1）按需自助服务（On-demand Self-service）。客户可以按需部署处理能力，如服务器时间和网络存储大小，而不需要与每个服务的供应商进行人工交互。

（2）广泛网络接入（Broad Network Access）。客户可以通过互联网获取各种资源，并可以通过标准方式访问，允许各种客户端接入使用。例如移动电话、笔记本电脑、掌上电脑（Personal Digital Assistant，PDA）等。

（3）资源池化（Resource Pooling）。供应商的计算资源被集中，以便以多用户租用的模式服务所有客户，同时不同的物理和虚拟资源可根据客户需求动态分配或重新分配。客户一般无法控制或知道资源的确切位置。这些资源包括存储器、处理器、内存、网络带宽和虚拟机等。

（4）快速弹性伸缩（Rapid Elasticity）。云计算可以迅速、弹性地提供资源，能快速扩展，也可以快速释放资源，实现快速缩小。对客户来说，可以租用的资源看起来似乎是无限的，并且可在任何时间购买任何数量的资源。

（5）可计量付费（Measured Service）。资源的收费有两种模式，一种是基于计量的一次一付，另一种是基于广告的收费模式，以促进资源的优化利用。比如计量存储、带宽和计算资源的消耗，可按月根据用户实际使用情况收费。一个组织内的云可以在部门之间计算费用。

4. 云计算的发展阶段

云计算主要经历了虚拟化、私有云、公有云、混合云 4 个发展阶段，如图 1.2 所示。

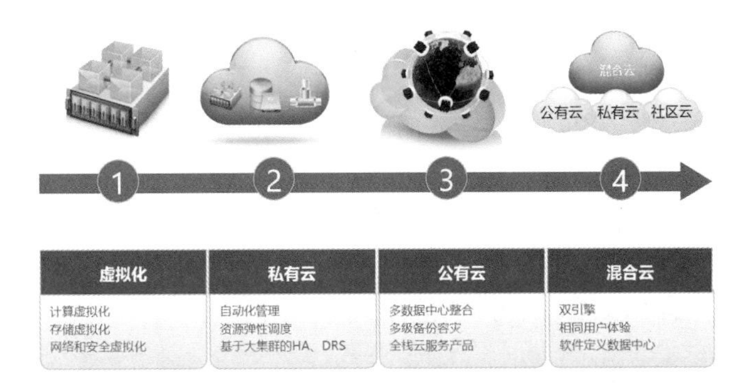

图 1.2　云计算发展阶段

5. 云计算的四类部署模式

（1）私有云（Private Cloud）。私有云是为某个特定用户或机构建立的，它只能实现小范围内的资源优化，因此并不完全符合云的本质——社会分工。托管型私有云在一定程度上实现了社会分工，但是仍无法解决大规模范围内物理资源利用效率的问题。

（2）公有云（Public Cloud）。公有云是面向大众的，所有入驻的用户都被称为租户，平台不仅同时拥有很多租户，而且一旦某个租户离开，其资源可以马上释放给下一个租户。公有云是最彻底的社会分工，能够在大范围内实现资源优化。

（3）社区云（Community Cloud）。社区云是介于公有和私有之间的一种形式，当客户处于敏感行业，使用公有云在政策和管理上存在限制和风险，所以可多家联合制作一个社区云平台。

（4）混合云（Hybrid Cloud）。混合云是公有云、私有云、社区云的任意混合，这种混合可以是计算和存储的，也可以两者兼有。在公有云尚不完全成熟，而私有云存在运维难、部署时间长、动态扩展难的现阶段，混合云是一种较为理想的平滑过渡方式。短时间内，它的市场占比将会大幅上升。

6. 云计算按服务层级的常见分类

（1）基础设施即服务（Infrastructure as a Service，简称 I 层）。主要提供计算、存储、网络类基础服务，典型 I 层云服务如弹性云服务器。

（2）平台即服务（Platform as a Service，简称 P 层）。主要提供应用运行、开发环境和应用开发组件，典型 P 层云服务如数据库服务。

（3）软件即服务（Software as a Service，简称 S 层）。主要通过 Web 页面提供软件的相关功能，典型的 S 层云服务如 Office 365。

7. 华为对于云计算的追求和理解

（1）简单化。资源共享，单一的硬件，统一的容灾备份，统一维护，资源弹性伸缩。

（2）平台化。基于 QoS 的资源管理，统一管理，统一平台，基于开放的架构，灵活的业务调整，标准化资源管理。

（3）服务化。基于业务的 SLA，可计量的服务，随时随地的接入，稳定的业务体验，多业务支持。

QoS（Quality of Service，服务质量）指一个网络能够利用各种基础技术，为指定的网络通信提供更好的服务能力，是网络的一种安全机制，是用来解决网络延迟和阻塞等问题的一种技术。

SLA（Service Level Agreement，服务等级协议）是通信服务中的基础服务，其中定义了服务类型、服务质量和客户付款等术语。

华为云强调上不碰应用，下不碰数据。它在云原生等平台的 PaaS 上发力，全面云化产品解决方案，以公有云为核心，构建开放的混合云架构，打造行业云生态。

二、华为云鲲鹏云服务

1. 华为云鲲鹏云服务技术架构

华为云鲲鹏服务基于鲲鹏处理器等多元基础设施，涵盖裸机、虚机、容器等形态，具有多核高并发特点，非常适合人工智能、大数据、高性能计算机群、云手机/云游戏等场景。华为鲲鹏云技术提供云服务、工具链、社区到专业服务的全方位支持，华为云鲲鹏云技术架构如图 1.3 所示。

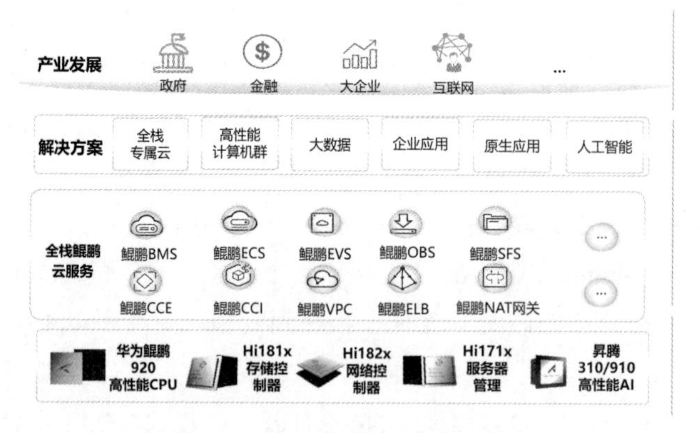

图 1.3　华为云鲲鹏云技术架构

2. 华为云鲲鹏云服务技术核心

（1）鲲鹏 CPU。华为在芯片及处理器领域的探索已有二十多年，其探索历程如图 1.4 所示。1991 年，华为研发了第一枚用于传输网络的专用集成电路（Application Specific Integrated Circuit，ASIC）芯片；2005 年，研发了第一枚基于进阶精简指令集机器（Advanced RISC Machine，ARM）架构的无线基站芯片；2009 年，推出智能手机 CPU K3（麒麟芯片的前身）；2016 年，推出第一代面向数据中心应用的鲲鹏 916 处理器，同年，又推出了服务器 CPU（鲲鹏芯片的前身）；2019 年，推出业界第一枚 7nm 的数据中心处理器——鲲鹏 920（图 1.5）；2023—2025 年，拟推出下一代鲲鹏 930 处理器（单处理器性能可以提升 2.5 倍）和鲲鹏 950 处理器。华为每年将销售收入的 10%以上投入研发，其中系统芯片（System on a Chip，SoC）相关投资超过 1/3，这使得华为的芯片研发能力实现了从初始技术积累到技术创新，再到架构创新的飞跃式提升。

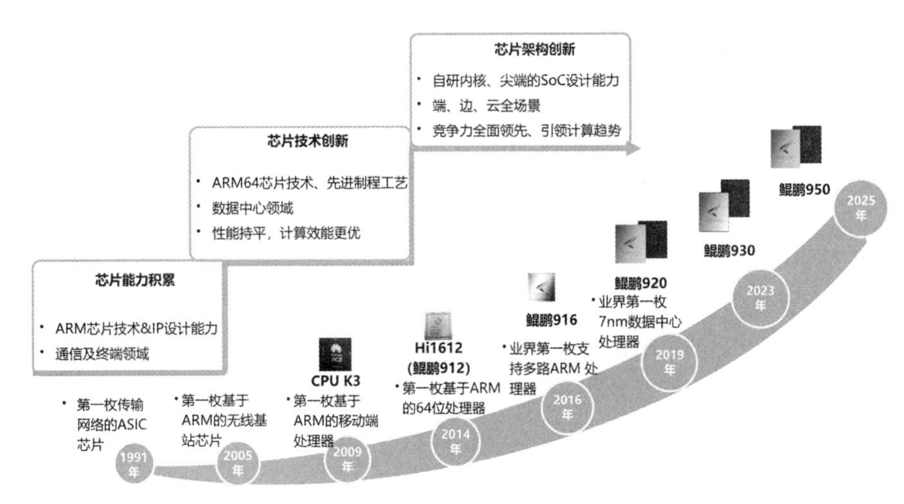

图 1.4 华为在芯片及处理器领域的探索历程

芯片是上层软件和应用的底座，也是全产业链可持续创新和发展的驱动力。作为鲲鹏计算产业底座的鲲鹏处理器，华为将持续保持重点投入，秉承量产一代、研发一代、规划一代的演进节奏，落实“长期投入、全面布局、后向兼容和持续演进”的基础战略，通过对产业界提供以鲲鹏系列处理器为核心的芯片组和相应的产品，高效满足市场对新算力的需求。

（2）TaiShan 服务器。TaiShan 服务器以华为鲲鹏处理器为基础，构建整机计算能力。第一代 TaiShan 100 服务器基于鲲鹏 916 处理器，于 2016 年推入市场。2019 年推出的 TaiShan 200 服务器基于鲲鹏 920 处理器，是目前市场的主打产品。基于鲲鹏处理器，华为打造了鲲鹏计算整机产品标杆——TaiShan 服务器，如图 1.6 所示。TaiShan 服务器是华为在计算技术和整机工程方面长期积累的结晶。

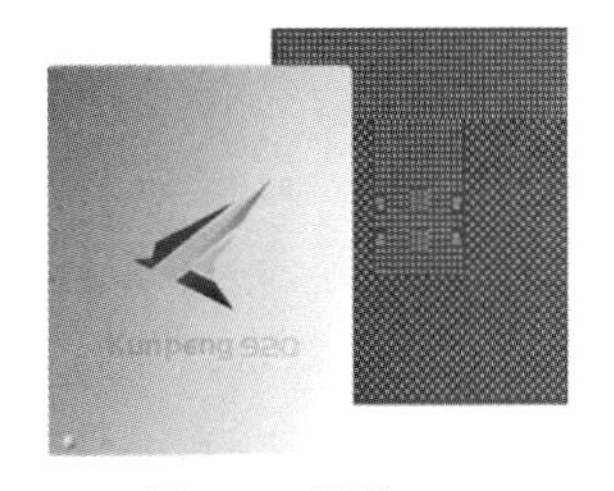

图 1.5 鲲鹏 920

图 1.6 TaiShan 服务器

华为在 TaiShan 200 服务器上充分应用了散热液冷、高速互联、可靠性设计与质量品控等工程工艺技术，将 TaiShan 服务器打造成为精品，为鲲鹏处理器应用在数据中心服务器领域树立了一个行业标杆。

TaiShan 服务器目前已经规模商用的有 2280 均衡型、5280 存储型和 X6000 高密型。2280 均衡型比较适合计算型的应用，典型的应用场景有：ARM 原生应用和企业办公自动化（Office Automation，OA）；5280 存储型比较适合存储型的应用，典型的应用场景有：软件定义存储和大数据等；X6000 高密型比较适合高性能计算型的应用，典型的应用场景有：HPC 高性能计算。未来华为将陆续上市更多的产品型号，包括支持 72 盘位的 5290 高密型，支持 4 路服务器互联的 2480 高性能型，支持 1U 双路的 1280 高密型和适合在边缘计算场景部署的 2280E 型等。

3. 鲲鹏弹性云服务器

弹性云服务器（Elastic Cloud Server，ECS）是由 CPU、内存、操作系统、云硬盘组成的基础计算组件。弹性云服务器创建成功后，可以像使用自己的本地计算机或物理服务器一样，在云上使用弹性云服务器。弹性云服务器的开通是自助完成的，只需要指定 CPU、内存、操作系统、服务器规格、登录鉴权方式即可，同时也可以根据需求随时调整弹性云服务器的规格，打造可靠、安全、灵活、高效的计算环境。

弹性云服务器的优势：

（1）丰富的规格类型。系统提供多种类型的弹性云服务器，可满足不同的使用场景，每种类型的弹性云服务器包含多种规格，同时支持规格的变更。

（2）丰富的镜像类型。用户可以灵活便捷地使用公共镜像、私有镜像或共享镜像申请弹性云服务器。

（3）丰富的磁盘种类。系统提供普通 I/O、高 I/O、通用型 SSD、超高 I/O、极速型 SSD 性能的硬盘，满足不同业务场景的需求。

（4）灵活的计费模式。系统支持包年、包月或按需计费模式购买云服务器，满足不同应用场景，根据业务波动随时购买和释放资源。

（5）数据可靠。ECS 基于分布式架构，提供可弹性扩展的虚拟块存储服务；具有高数据可靠性，高 I/O 吞吐能力。

（6）安全防护。ECS 支持网络隔离，安全组规则保护，远离病毒攻击和木马威胁；提供 Anti-DdoS（反物联网）流量清洗、Web 应用防火墙、漏洞扫描等多种安全服务。

（7）弹性易用。根据业务需求和策略，ECS 自动调整弹性计算资源，高效匹配业务要求。

（8）高效运维。ECS 提供控制台、远程终端和应用程序接口（Application Programming Interface，API）等多种管理方式。

（9）云端监控。实时采样监控指标，提供及时有效的资源信息监控告警，通知随时触发随时响应。

（10）负载均衡。弹性负载均衡将访问流量自动分发到多台云服务器，扩展应用系统对外的服务能力，实现更高水平的应用程序容错性能。

4. 鲲鹏裸金属服务器

裸金属服务器（Bare Metal Server，BMS）是一款兼具虚拟机弹性和物理机性能的计算类服务，为企业提供专属的云上物理服务器，为核心数据库、关键应用系统、高性能计算、大数据等业务提供卓越的计算性能以及数据安全。租户可灵活申请，按需使用。裸金属服务器的开通是自助完成的，只需要指定具体的服务器类型、镜像、所需要的网络配置等，即可在 30 分钟内获得所需的裸金属服务器。

裸金属服务器的优势：

（1）安全可靠。裸金属服务器是用户专属的计算资源，支持 VPC、安全组隔离；支持主机安全相关组件集成；基于擎天架构的裸金属服务器支持云磁盘作为系统盘和数据盘，具有硬盘备份恢复能力；支持对接专属存储，满足企业数据安全、监管业务安全和可靠性诉求。

（2）性能卓越。裸金属服务器继承物理服务器的特征，无虚拟化开销和性能损失，100%释放算力资源。裸金属服务器结合华为自研擎天软硬协同架构，支持高带宽、低时延、云存储、云网络访问性能，满足企业数据库、大数据、容器、高性能计算机群、人工智能等关键业务部署密度和性能诉求。

（3）基于华为云裸金属服务器部署第三方虚拟化软件。裸金属服务器兼容VMware、Citrix XenServer、Xen、KVM、Hyper-V等多种虚拟机监视器（Hypervisor），面向大企业虚拟化业务规模云上场景，帮助企业客户线下数据中心虚拟化业务快速、平滑上云。裸金属服务器提供线上、线下架构一致的云环境管理体验，满足客户混合云和多云部署的诉求。

（4）敏捷的部署效率。裸金属服务器基于擎天加速硬件，支持云磁盘作为系统盘快速发放资源，其基于统一控制台开放API和软件开发工具包（Software Development Kit，SDK），支持自助式资源生命周期管理和运维。

（5）云服务和解决方案快速集成。裸金属服务器基于统一的VPC模型，支持公有云云服务的快速机型，帮助企业客户实现数据库、大数据、容器、高性能计算机群、人工智能等关键业务云化解决方案集成和加速业务云化上线效率。

5. 鲲鹏容器

容器（Container）是一种虚拟化实例，一个操作系统的内核允许多个隔离的用户空间实例。与虚拟机（Virtual Machine，VM）不同，容器不需要为每个实例运行一个完备的操作系统（Operating System，OS）镜像。相反，容器能够在单个共享操作系统里面运行应用程序的不同实例。

华为云提供高性能、高可用、高安全的企业级容器服务，有通过云原生计算基金会（Cloud Native Computing Foundation，CNCF）官方认证的两种Kubernetes（开源的自动化运维平台）服务供用户选择，包括云容器引擎与云容器实例。

云容器引擎（Cloud Container Engine，CCE）提供高度可扩展的、高性能的企业级Kubernetes集群，支持运行应用容器引擎（Docker）容器。借助云容器引擎，鲲鹏容器可以在华为云上轻松部署、管理和扩展容器化应用程序。

云容器引擎深度整合华为云高性能的计算（ECS/BMS）、网络（VPC/EIP/ELB）、存储（EVS/OBS/SFS）等服务，并支持图形处理器（Graphics Processing Unit，GPU）、嵌入式神经网络处理器（Neural-network Processing Unit，NPU）、ARM、FPGA等异构计算架构，支持多可用区（Available zone，AZ）、多区域（Region）容灾等技术构建高可用Kubernetes集群。华为云是全球首批Kubernetes认证服务提供商（Kubernetes Certified ServiceProvider，KCSP），是国内最早投入Kubernetes社区的厂商，是容器开源社区主要贡献者和容器生态领导者。华为云也是CNCF的创始成员及白金会员，云容器引擎是全球首批通过CNCF基金会Kubernetes一致性认证的容器服务。

云容器实例（Cloud Container Instance，CCI）提供无服务器容器（Serverless Container）引擎，它无需创建和管理服务器集群即可直接运行容器。

Serverless是一种架构理念，是指不用创建和管理服务器、不用担心服务器的运行状态（服务器是否在工作等），只需动态申请应用需要的资源，把服务器留给专门的维护人员管理和维护，进而专注于应用开发、提升应用开发效率、节约企业IT成本。传统上使用Kubernetes运行容器，首先需要创建运行容器的Kubernetes服务器集群，然后再创建容器负载。

而云容器实例的Serverless Container无需创建、管理Kubernetes集群，也就是从使用的角度看不见服务器，而是直接通过控制台、Kubectl、Kubernetes API创建和使用容器负载，且只需为容器所使用的资源付费。

6. 鲲鹏云手机

云手机（Cloud Phone，CPH）是基于华为云裸金属服务器虚拟出的带有原生安卓操作系统，同时具有虚拟手机功能的云服务器。简单来说，云手机=云服务器+安卓操作系统。用户可以远程实时控制云手机，实现安卓 App 的云端运行；也可以基于云手机的基础算力，高效搭建应用，如云游戏、移动办公、直播互娱等场景。

作为一种新型服务，云手机对传统物理手机起到了非常好的延展和补充作用，可以用在 App 仿真测试、云手游、直播互娱、移动办公等场景，让移动应用不但可以在物理手机上运行，还可以在云端智能上运行。

选择云手机的原因：

（1）降本增效。面向如 App 仿真测试等互联网行业场景，单台手机的处理效率非常有限，通过云手机的方式，可大幅降低人工操作、设备采购和维护成本。

（2）安全保障。由于云手机的应用数据运行在云上，可为政府、金融等信息安全诉求较高的行业提供更加安全高效的移动办公解决方案。员工通过使用云手机的方式登录办公系统，实现公私数据分离，同时企业也可对云手机进行智能管理，降本增效的同时，信息安全也更加有保障。

（3）探索游戏、直播行业新可能。云手机还可以为游戏、直播等行业提供全新的互动体验方式，开拓新的商业模式和市场空间。以云手游场景为例，因为游戏的内容实际是在云手机上运行的，可以提前安装部署和动态加载，所以对于玩家来说，游戏可以做到无需下载，即点即玩，大幅提高玩家转换率；同时让中低配手机用户也能流畅运行大型手游，增大游戏覆盖的用户范围。

任务 1-任务实施

【任务实施】

子任务 1　鲲鹏云注册与认证

1. 注册华为云账号

（1）打开浏览器，输入网址：www.huaweicloud.com，打开华为云官网，如图 1.7 所示。

图 1.7　华为云官网首页

（2）单击右上角的“注册”按钮，在弹出的“欢迎注册华为云（中国）”对话框中输入手机号，获取并输入短信验证码，设置好登录密码后，勾选“我已阅读同意《华为云用户协议》和《隐私政策声明》”复选框，最后单击“同意协议并注册”按钮，如图 1.8 所示。

说明：注册华为云账号时必须要用可用的手机号码。

2. 登录华为云平台

登录华为云平台主要有三种方式，分别为账号登录（图 1.9）、手机号登录（图 1.10）和手机 App 扫码登录（图 1.11），登录成功后的页面如图 1.12 所示。

图 1.8　注册对话框

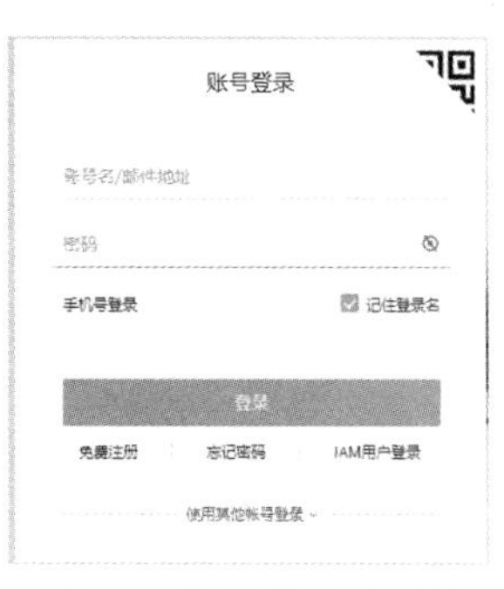

图 1.9　账号登录对话框

图 1.10　手机号登录对话框

图 1.11　扫码登录对话框

图 1.12　登录成功页面

3. 实名认证

实名认证分为个人实名认证和企业实名认证，建议读者采用个人实名的方式进行认证，如果后期有需要也可以把个人实名认证升级为企业实名认证。

华为云个人账户和企业账户在云服务的使用上基本没有区别，企业账户在实名认证的时候需要审核企业的资质信息，云资源的所有权归企业所有。同样，个人账户也可以升级为企业账户，升级后的资源所有权归企业所有。个人账户和企业账户只有实名认证后才能购买相关服务，认证步骤如下：

（1）登录华为云平台后，单击页面右上角账号旁边的箭头^，在弹出的下拉菜单中选择“账号中心”选项，如图 1.13 所示。

图 1.13 “账号中心”入口

（2）在弹出的“账号中心”页面中，单击选择左侧的“实名认证”选项，然后根据提示填写好相关信息，上传相关佐证材料进行实名认证，如图 1.14 所示。通过华为云实名认证后的页面如图 1.15 所示。

图 1.14 “账号中心”实名认证页面

图 1.15 通过华为云实名认证的页面

说明：

（1）手机号：用于接收实名认证的短消息。

（2）可以用于个人实名认证的证件：身份证、信用卡、军官证、护照等。

（3）可以用于企业实名认证的证件：营业执照、税务登记等。

子任务 2　鲲鹏云管理控制台的使用

1. 资源视图

（1）登录华为云平台，单击页面右上角的“控制台”按钮（图 1.13），打开“控制台”页面，如图 1.16 所示。

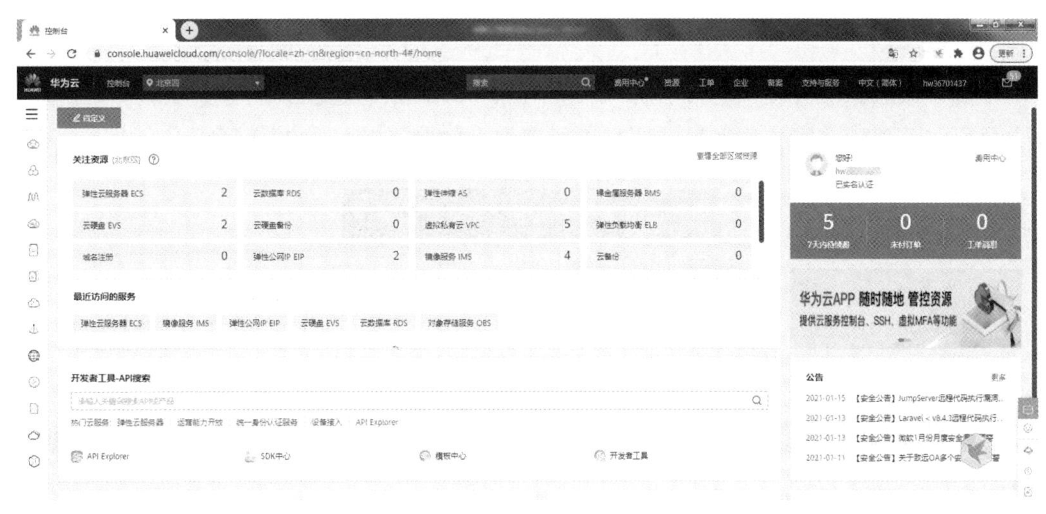

图 1.16　“控制台”页面

（2）“控制台”页面中“关注资源”列出的是经常使用的云服务的快捷方式（图 1.17），可通过选择相应的选项来快速查看该项的资源情况。

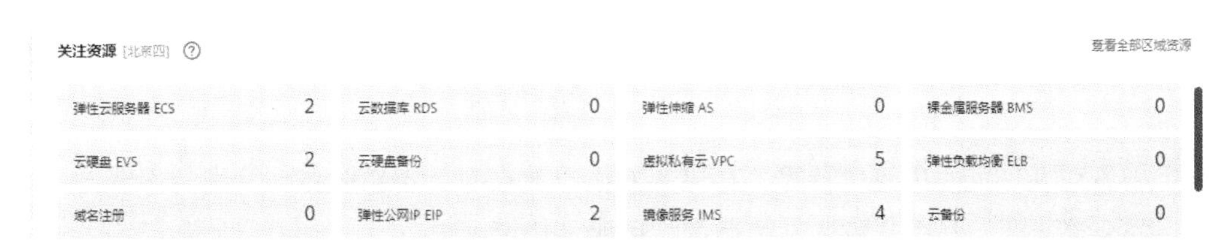

图 1.17　“关注资源”页面

2. 服务模板

用户如果对平台提供的默认服务模板不满意，还可以通过单击页面左上角的“自定义”按钮来设计自己的服务模板，如图 1.18、图 1.19 所示。

图 1.18　“自定义”按钮

图 1.19　自定义服务模板页面

3. 服务列表

华为云鲲鹏云服务提供的云服务项目有几百个，如果想查找或选择某项服务，可通过单击页面左上角的“服务列表”按钮来进行查看，如图 1.20、图 1.21 所示。

图 1.20　“服务列表”按钮

图 1.21　“服务列表”页面

“服务列表”页面里包含计算、存储、网络、数据库、容器服务、管理与部署、应用服务、安全等选项。其中，页面左边是最常用服务快键列表。

4. 资源区域

华为云鲲鹏云服务的资源有很多区域，可以通过单击页面上方“控制台”右边的区域下拉按钮（图 1.22），在弹出的区域下拉菜单中选择相应的区域选项，如图 1.23 所示。

图 1.22　区域下拉按钮

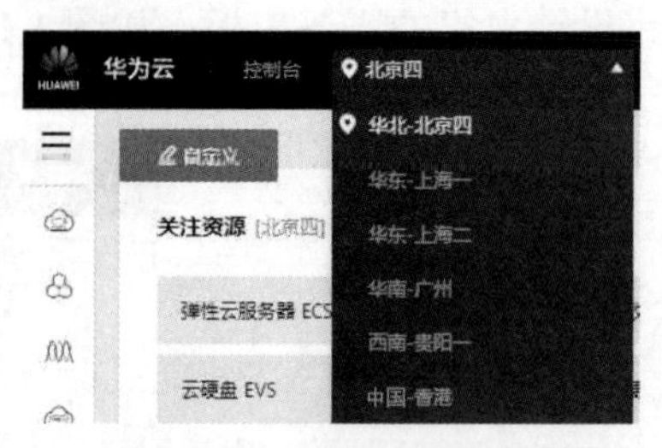

图 1.23　区域下拉菜单

说明：区域选择建议以“就近选择”为原则。

5. 费用中心

如果要想使用华为云鲲鹏云服务，除了需要实名认证外，还需要支付一定的费用。账户内如果没有足够的资金将无法进行后续操作。资金可以通过 IAM 账户分配、华为云代金券、华为云现金券、自行充值等方式获取。下面介绍如何充值费用。

（1）单击“控制台”页面右上方的“费用中心”按钮，如图 1.24 所示。

（2）在弹出的“费用中心”页面中，单击“充值”按钮，如图 1.25 所示。

图 1.24　“费用中心”选项

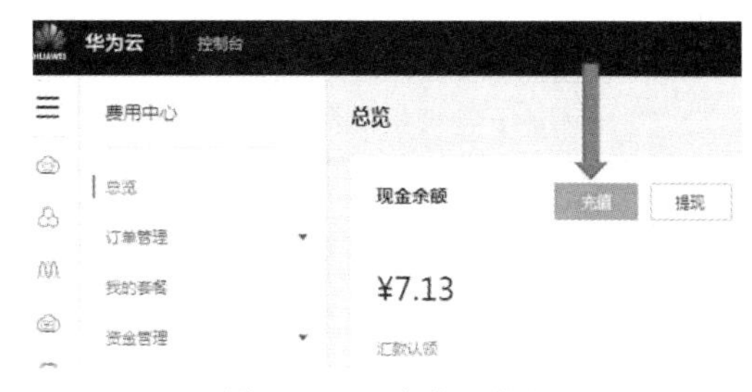

图 1.25　“充值”按钮

（3）在弹出的“充值”页面中，填写充值的具体金额，然后单击“下一步”按钮，如图 1.26 所示。支持的充值方式包括平台支付、个人网银和企业网银，如图 1.27 所示。

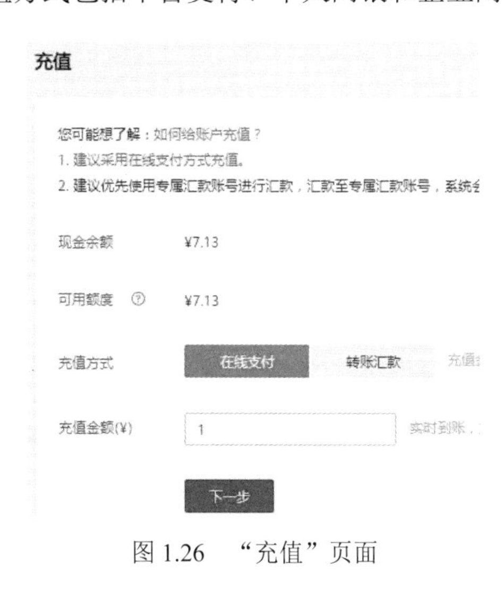

图 1.26　“充值”页面

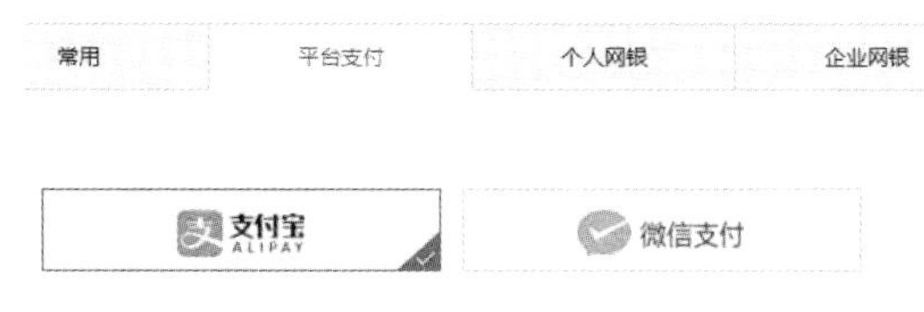

图 1.27　充值方式

【任务小结】

本任务主要介绍了云计算的演进、概念、基本特质、发展阶段、部署模式、分类以及华为云鲲鹏云服务的技术架构、技术核心和服务类型。在子任务中，通过访问华为云网站，完成了在线注册华为云账号，实名认证以及使用管理控制台实现云服务的浏览、查找、配置功能的全流程。

【考核评价】

评价内容	评分项	自评得分	教师考评得分	备注
学习态度	课堂表现、学习活动态度（40 分）			
知识技能目标	云计算概述（15 分）			
	华为云鲲鹏云服务（15 分）			
	鲲鹏云注册与认证（15 分）			
	鲲鹏云管理控制台的使用（15 分）			
总得分				

【任务拓展】

1. 完成云下 IT 运维场景分析。
2. 完成传统同城双活/主备数据中心的场景分析。
3. 完成传统数据中心两地三中心的场景分析。
4. 完成云上架构设计诉求分析。

思考与练习

一、单选题

1. 不属于 ARM 架构处理器特点的是（　　）。
   A. 复杂指令集，通用指令集　　B. 精简指令集，根据负载优化
   C. 轻核、众核　　D. 开放的授权策略，众多供应商
2. 鲲鹏 920 是全球第一款（　　）制程的数据中心级别处理器。
   A. 5 纳米　　B. 7 纳米　　C. 14 纳米　　D. 28 纳米

二、多选题

1. TaiShan 200 机架服务器包含（　　）型号。
   A. 2280　　B. 2480　　C. 5280　　D. X6000
2. 华为鲲鹏 920 芯片的特点包括（　　）。
   A. 支持 CCIX 接口　　B. 只支持 GE/10GE 网络
   C. 最多集成 64 个自研核　　D. 支持 8 通道 DDR4 控制器
3. 华为云个人实名认证可用使用（　　）进行认证。
   A. 身份证　　B. 学生证　　C. 户口本　　D. 银行卡
4. 鲲鹏内置有（　　）加速引擎。
   A. 3D 引擎　　B. 加密引擎
   C. SSL 加速　　D. 解压缩引擎

三、判断题

1．ARM 是一种 CPU 架构，有别于 Intel 和 AMD CPU 采用的复杂指令集，ARM CPU 采用精简指令集。（ ）

2．X86 的应用程序都可以直接在鲲鹏处理器上运行。（ ）

四、简答题

1．云操作系统的种类有哪些？

2．云计算的五大基本特质是什么？

任务2　部署云计算服务

【任务描述】

服务器基于云计算而兴起，上云既是IT业务发展的需要，也是如今社会发展快速崛起的助力之一。相较于传统服务器，云服务器具有多方面的优势，可利用弹性计算优势，帮助企业完成云上业务的部署与应用。用户可以根据自身需要自定义服务器配置，灵活地选择设定所需的内存、CPU、带宽等配置。

本任务首先介绍了弹性云服务器（Elastic Cloud Server，ECS）、弹性伸缩（Auto Scaling，AS）服务和镜像服务（Image Management Service，IMS）的基本概念、优势、功能和应用场景等情况。然后，通过购买ECS和AS服务，分别了解其付费方式、环境搭建和服务配置。最后，通过华为弹性云服务器创建系统盘镜像，并进行镜像的共享、删除等操作。

【任务目标】

- 了解ECS的概念、优势、功能、规格和应用场景。
- 了解AS的概念、优势、策略和应用场景。
- 了解IMS的概念、类型和功能。
- 掌握ECS的购买和环境搭建部署。
- 掌握AS的购买、配置和带宽伸缩的方法。
- 掌握ECS系统盘镜像的创建、共享和删除等操作。
- 培养学生对各种新知识、新技能的学习能力与创新能力。

【任务分析】

任务2-任务分析

1. 总部署设计分析

本任务要在华为鲲鹏公有云上部署ECS，承载BBS业务，同时配置ECS的弹性伸缩服务，保障BBS论坛随着访问量的增减而动态调整资源，部署站点容灾，保障BBS论坛稳定可靠运行，配置系统镜像服务以便快速部署业务。总部署拓扑如图2.1所示。

总体需求分析如下：

（1）××大学在校生人数为20000人左右，在IDC机房部署的BBS论坛高峰期并发在线人数为2000人左右，低峰期并发在线人数为500人左右。为了既能有效服务用户，又能节约成本，需采用常规运行1台、动态伸缩1～2台Web服务器的方案。

（2）将在IDC机房部署的BBS论坛（CPU Dual Xeon 2.0，4GB内存）部署在云端，这需要系统有更高的性能配置（2.33GH，8核，16GB内存），还要有更高性价比的算力资源，并且有灵活的配置能力。

（3）本任务主要采用华为ECS来实现BBS论坛的云端部署。其中，ECS的算力支持X86架构和ARM架构，本任务主要依托ARM架构的鲲鹏来实现；另外，通过华为云镜像服务把环境搭建完成的ECS制作成镜像，这可以快速部署集群系统；最后，通过华为云

AS 服务让 BBS 项目随着用户访问量的变化来更好地分配云上资源，使得算力效率和资金消耗达到最优。

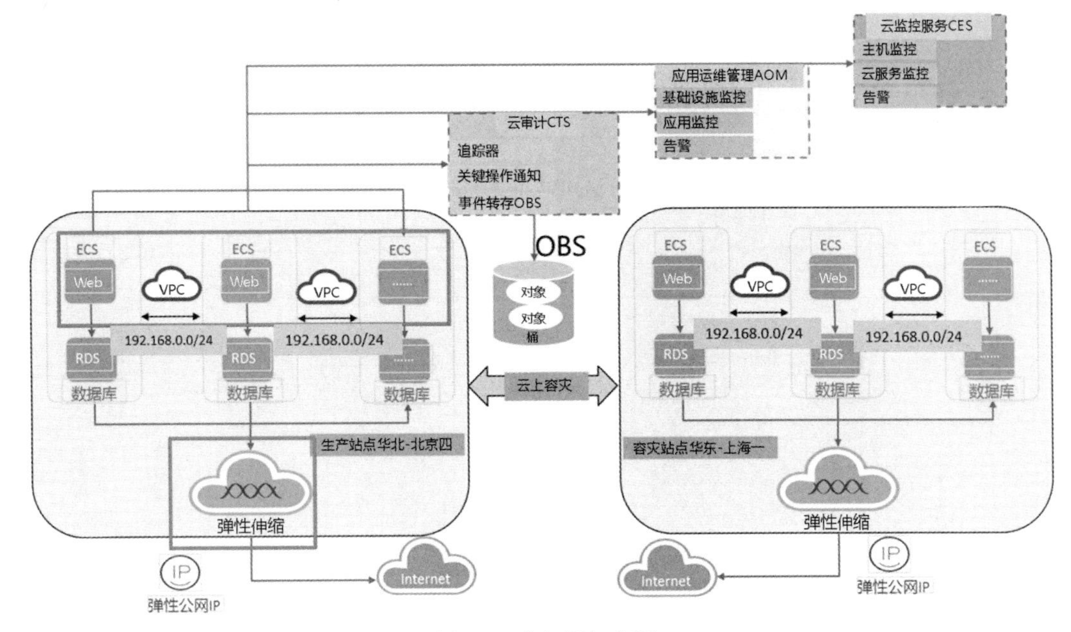

图 2.1　总部署拓扑图

（4）BBS 论坛需要同时满足常规并发在线人数 1000 人左右和高峰并发在线人数 2000 人左右的需求，而单台 ECS 并不能很好地实现，需要使用华为云弹性伸缩服务来动态增加服务的 ECS 数量，且在并发在线人数少于 1000 人时能自动释放资源以节约成本。弹性公网 IP（Elastic IP，EIP）则采用按需计费的 100M 带宽，它可以支持 2000 人左右的并发访问。数据存储采用通用 SSD EVS 1TB，如果后期空间不足，可以采用挂接数据盘的形式予以解决。

（5）BBS 存储用户及其他重要数据采用华为云 RDS 服务，数据库设计的高峰并发访问在 500 人左右，数据库规格采用 8vCPU | 32GB（详见任务 5）。

（6）为保证数据的可靠性，本项目采用华为云容灾解决方案。其中，数据库采用主备容灾，Web 服务采用 SDRS 容灾，且支持容灾演练和容灾切回。

（7）本项目需要重复部署使用华为云的 IMS 服务，用于系统还原和原始环境备份。

（8）资源购买和生产站点主要位于华北-北京四，容灾站点位于华东-上海一。

（9）公网 IP 采用按需计费方式（部分代金券只支持包年/包月），VPC 子网使用 192.168.0.0/24 网段（详见任务 4）。

2. 计算服务部署设计分析

（1）购买 Region：华北-北京四。

（2）CPU 和内存：8vCPU 和 16GB。本项目主要运行 httpd web 服务和 PHP 应用。使用 1 台同样配置的服务器基本可以支持 1000 人左右的并发在线请求，但为了适应突发用户的增长和减少问题的发生，需使用弹性伸缩服务。

（3）EVS：40G SSD。其中，操作系统占用 5G 左右的空间，Web 应用及其他辅助环境占用 15G 左右的空间，剩余的磁盘空间可用作交换分区，临时缓存和存放用户临时数据。随着用户数据的增加，可通过外挂 EVS 的方式来解决磁盘空间不足的问题。

（4）EIP：按需计费，带宽 100M。本项目的特点是小数据突发需求，100M/s 的带宽可以支持 2000 人左右的并发在线需求。

计算服务部署拓扑如图 2.2 所示。

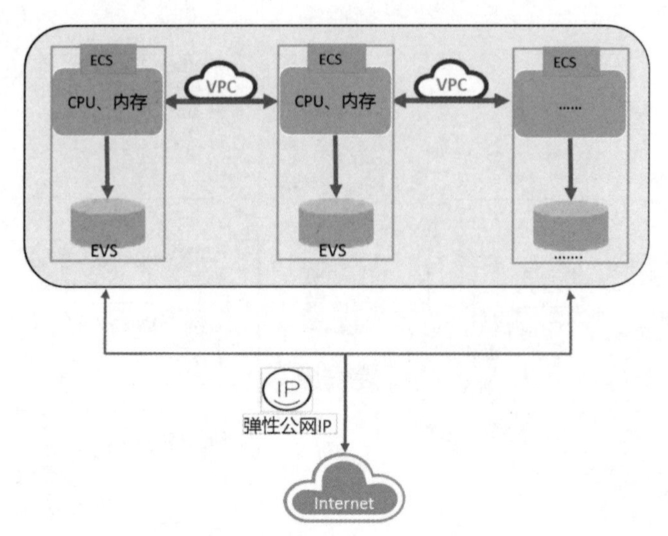

图 2.2 计算服务部署拓扑图

3. 弹性云服务器部署的设计分析

（1）计费模式：按需计费（特殊情况可按包年或包月计费）。

（2）区域选择：华北-北京四。

（3）可用区：随机分配。

（4）规格：鲲鹏通用计算增强型，kc1.2xlarge2，8vCPU | 16GB。

（5）镜像：公共镜像——CentOS 7.6 64bit with ARM。

（6）系统盘：通用型 SSD，40GB。

（7）网络：采用系统默认的 VPC。

（8）安全组：Sys-default。

（9）弹性公网 IP：线路为全动态边界网关协议（Border Gateway Protocol，BGP）；计费方式为按流量计费；带宽大小为 100M。

（10）高级配置：云服务器名称为 bbsweb-01；登录凭证为 root 密码；应备份功能为暂不购买。

配置完成后的确认网页如图 2.3 所示。

基础配置

计费模式	按需计费	区域	北京四	可用区	可用区2
规格	鲲鹏通用计算增强型 | kc1.2xl...	镜像	CentOS 7.6 64bit with ARM	主机安全	基础版
系统盘	通用型SSD,40GB				

网络配置

虚拟私有云	myvpc(192.168.0.0/24)	安全组	Sys-default	主网卡	subnet-myvpc(192.168.0.0/2...
弹性公网IP	全动态BGP | 计费方式: 按流...				

高级配置

云服务器名称	bbsweb-01	登录凭证	密码	云服务器组	--

图 2.3 ECS 的配置

4. 弹性伸缩服务部署的设计分析

（1）弹性伸缩服务：购买区域必须与 bbsweb-01 为同一区域。

（2）设置实例“增加”策略，配置如下：

1）策略名称：as-policy-bbs-add。

2）策略类型：周期策略。

3）重复周期：以天为周期。

4）触发时间：xx:xx（距当前时间最近的触发时间）。

5）生效时间：默认。

6）执行动作：增加 2 个实例。

7）冷却时间：300。

（3）设置实例“减少”策略，配置如下：

1）策略名称：as-policy-bbs-sub。

2）策略类型：周期策略。

3）重复周期：以天为周期。

4）触发时间：xx:xx（距当前时间最近的触发时间）。

5）生效时间：默认。

6）执行动作：减少 2 个实例。

7）冷却时间：300。

弹性伸缩服务部署拓扑如图 2.4 所示。

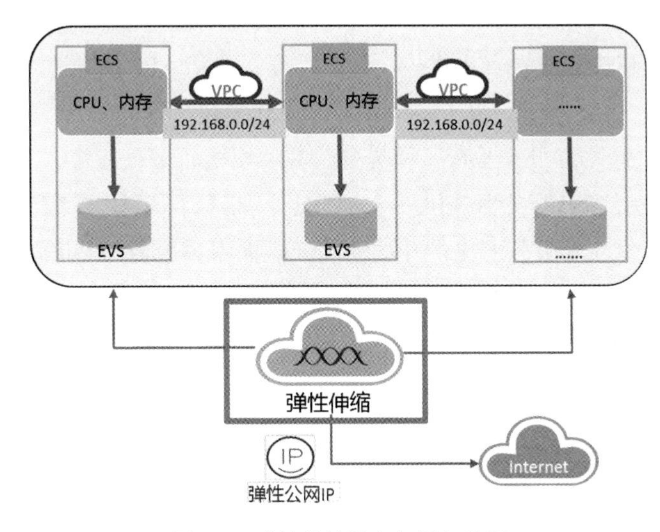

图 2.4　弹性伸缩服务部署拓扑图

5. 镜像服务部署的设计分析

为便于项目多台部署或系统还原，项目需要利用华为云镜像服务 IMS，在 bbsweb-01 中安装软件，进行基本设置。创建 bbsweb-01 系统的私有镜像配置如下：

（1）区域：华北-北京四。

（2）创建方式：云服务器，名称为 bbsweb-01。

（3）镜像名称：ims-bbsweb。

镜像服务部署拓扑如图 2.5 所示。

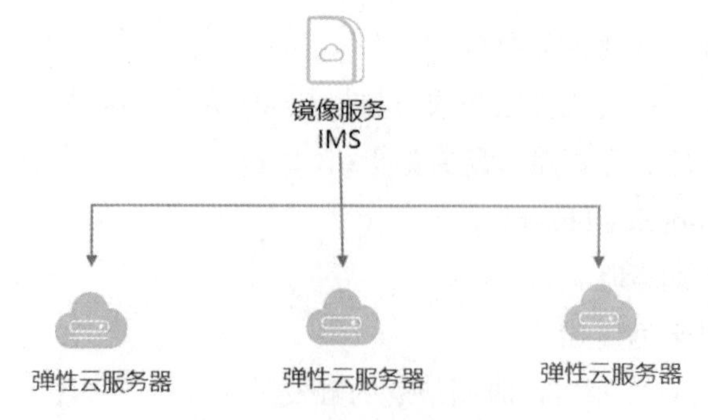

图 2.5 镜像服务部署拓扑图

【知识链接】

任务 2-知识链接

一、弹性云服务器（ECS）

1. 弹性云服务器概述

（1）弹性云服务器的概念（详见任务 1）。

（2）弹性云服务器的优势（详见任务 1）。

（3）弹性云服务器的特性。

1）安全防护。弹性云服务器具有全方位的安全防护，专注业务核心的开发。

2）数据可靠。弹性云服务器基于分布式架构，可弹性扩展虚拟块存储服务，其具有高数据可靠性，高 I/O 吞吐能力。

3）弹性易用。弹性云服务器提供控制台、远程终端和 API 等多种管理方式，拥有完全的管理权限。

4）规格丰富。弹性云服务器有多种类型、多种规格、多种镜像。

5）网络稳定。弹性云服务器提供安全、稳定、高速、隔离、专有的网络传输通道。

6）多维监控。弹性云服务器提供开放性的云监控服务平台，提供资源的实时监控、告警、通知等服务。

（4）弹性云服务器的应用场景。弹性云服务器的应用场景包括网站应用、企业电商、图形渲染、数据分析和高性能计算。具体应用场景及推荐配置见表 2.1。

表 2.1 弹性云服务器的应用场景及推荐配置

应用场景	适用场景	推荐配置
网站应用	企业官网、网站开发测试环境、小型数据库应用	云服务器规格：s2.large.2 磁盘：普通 I/O 云硬盘 100GB
企业电商	广告精准营销、电商、移动 App	云服务器规格：m2.2xlarge.8 磁盘：超高 I/O 云硬盘 100GB
图形渲染	高清视频、图形渲染、远程桌面、工程制图	云服务器规格：g1.2xlarge 磁盘：高 I/O 云硬盘 100GB
数据分析	MapReduce、Hadoop 计算密集型	云服务器规格：d2.4xlarge.8 磁盘：本地存储盘 8×1.6TB
高性能计算	科学计算、基因工程、游戏动画、生物制药计算和存储系统	云服务器规格：h2.4xlarge.4 磁盘：超高 I/O 云硬盘 100GB

1）网站应用。网站应用对 CPU、内存、硬盘空间和带宽无特殊要求，对安全性、可靠性要求高，服务一般只需部署在一台或少量的服务器上。适合一次投入成本少，后期维护成本低的场景，例如企业官网、网站开发测试环境、小型数据库应用等。

2）企业电商。企业电商对适用内存要求高，适用于数据访问量大、速度要求快的数据交换和处理的场景，例如广告精准营销、电商、移动 App 等。

3）图形渲染。图形渲染适用于对图像视频质量要求高、内存大、数据处理量大、I/O 并发能力强、可以快速完成数据处理交换以及大量 GPU 计算的场景。例如高清视频、图形渲染、远程桌面、工程制图等。

4）数据分析。数据分析适用于数据处理容量大、I/O 并发能力强、数据交换处理速度快的场景。例如 MapReduce、Hadoop 计算密集型等。

5）高性能计算。高性能计算适用于高计算能力、高吞吐量的场景。例如科学计算、基因工程、游戏动画、生物制药计算和存储系统等。

（5）弹性云服务器的可用区和区域。可用区是同一区域内，电力和网络互相隔离的物理区域，一个可用区不受其他可用区故障的影响。一个区域内可以有多个可用区，不同可用区之间物理隔离，但内网互通。可用区由一个或多个数据中心构成，区域由多个可用区组成，是物理的数据，区域间完全独立，这样可以实现最大程度的容错能力和稳定性。弹性云服务器的可用区和区域如图 2.6 所示。

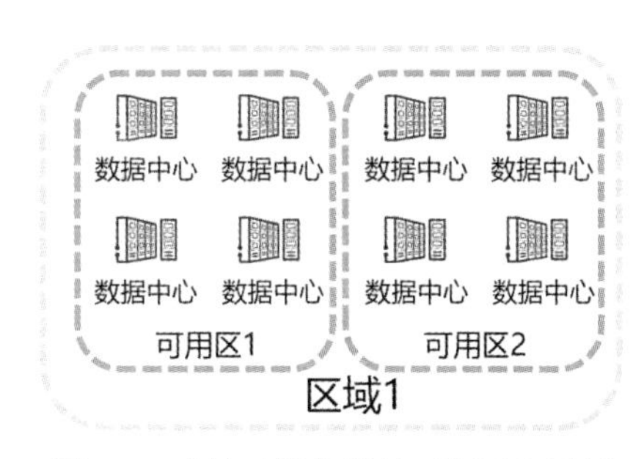

图 2.6　弹性云服务器的可用区和区域

2. 弹性云服务器规格

（1）ECS 规格的命名规则。ECS 规格的命名规则为 AB.C.D，例如 c6.large.2（图 2.7），具体介绍如下：

1）A 表示系列，例如：s 表示通用型、c 表示计算型、m 表示内存型。

2）B 表示系列号，例如：s1 中的 1 表示通用型 I 代，s2 中 2 表示通用型 II 代。

3）C 表示当前系列中的规格大小，例如：medium、large、xlarge。

4）D 表示内存与 CPU 的比值，以具体数字表示，例如：4 表示内存和 CPU 的比值为 4。

规格名称	vCPUs | 内存	CPU	基准 / 最大带宽
c6.large.2	2vCPUs | 4GB	Intel Cascade Lake 3.0GHz	1.2 / 4 Gbit/s
c6.large.4	2vCPUs | 8GB	Intel Cascade Lake 3.0GHz	1.2 / 4 Gbit/s
c6.xlarge.2	4vCPUs | 8GB	Intel Cascade Lake 3.0GHz	2.4 / 8 Gbit/s

图 2.7　ECS 规格的命名

（2）ECS 规格的选择。

1）初创期。企业在初创期时门户网站、小型数据库和企业应用的访问量较小，负载轻，成本敏感，应选择通用计算 ECS，如图 2.8 所示。

图 2.8 通用计算 ECS

2）成长期。企业在成长期的门户网站和企业应用访问量增大，对数据库性能要求较高，部分业务需要较大的计算量，应选择通用增强 ECS，如图 2.9 所示。

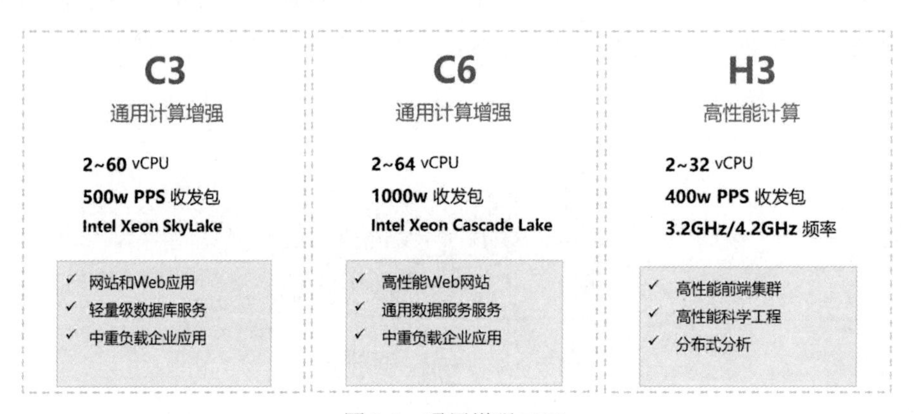

图 2.9 通用增强 ECS

3）成熟期。企业在成熟期时主要业务资源消耗大，性能要求高，新业务不断扩展，各类业务对特定资源有不同需求，应选择资源密集型 ECS，如图 2.10 所示。

图 2.10 资源密集型 ECS

（3）通用计算增强型 C6。通用计算增强型弹性云服务器是 CPU 独享型实例，实例间无 CPU 资源争抢，性能强劲稳定，搭载全新网络加速引擎，使用数据平面开发套件（Data

Plane Development Kit，DPDK）快速报文处理机制，来提供更高的网络性能。

C6 型云服务器搭载第二代英特尔至强可扩展处理器，兼具高性能、高稳定性、低时延、高性价比的特点，其优化了多项技术，计算性能强劲稳定，配套 25GE 智能高速网卡，具有超高网络带宽和每秒发包数量（Packets Per Second，PPS）收发包能力。C6 型云服务器适用于互联网、游戏、渲染等场景，特别是对计算及网络稳定性有较高要求的场景。

3. 鲲鹏弹性云服务器

鲲鹏通用计算增强型 kC1 型弹性云服务器搭载鲲鹏 920 处理器及 25GE 智能高速网卡，提供强劲算力和高性能网络，可以更好地满足政府、互联网等各类企业对云上业务高性价比、高安全可靠等诉求。

kC1 型弹性云服务器适用于对自主研发、安全隐私要求较高的政企金融场景；适用于对网络性能要求较高的互联网场景；适用于对核数要求较多的大数据、高性能计算机场景；适用于对成本比较敏感的建站、电商等场景等。

二、弹性伸缩（AS）

1. 弹性伸缩概述

（1）弹性伸缩的概念。弹性伸缩是根据用户的业务需求，通过设置伸缩规则来自动增加/缩减业务资源。当业务需求增长时，AS 可自动增加弹性云服务器（ECS）实例或带宽资源，以保证业务能力；当业务需求下降时，AS 可自动缩减弹性云服务器（ECS）实例或带宽资源，以节约成本。AS 支持自动调整弹性云服务器和带宽资源，其具有以下基本概念：

1）伸缩组。伸缩组是具有相同应用场景的实例的集合，是启动/停止伸缩策略和进行伸缩活动的基本单位。

2）伸缩配置。伸缩配置是伸缩组内实例（弹性云服务器）的模板，它定义了伸缩组内待添加实例的规格数据，包括云服务器类型、CPU、内存、镜像、磁盘、登录方式等。

3）伸缩策略。伸缩策略可以触发伸缩活动，是对伸缩组中实例数量进行调整的一种方式。伸缩策略规定了伸缩活动触发需要满足的条件及需要执行的操作，当满足伸缩条件时，系统会自动触发一次伸缩活动。

4）伸缩活动。伸缩组中增加或减少实例的过程称为伸缩活动。伸缩活动的目的是使应用系统当前实例数和期望实例数保持一致，或达到已设置的伸缩策略触发条件时，执行增加或减少实例数量的操作，以保证业务正常运行。

5）冷却时间。为了避免告警策略频繁触发，必须设置冷却时间。冷却时间是指冷却伸缩活动的时间，在每次伸缩活动完成之后，系统开始计算冷却时间。伸缩组在冷却时间内，会拒绝由告警策略触发的伸缩活动。其他类型的伸缩策略（如定时策略和周期策略）触发的伸缩活动不受限制，但会重新开始计算冷却时间，单位为秒。

6）伸缩带宽。伸缩带宽可以根据用户配置的伸缩带宽策略自动调整带宽资源。弹性伸缩仅支持对按需购买的弹性公网 IP 带宽和共享带宽进行调整，不支持对包年包月的带宽进行调整。

（2）弹性伸缩的优势。弹性伸缩服务可根据用户的业务需求，通过策略自动调整业务资源。弹性伸缩具有自动调整资源、节约成本开支、提高可用性和容错能力的优势。

（3）弹性伸缩的应用场景。

1）访问流量较大的论坛网站。业务负载变化难以预测，需要根据实时监控到的云服务器 CPU 使用率、内存使用率等指标对云服务器数量进行动态调整。

2）电商网站。在进行大型促销活动时，需要定时增加云服务器数量和带宽大小，以保证促销活动顺利进行。

3）视频直播网站。如每天在 14:00—16:00 播出热门节目，则每天都需要在该时段增加云服务器数量，增大带宽大小，保证业务的平稳运行。

2. 弹性伸缩组配置

客户可以使用伸缩策略设定的条件自动增加、减少伸缩组中的实例数量，或维持伸缩组中固定的实例数量。创建伸缩组需要配置最大实例数、最小实例数、期望实例数和负载均衡器等参数。不同可用区支持的云服务器类型可能不同，情况如下：

（1）如果伸缩组中所有可用区均不支持伸缩配置中的云服务器类型，此时，如果伸缩组当前为停用状态，则无法启用伸缩组；如果伸缩组当前为启用状态，则在进行扩容操作时，伸缩组状态变为异常。

（2）如果伸缩组中仅有部分可用区支持伸缩配置中的云服务器类型，则在弹性伸缩活动中自动添加的云服务器只分布在支持该类型云服务器的可用区中，不能均匀地分布在所有可用区中。

（3）创建伸缩组前须先创建好所需的伸缩配置。

3. 弹性伸缩策略

（1）三种伸缩策略。

1）告警策略。告警策略基于云监控系统告警数据（如 CPU 使用率），自动增加、减少或设置指定数量的云服务器。

2）定时策略。定时策略基于配置的某个时间点，自动增加、减少或设置指定数量的云服务器。

3）周期策略。周期策略按照配置周期（按天、按周、按月），周期性地增加、减少或设置指定数量的云服务器。

（2）三种资源调整模式。

1）动态模式。动态模式使用告警策略调整实例数量或带宽大小。当业务负载难以预测时应选择告警策略，系统会根据实时的监控数据（如 CPU 使用率）触发伸缩活动，动态调整伸缩组内的实例数量或带宽大小。

2）按计划模式。按计划模式使用定时或周期策略调整实例数量或带宽大小。当业务负载的变化有规律时，可以采用按计划模式调整伸缩组内的实例数量或带宽大小。

3）手动模式。手动模式以手动的方式将实例移入、移出伸缩组或修改期望实例数，扩展资源。

三、镜像服务（IMS）

1. 镜像与镜像服务

镜像是一个包含了软件及必要配置的服务器或磁盘模版，它可以包含操作系统或业务数据，还可以包含应用软件（例如数据库软件）和私有软件。镜像服务提供镜像的生命周期管理功能。

2. 镜像类型

镜像分为公共镜像、私有镜像、共享镜像和市场镜像 4 种类型。其中，公共镜像为系统默认提供的镜像，私有镜像为用户自己创建的镜像，共享镜像为其他用户共享的私有镜像，市场镜像提供预装操作系统、应用环境和各类软件的优质第三方镜像。用户可以灵活地使用公共镜像、私有镜像或共享镜像申请弹性云服务器和裸金属服务器。同时，用户还能通过已有的云服务器或使用外部镜像文件创建私有镜像，实现业务上云或云上迁移。

3. 镜像服务功能

镜像服务的功能如下：

（1）镜像服务提供常见的主流操作系统公共镜像。

（2）由现有运行的云服务器，或以外部导入的方式来创建私有镜像。

（3）管理公共镜像，例如按操作系统类型、名称、ID 搜索公共镜像，查看镜像 ID、系统盘大小等详情，查看镜像支持的特性（用户数据注入、磁盘热插拔等）。

（4）管理私有镜像，例如修改镜像属性、共享镜像、复制镜像等。

（5）创建云服务器。

【任务实施】

子任务 1　部署弹性云服务器

1. 准备虚拟私有云 VPC 环境

（1）登录华为云，打开服务列表，在右侧界面中选择“虚拟私有云 VPC”选项，如图 2.11 所示。

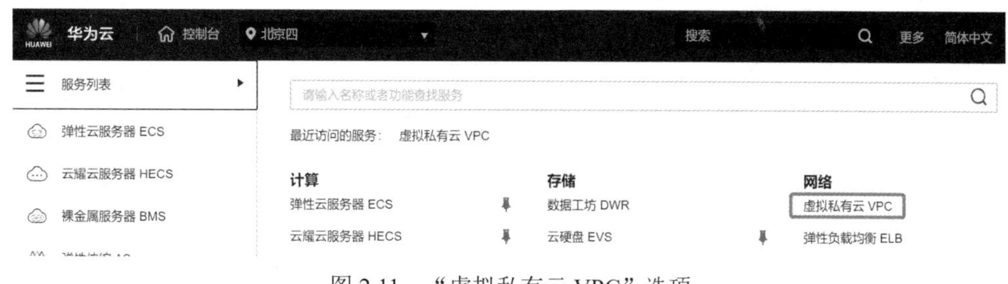

图 2.11　“虚拟私有云 VPC”选项

（2）在打开的“虚拟私有云”页面中，单击右上角的“创建虚拟私有云”按钮，如图 2.12 所示。

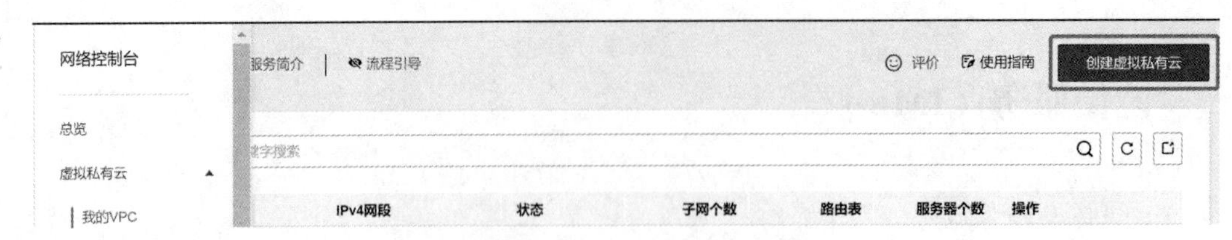

图 2.12 “虚拟私有云”页面

（3）在打开的“创建虚拟私有云”页面中，填写图 2.13 所示的配置信息，然后单击“立即创建”按钮。

图 2.13 配置信息

（4）在“虚拟私有云”列表中，可以查看到成功创建的 VPC，如图 2.14 所示。

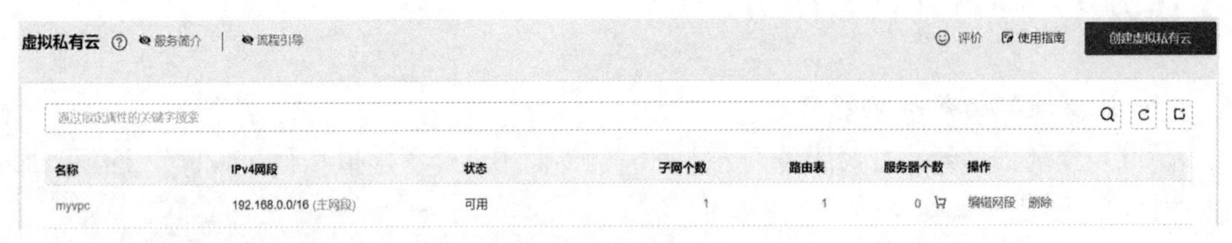

图 2.14 虚拟私有云创建成功页面

（5）在左侧的“网络控制台”导航栏中，选择“访问控制→安全组”选项，在打开的“安全组”页面中找到 Sys-default 选项，选择该选项右侧的“配置规则”选项，如图 2.15 所示。

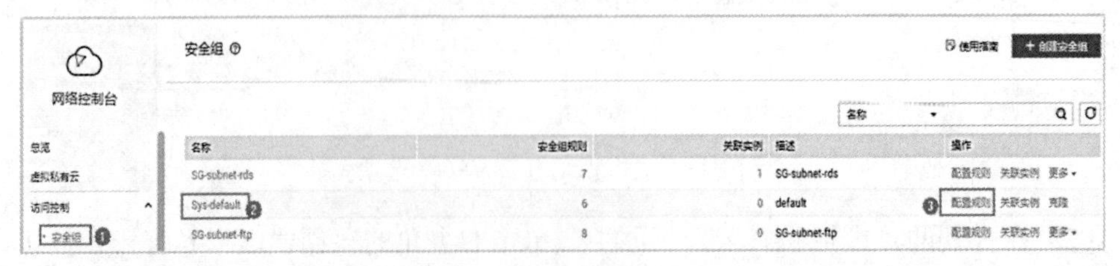

图 2.15 “安全组”页面

（6）在打开的 Sys-default 安全组配置规则页面中，选择“入方向规则”页签，单击“添加规则”按钮，如图 2.16 所示。

图 2.16　Sys-default 安全组配置规则页面

（7）在弹出的“添加入方向规则”页面中，将“协议端口”设置为“全部放通”，单击“确定”按钮，完成安全组规则的添加，如图 2.17 所示。

图 2.17　“添加入方向规则”页面

2. 购买弹性云服务

（1）登录华为云，打开服务列表，选择“弹性云服务 ECS”选项，如图 2.18 所示。

子任务 1.2　购买弹性云服务 ECS

图 2.18　“弹性云服务 ECS”选项

（2）在打开的“弹性云服务器”页面中，单击右上角的“购买弹性云服务器”按钮，如图 2.19 所示。

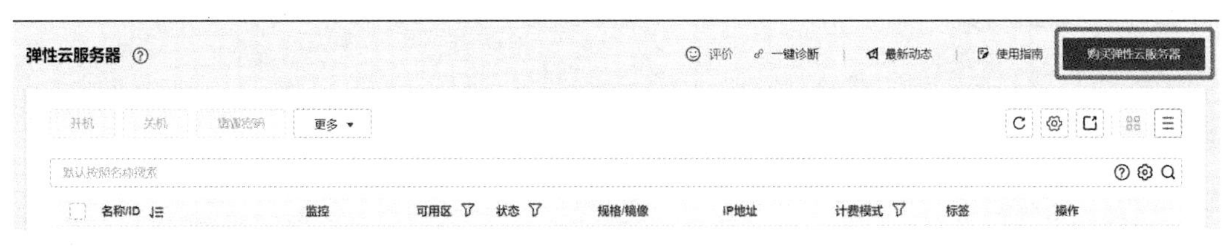

图 2.19　“弹性云服务器”页面

（3）在打开的“购买弹性云服务器”页面中，填写图 2.20 所示的配置信息，然后单击“下一步：网络配置”按钮。

（4）在打开的“网络配置”页签中，填写图 2.21 所示的配置信息，然后单击“下一步：高级配置”按钮。

图 2.20 “购买弹性云服务器”的配置信息

图 2.21 “网络配置”的配置信息

（5）在打开的“高级配置”页签中，填写图 2.22 所示的配置信息，然后单击“下一步：确认配置”按钮。

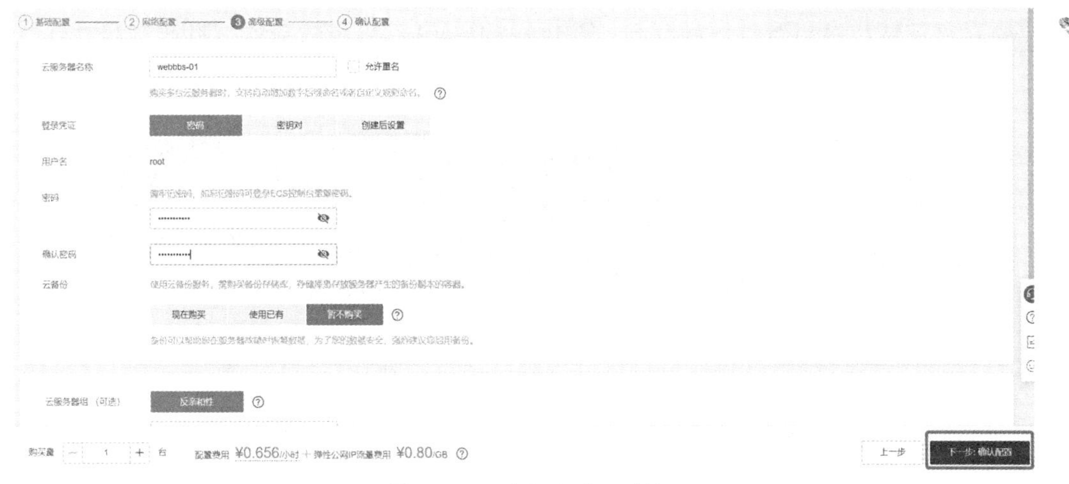

图 2.22　“高级配置”页签

（6）在打开的“确认配置”页签中，勾选“我已经阅读并同意《镜像免责声明》”复选项后，单击“立即购买”按钮，如图 2.23 所示。

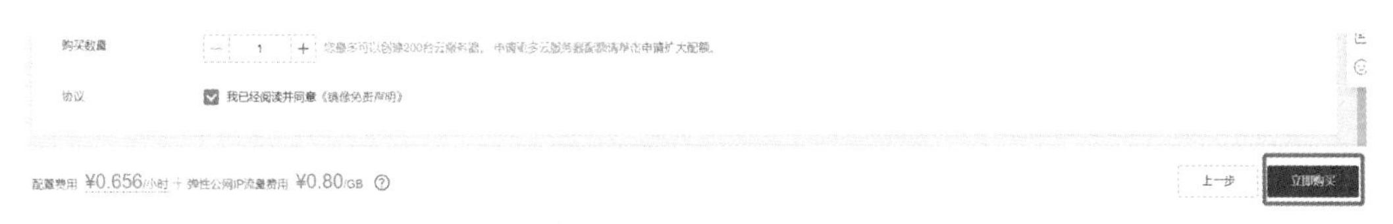

图 2.23　“确认配置”页签

（7）购买完成后，返回弹性云服务器列表，可以看到正常运行中的 ECS（图 2.24），并记录弹性 IP 地址信息。

图 2.24　弹性云服务器列表

（8）打开远程管理工具 PuTTY，输入弹性 IP 地址后，单击 Open 按钮，如图 2.25 所示。

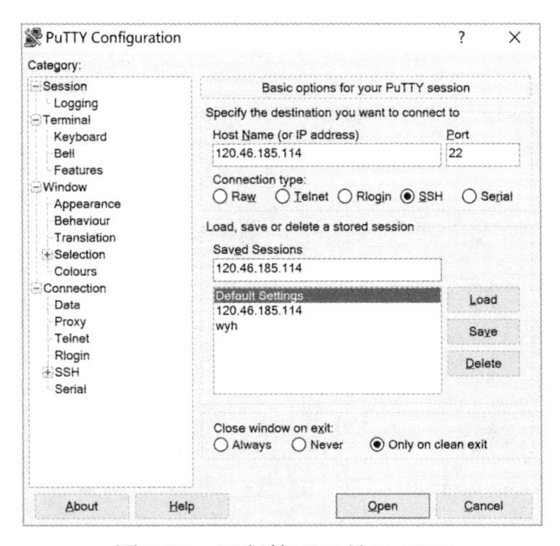

图 2.25　远程管理工具 PuTTY

（9）在打开的 ECS 登录窗口中，使用 root 作为用户名进行登录，如图 2.26 所示。

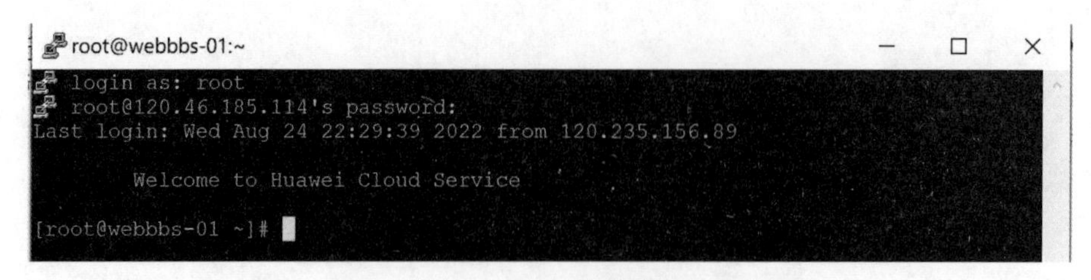

图 2.26　ECS 登录窗口

子任务 2　部署弹性伸缩

子任务 2　部署弹性伸缩

1. 创建伸缩配置

（1）登录华为云，打开服务列表，选择“弹性伸缩 AS”选项，如图 2.27 所示。

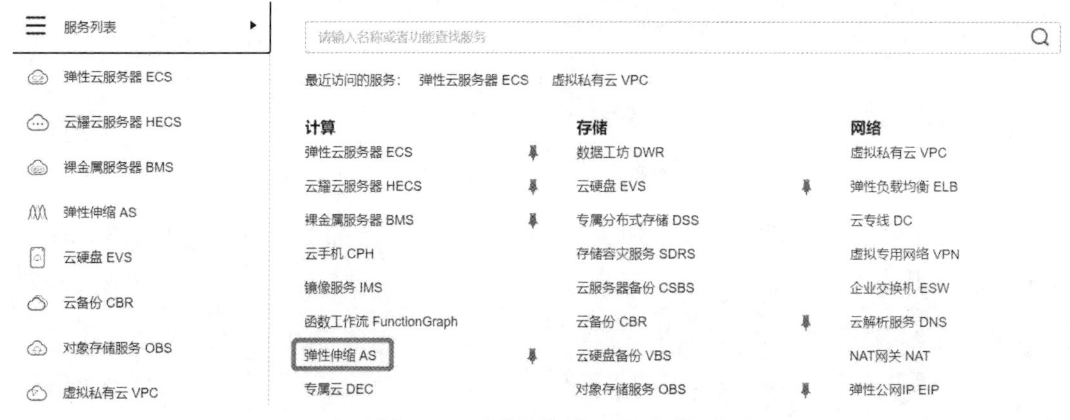

图 2.27　“弹性伸缩 AS”选项

（2）在打开的“伸缩实例”页面中，首先单击右上角的“创建伸缩配置”按钮，如图 2.28 所示。

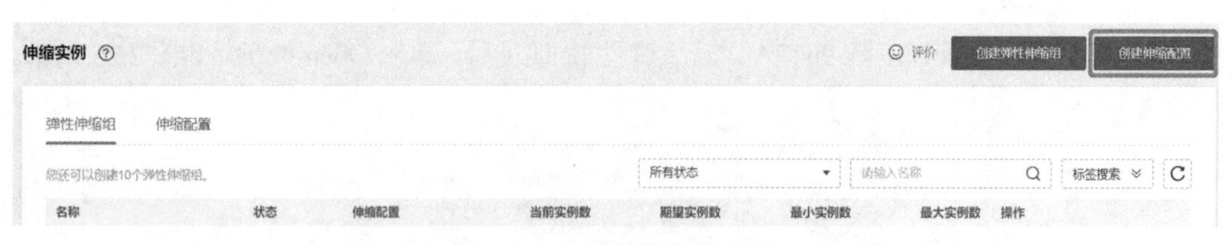

图 2.28　“伸缩实例”页面

（3）在打开的“创建伸缩配置”页面中，填写图 2.29 所示的配置信息，然后单击“立即创建”按钮。

（4）在返回的“伸缩配置”页签中，可看到伸缩配置已创建成功，如图 2.30 所示。

2. 创建伸缩组

（1）在“伸缩配置”页签中，单击右上角的“创建弹性伸缩组”按钮，如图 2.31 所示。

（2）在打开的“创建弹性伸缩组”页面中，填写图 2.32 所示的配置信息，然后单击“立即创建”按钮。

图 2.29　“创建伸缩配置”信息配置页面

图 2.30　伸缩配置创建成功页面

图 2.31　“创建弹性伸缩组”按钮

图 2.32 “创建弹性伸缩组”信息配置页面

3. 添加伸缩策略

（1）在“弹性伸缩组”页签中，打开已经配置好的弹性伸缩组，如图 2.33 所示。

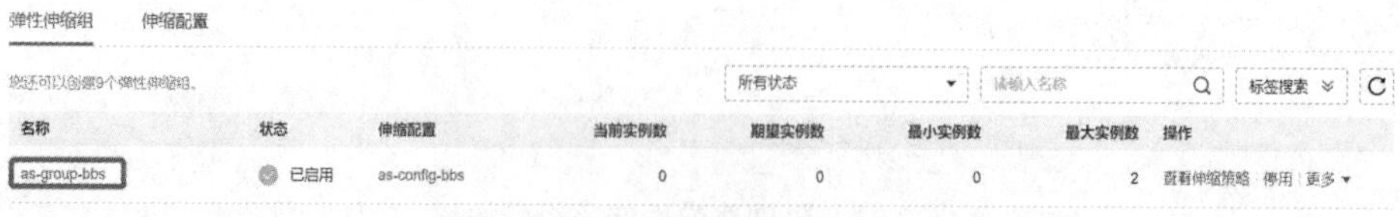

图 2.33 “弹性伸缩组”页签

（2）在打开的弹性伸缩组信息页面中，选择“伸缩策略→添加伸缩策略”选项，填写图 2.34 所示的配置信息，然后单击“确定”按钮。

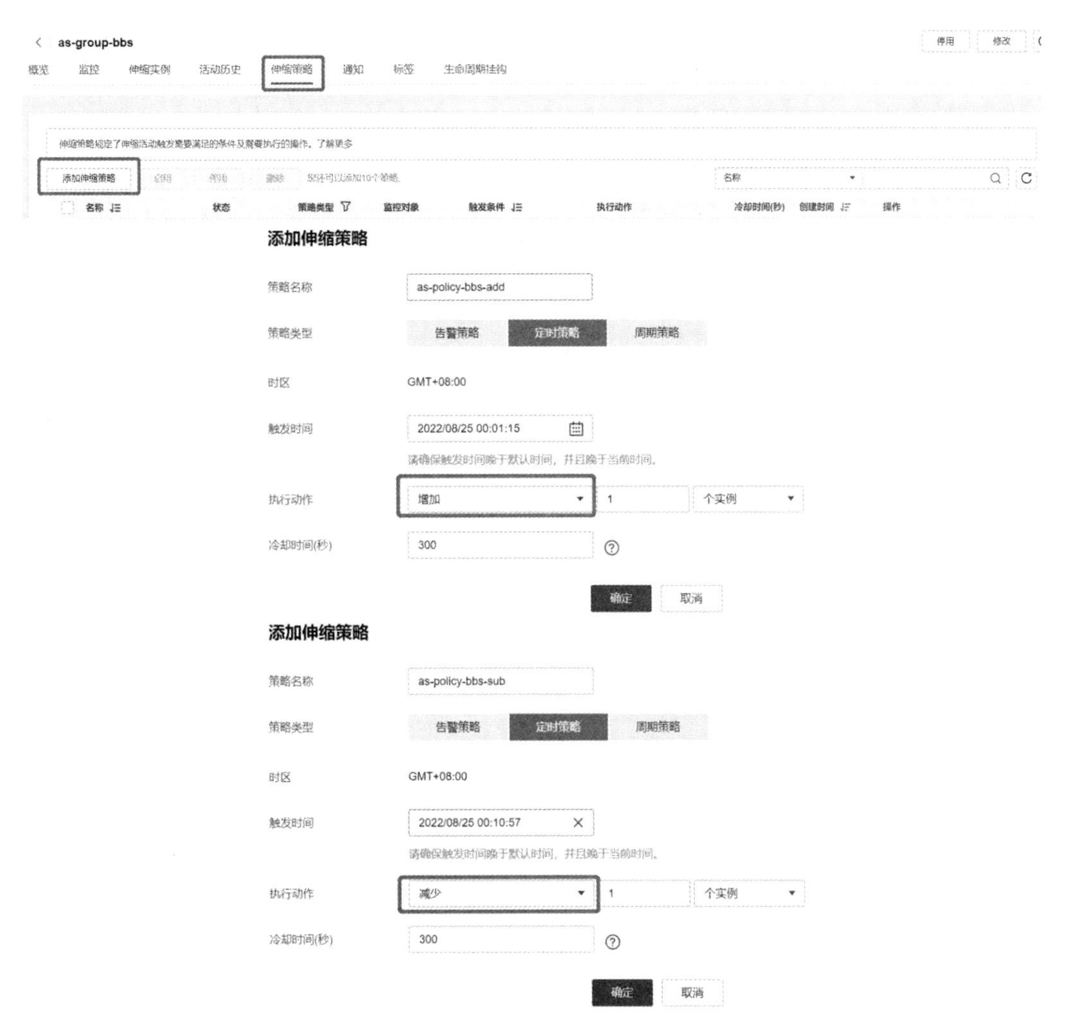

图 2.34　“添加伸缩策略”信息配置页面

4. 查看伸缩效果

打开“活动历史”页签，在其中可查看伸缩活动的历史情况，如图 2.35 所示。

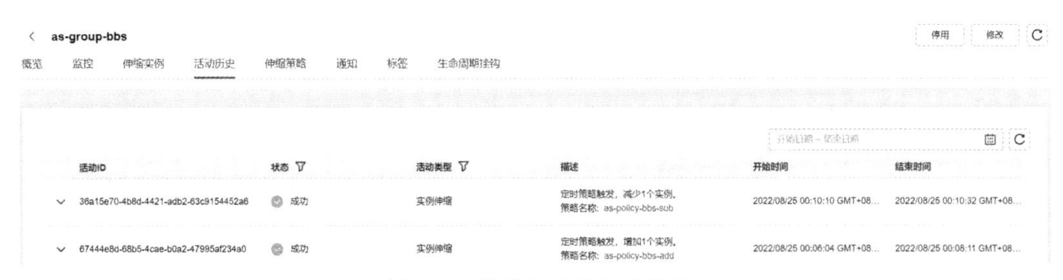

图 2.35　伸缩活动的历史情况

子任务 3　部署镜像服务

子任务 3　部署镜像服务

1. 通过云服务器创建系统盘镜像

（1）登录华为云，打开服务列表，选择“镜像服务 IMS”选项，如图 2.36 所示。

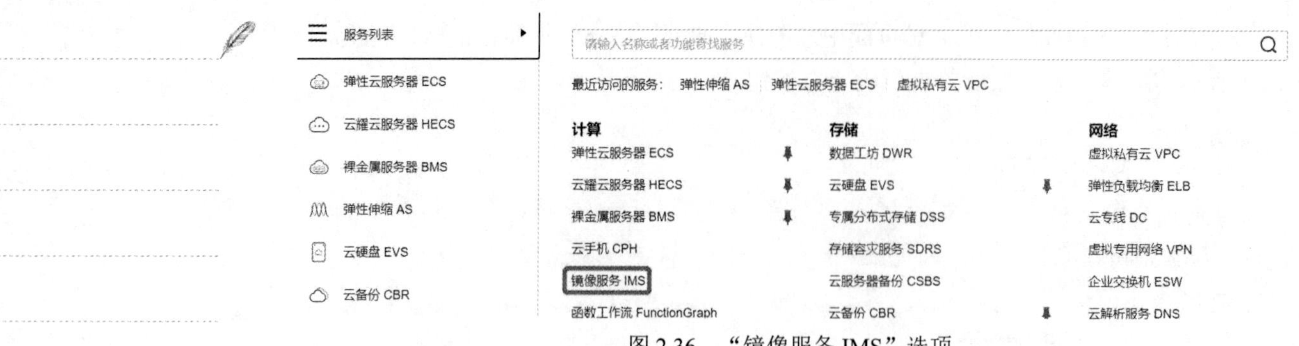

图 2.36 “镜像服务 IMS”选项

（2）在打开的“镜像服务”页面中，单击右上角的“创建私有镜像”按钮，如图 2.37 所示。

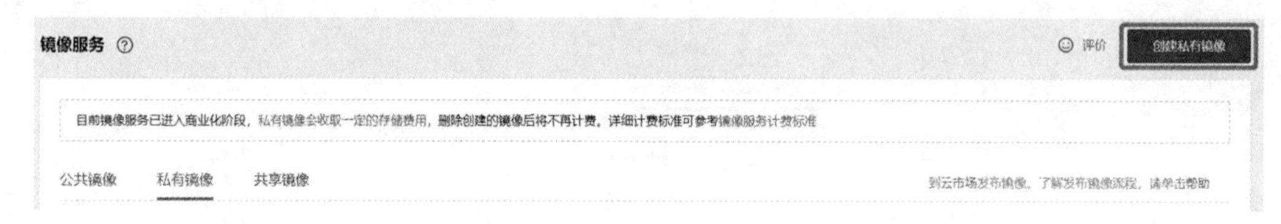

图 2.37 “镜像服务”页面

（3）在打开的“创建私有镜像”页面中，填写图 2.38 所示的配置信息，然后单击“立即创建”按钮。

图 2.38 “创建私有云镜像”信息配置页面

（4）在返回的“私有镜像”页签中，可看到私有镜像已创建成功，如图 2.39 所示。

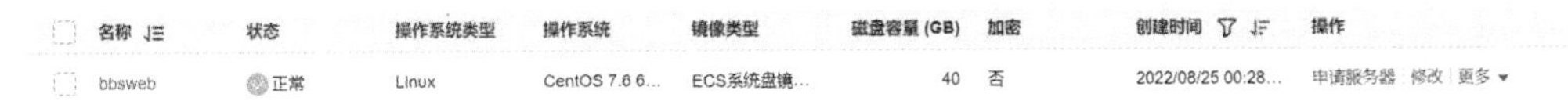

图 2.39　私有镜像创建成功页面

2. 修改镜像属性

在“私有镜像”页签（图 2.39）中，单击右下角的“修改”按钮，弹出“修改镜像”对话框，在其中可以修改当前镜像的最小内存、最大内存、网卡多队列、启动方式等内容，如图 2.40 所示。

图 2.40　“修改镜像”对话框

3. 共享镜像

（1）在“私有镜像”页签中，选择需要共享的镜像，选择“更多→共享”选项，如图 2.41 所示。

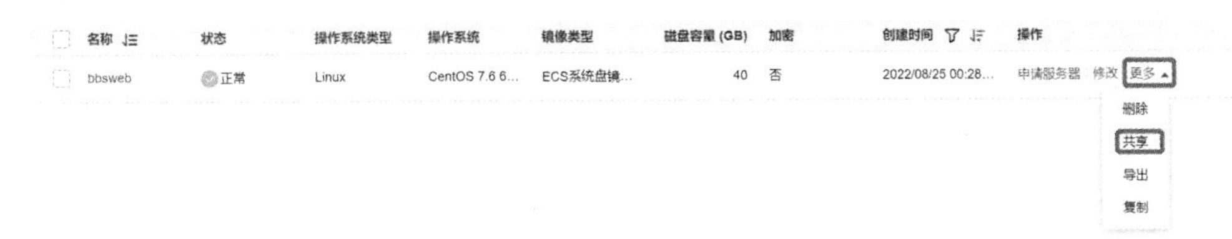

图 2.41　“共享”按钮

（2）在弹出的“共享镜像”对话框中，输入要共享的项目 ID，然后单击“确定”按钮，完成镜像共享，如图 2.42 所示。

图 2.42　“共享镜像”对话框

【任务小结】

本任务主要介绍了弹性云服务器、弹性伸缩和镜像服务的基本概念、优势、功能和应用场景等情况。通过购买华为云鲲鹏，介绍了 ECS 的付费方式、CPU 架构、EVS 配置、网络配置、操作系统选择和软件部署的基本方式；然后使用华为云弹性伸缩进行弹性伸缩组的创建、伸缩配置、策略配置等；最后通过华为弹性云服务器创建系统盘镜像，并进行镜像的共享、删除等操作。

【考核评价】

评价内容	评分项	自评得分	教师考评得分	备注
学习态度	课堂表现、学习活动态度（40 分）			
知识技能目标	弹性云服务器（10 分）			
	弹性伸缩（10 分）			
	镜像服务（10 分）			
	部署弹性云服务器（10 分）			
	部署弹性伸缩（10 分）			
	部署镜像服务（10 分）			
总得分				

【任务拓展】

使用华为云鲲鹏 ECS 进行规格变更和资源释放。

思考与练习

一、单选题

1．弹性云服务器通过（　　）进行数据存储。

A．弹性伸缩　　B．云硬盘

C．云容器引擎　　D．云监控服务

2．ECS 的全称是（　　）。

A．弹性云服务器　　B．弹性伸缩服务

C．对象存储服务　　D．弹性文件服务

二、多选题

1．华为云镜像服务支持的镜像类型包括（　　）。

A．公共镜像　　B．私有镜像

C．秘密镜像　　D．共享镜像

2．弹性伸缩服务中实现资源扩展的方式有（　　）。

A．动态扩展资源　　B．计划扩展资源

C．手工扩展资源　　D．自动扩展资源

3．弹性伸缩支持的伸缩策略包括（　　）。

A．告警策略　　B．监控策略

C．周期策略　　D．定时策略

4．创建私有镜像的方式有（　　）。

A．通过云服务器创建　　B．通过 OBS 文件创建

C．通过外部镜像文件创建　　D．通过物理服务器创建

三、判断题

1．弹性云服务器是物理机。（　　）

2．弹性伸缩服务一定要搭配弹性负载均衡才能使用。（　　）

3．删除弹性伸缩后，弹性伸缩自动创建的弹性云服务器实例也会自动删除。（　　）

四、简答题

1．ECS 规格的命名规则是什么？

2．ECS 的应用场景有哪些？

3．ECS 的规格应如何选择？

4．弹性伸缩包含哪三种伸缩策略和哪三种资源调整模式？

任务3　部署云存储服务

【任务描述】

目前，云硬盘（Elastic Volume Service，EVS）和对象存储服务（Object Storage Service，OBS）是比较常见的数据应用工具之一，很多企业都开始重视云硬盘和对象存储服务的应用。云硬盘可以为云服务器提供高可靠、高性能、规格丰富并且可弹性扩展的块存储服务，可满足不同场景的业务需求。对象存储服务提供了海量、安全、高可靠、低成本的数据存储功能，可供用户存储任意类型和大小的数据。

本任务主要介绍了数据存储技术和云端存储技术的基本概念、存储方式、结构模型及相关优势，通过对EVS和OBS的类型及应用等的分析，介绍了EVS的创建、挂载和初始化等基本操作，以及如何通过OBS Browser+完成基本的对象存储管理操作。

【任务目标】

- 了解数据存储技术和云端存储技术的概念、存储方式、结构模型及优势。
- 了解EVS的磁盘模式、磁盘类型、应用场景、访问方式和优势。
- 了解OBS的概念、存储类型和优势。
- 掌握EVS的创建、挂载和初始化等基本操作。
- 掌握OBS Browser+的下载、安装、登录和基本功能的使用方法。
- 激发学生学习专业知识的热情及科技报国的情怀。

【任务分析】

任务3-任务分析

BBS论坛项目中的Web服务器的ECS需要申请EVS来存放操作系统、用户数据和日志数据。在数据存量过大的时候，可以申请增加EVS作为数据盘挂载到ECS中。同时，为了保障大文件和云审计数据的存储，还需要申请OBS。具体部署设计分析如下。

1. 总部署设计分析

EVS的使用和ECS是密不可分的，需要把EVS作为数据盘挂载到已经运行的ECS上。需要在本地计算机的Windows环境中安装OBS Browser+客户端工具来完成对OBS的桶的建立和文件的操作。总部署拓扑如图3.1所示。

2. 云硬盘部署设计分析

EVS挂载空间的大小可以参考实际消耗的空间，一般为1TB以上。从容灾角度设计出发，系统一般采用两地三中心的容灾解决方案。EVS采用SDRS跨可用区，加上云备份服务的跨区域云备份。生产站点位于华北-北京四，容灾站点位于华东-上海一。EVS作为数据盘挂载需要和ECS位于同一个VPC内。总部署拓扑如图3.2所示，EVS挂载参数见表3.1。

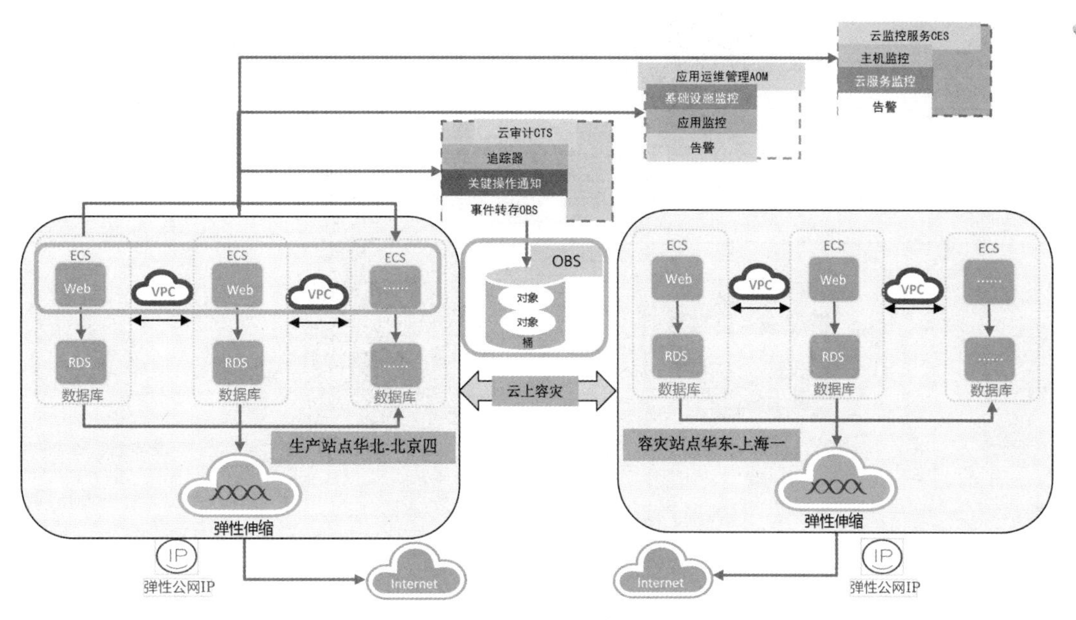

图 3.1　总部署拓扑图

表 3.1　EVS 挂载参数

规格	参数	规格	参数
计费方式	按需计费	磁盘大小	SSD 1TB
区域	华北-北京四	云备份	暂不购买
可用区	随机分配	磁盘名称	Ext-01
磁盘类型	通用型 SSD	购买数量	1

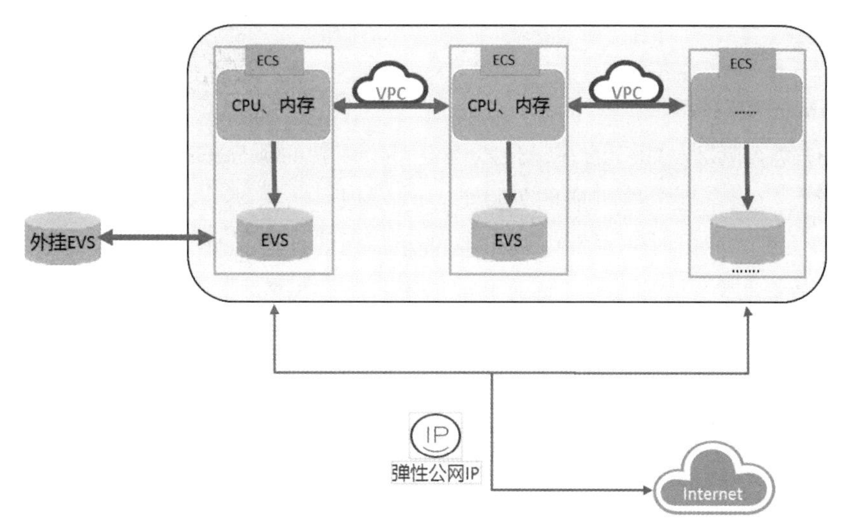

图 3.2　EVS 部署拓扑图

3．对象存储服务部署设计分析

OBS 的特点是大容量、低成本、操作复杂，所以在本项目中主要用于存储日志数据和审计数据。OBS 没有容量限制，是按照流量和请求次数收费的。在本项目中，系统的运行日志、监控日志、云审计数据（详见任务 8）需要被频繁访问，并且会产生大量的数据，需长时间保存，而 OBS 可以满足以上要求。OBS 部署参数见表 3.2，部署拓扑如图 3.3 所示。

表 3.2 OBS 部署参数

规格	参数	规格	参数
区域	华北-北京四	桶策略	私有
桶名称	cfm-01	数据冗余策略	多 AZ 存储
存储类型	标准存储		

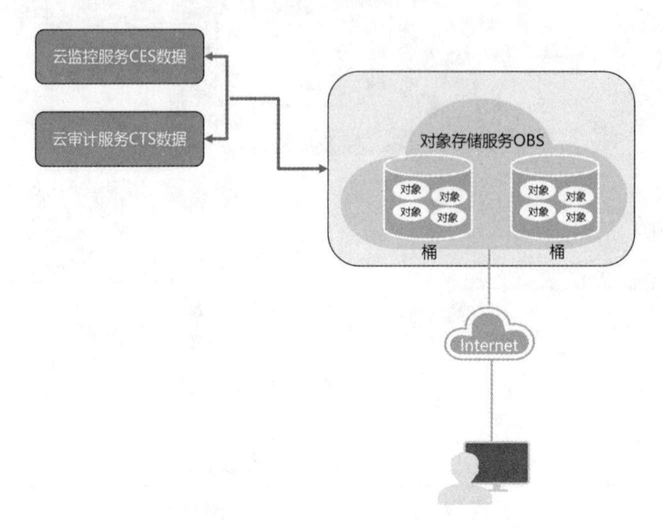

图 3.3 OBS 部署拓扑图

任务 3-知识链接

【知识链接】

一、云存储基础

1. 数据存储技术概述

（1）存储的概念。当今的存储技术不是一个单独而孤立的技术，实际上，完整的存储系统应该是由一系列组件构成的。目前，人们把存储系统分为了硬件架构部分、软件组件部分以及实际应用时的存储解决方案部分。硬件部分又分为内置存储系统和外置存储系统，其中，硬件部分就是我们用于数据中心的存储陈列、网络设备等，主要作为底层的硬件设施。因为软件组件的存在，它使存储设备的可用性得到了极大的提高，数据的镜像、复制、自动备份等数据操作都可以通过控制存储软件来完成。一个设计良好的存储解决方案是使数据存储工作更加简单易行的最佳保障，设计优秀的存储解决方案，不仅可以使存储系统的实际部署更加简单，还可以降低客户的总体拥有成本，使客户的投资能得到良好的保护。

（2）三种常用存储方式。

1）块存储。块存储主要是将裸磁盘空间整个映射给主机或虚拟机使用，用户可以根据需要随意将存储格式化成文件系统来使用。

2）文件存储。文件存储好比是一个共享文件夹，文件系统已经存在，用户可以直接将自己的数据存放在文件存储上，比如 Windows 远程目录共享。

3）对象存储。每个数据对应着一个唯一的 ID，在面向对象存储中，不再有类似文件系统的目录层级结构，而是完全扁平化地存储，即可以根据对象的 ID 直接定位到数据的位置。

三种存储方式的适用场景见表 3.3。

表 3.3　三种存储方式的适用场景

类型	块存储	文件存储	对象存储
适用场景	高性能的应用	需局域网共享的应用	互联网领域的存储
实际例子	数据库（Oraccle/DB2）	用于多主机共享数据，如文件共享、视频处理、动画渲染、高性能计算等	与自己开发的应用程序交互，如点播/视频监控的视频存储、图片存储、网盘存储等
操作对象	磁盘	文件和文件夹	对象（Object）
存储接口	通常以 QEMU Driver 或者 Kernel Module 的方式存在	通常支持 POSIX 接口，它跟传统的文件系统（如 Ext4）是同不同一类型。但与分布式存储不同，它提供了并行化的功能	其接口是简单的 GET、PUT、DEL 和其他扩展（HTTP）
典型设备	磁盘阵列、硬盘	FTP、NFS 服务器	内置大容量硬盘的分布式服务器

（3）直连存储。直连存储（Direct Attached Storage，DAS）是一种存储设备与服务器直接相连的架构。例如服务器内部的硬盘、直接连接到服务器上的磁带库、直接连接到服务器上的外部硬盘盒等。DAS 为服务器提供块级的存储服务（不是文件系统级）。基于存储设备与服务器间的位置关系，DAS 分为内部 DAS 和外部 DAS 两类。

1）内部 DAS。在内部 DAS 架构中，存储设备通过服务器机箱内部的并行或串行总线连接到服务器上。但是，物理的总线有距离限制，只能支持短距离的高速数据传输。此外，很多内部总线能连接的设备数量也有限，并且将存储设备放在服务器机箱内部也会占用大量的空间，对服务器其他部件的维护造成困难。

2）外部 DAS。在外部 DAS 结构中，服务器与外部的存储设备直接相连。在大多数情况下，它们之间通过光纤通道（Fibre Channel，FC）协议或者 SCSI 协议进行通信。与内部 DAS 相比，外部 DAS 克服了内部 DAS 对连接设备的距离和数量的限制。另外，外部 DAS 还可以提供存储设备集中化管理，对服务器管理、维护更加方便。

（4）网络附加存储。网络附加存储（Network Attached Storage，NAS）是连接到一个局域网的基于 IP 的文件共享设备。NAS 通过文件级的数据访问和共享提供存储资源，使客户能够以最小的存储管理开销快速直接地共享文件。采用 NAS 可以不用建立多个文件服务器，有助于消除用户访问通用服务器时的瓶颈，是首选的文件共享存储解决方案。NAS 使用网络和文件共享协议进行归档和存储，这些协议包括进行数据传输的传输控制协议/网际协议（Transmission Control Protocol/Internet Protocol，TCP/IP）和提供远程文件服务的通用网络文件系统协议（Common Internet File System，CIFS）和网络文件系统（Network File System，NFS）。

（5）存储区域网络。存储区域网络（Storage Area Networks，SAN）是一个用在服务器和存储资源之间专用的、高性能的网络体系。它为了实现大量原始数据的传输而进行了专门的优化。因此，可以把 FC SAN 看成是对 SCSI 协议在长距离应用上的扩展。FC SAN 使用的典型协议组是 SCSI 和 Fiber Channel。Fiber Channel 特别适合这项应用，原因在于一方面它可以传输大块数据，另一方面它能够实现远距离传输。FC SAN 的市场主要集中在高端的、企业级的存储应用上。这些应用对于性能、冗余度和数据的可获得性都有很高的要求。存储阵列、备份设备等组件都可以称为存储设备，它们是以 TCP/IP 协议为底层传输协议，采用以太网作为承载介质构建起来的存储区域网络架构。实现 IP SAN 的典型协议是小型计算机接口（Internet Small Computer System Interface，iSCSI），它定义了 SCSI 指令集在 IP 网络中传输的封装方式。

（6）分布式存储。分布式存储是将标准服务器的本地 HDD、SSD 等存储介质组织成一个大规模的存储资源池，然后将数据分散存储到多个数据存储服务器上。分布式存储目前多借鉴 Google（谷歌）的经验，把众多的服务器搭建成一个分布式文件系统，再在这个分布式文件系统上实现相关的数据存储业务。

2. 云端存储技术概述

云存储的概念与云计算类似，它是一个通过集群应用、网格技术或分布式文件系统等功能，将网络中大量各种不同类型的存储设备通过应用软件集合起来协同工作，共同对外提供数据存储和业务访问功能的系统。

云存储的核心是应用软件与存储设备相结合，通过应用软件来实现存储设备向存储服务的转变，是一个以数据存储和管理为核心的云计算系统。与传统的存储设备相比，云存储不仅是一个硬件，还是一个网络设备、存储设备、服务器、应用软件、公用访问接口、接入网和客户端程序等多个部分组成的复杂系统。其各部分以存储设备为核心，通过应用软件来对外提供数据存储和业务访问服务。

（1）云存储系统的结构模型。

1）存储层。存储层是云存储最基础的部分。存储设备可以是光纤通道存储设备，也可以是 NAS 和 iSCSI 等 IP 存储设备，还可以是 SCSI 或 SAS 等 DAS 存储设备。云存储中的存储设备往往数量庞大且分布在多个不同地域，彼此之间通过广域网、互联网或者光纤通道网络连接在一起。存储设备之上是一个统一存储设备管理系统，该系统可以实现存储设备的逻辑虚拟化管理、多链路冗余管理，以及硬件设备的状态监控和故障维护。

2）基础管理层。基础管理层是云存储最核心的部分，也是云存储中最难以实现的部分。基础管理层通过集群、分布式文件系统和网络计算等技术，实现云存储中多个存储设备之间的协同工作，使多个存储设备可以对外提供同一种服务，并提供更大、更强、更好的数据访问性能。内容分发系统（Content Delivery Network，CDN）、数据加密技术保证云存储中的数据不会被未授权的用户访问。同时，系统通过各种数据备份、容灾技术和措施可以保证云存储中的数据不会丢失，保证云存储自身的安全和稳定。

3）应用接口层。应用接口层是云存储最灵活多变的部分。不同的云存储运营单位可以根据实际的业务类型，开发不同的应用服务接口，提供不同的应用服务。比如：视频监控应用平台、IPTV（交互式网络电视）、视频点播应用平台、网络硬盘应用平台、远程数据备份应用平台等。

4）访问层。任何一个授权用户都可以通过标准的公用应用接口来登录云存储系统，享受云存储服务。根据云存储运营单位的不同，云存储提供的访问类型和访问手段也不同。

（2）云存储的优势。

1）融合。云存储支持多类型数据服务融合，即一套系统支持分布式块、分布式文件与分布式对象存储资源服务，硬件归一，资源共享，运维简单。

2）弹性。云存储支持资源按需供给，即面向应用的多类型存储资源按需供给，支撑业务上线时间由 1 周缩短至 1 小时，极大缩短产品进入市场的周期（time-to-market，TTM）。云存储支持系统极致扩展，系统采用全分布式架构，可轻松扩展至 4096 节点、拥有千万级 IOPS 和 EB 级容量，支撑云业务规模扩张。

3）开放。云存储采用开放平台，支持 Cinder、Manila、Swift，融入 OpenStack 云基础架构。

二、云硬盘（EVS）

1. 云硬盘概述

云硬盘为云服务器提供高可靠、高性能、规格丰富并且可弹性扩展的块存储服务，可满足不同场景的业务需求，适用于分布式文件系统、开发测试、数据仓库以及高性能计算等场景。云硬盘的使用方式与传统服务器硬盘完全一致。

（1）EVS 的磁盘模式。

1）VBD。云硬盘的磁盘模式默认为 VBD 类型。VBD 类型的云硬盘只支持简单的 SCSI 读写命令。VBD（虚拟块存储设备，Virtual Block Device）是云硬盘磁盘模式的一种。

2）SCSI。SCSI 类型的云硬盘支持 SCSI 指令透传，允许云服务器操作系统直接访问底层存储介质。除了简单的 SCSI 读写命令，SCSI 类型的云硬盘还可以支持更高级的 SCSI 命令。

（2）EVS 的磁盘类型和应用场景。EVS 的磁盘类型包括普通 IO、高 IO 和超高 IO，其应用场景见表 3.4。

表 3.4 EVS 的应用场景

磁盘类型	每 GB 云硬盘的 IOPS	单个云硬盘的最大 IOPS	典型应用场景
普通 IO	2	2200	适用于大容量、读写速率中等、事务性处理较少的应用场景，例如企业的日常办公应用或者小型测试等
高 IO	6	5000	适用于主流的高性能、高可靠应用场景，例如大型开发测试、Web 服务器日志以及企业应用等
超高 IO	20	33000	适用于超大带宽的读写密集型应用场景，例如高性能计算应用场景。适用于部署分布式文件系统、I/O 密集型应用场景、各类非关系型/关系型数据库等

（3）EVS 的访问方式。公有云提供了 Web 化的服务管理平台（即管理控制台）和基于超文本传输协议（Hypertext Transfer Protocol Secure，HTTPS）请求的 API 管理方式。

1）API 方式。如果用户需要将公有云平台上的云硬盘集成到第三方系统，用于二次开发，可使用 API 方式访问云硬盘。

2）控制台方式。其他相关操作可使用管理控制台方式访问云硬盘。如果用户已注册公有云，可直接登录管理控制台，从主页单击“云硬盘 EVS”选项。

（4）EVS 的优势。

1）规格丰富。EVS 提供多种规格的云硬盘，可挂载至云服务器用作数据盘和系统盘，可以根据业务需求及预算选择合适的云硬盘。

2）弹性扩充。EVS 可以根据需求进行扩容，最小扩容步长为 1GB，单个云硬盘最大可扩容至 32TB。同时 EVS 支持平滑扩容，无需暂停业务。

3）安全可靠。系统盘和数据盘均支持数据加密，用于保护数据安全。云硬盘支持备份、快照等数据备份保护功能，为存储在云硬盘中的数据提供可靠保障，防止应用异常、黑客攻击等情况造成的数据错误。

4）实时监控。EVS配合云监控（Cloud Eye），随时掌握云硬盘的健康状态，了解云硬盘运行状况。

2. 云硬盘的使用

（1）EVS 挂载。云硬盘无法独立使用，需要将硬盘挂载到云服务器，供云服务器作为数据盘使用。系统盘在创建云服务器时自动添加，不需要再次进行挂载。数据盘可以在创建云服务器的时候创建，此时其会自动挂载到云服务器。单独购买的云硬盘需要执行挂载操作，将磁盘挂载到云服务器。不同的数据盘可以挂载的云服务器台数不同，非共享数据盘只可以挂载至1台云服务器，共享数据盘可以挂载至16台云服务器。

（2）EVS 卸载。云硬盘挂载至云服务器时，状态为正在使用。当需要执行的某些操作要求云硬盘状态为可用时，需要将EVS从云服务器卸载，例如从快照回滚数据。仅在挂载该磁盘的云服务器处于“关机”状态时，才可以卸载系统盘；可在挂载该磁盘的云服务器处于“关机”或“正在使用”状态时卸载数据盘。

（3）EVS 删除。当不再使用云硬盘时，可以删除云硬盘，以释放虚拟资源。删除云硬盘后，将不会对该云硬盘收取费用。当云硬盘状态为“可用”“错误”“扩容失败”“恢复数据失败”“回滚数据失败”时，才可以删除磁盘。对于共享云硬盘，必须卸载所有的挂载点之后才可以删除。删除云硬盘时，会同时删除所有云硬盘数据，通过该云硬盘创建的快照也会被删除，须谨慎操作。

（4）EVS 扩容。当云硬盘空间不足时，可以通过申请一块新的云硬盘挂载到云服务器或扩大原有云硬盘空间来进行扩容。系统盘和数据盘均支持扩容，可以对状态为“正在使用”或者“可用”的云硬盘进行扩容。

（5）EVS 备份。备份云硬盘可以通过云硬盘备份服务提供的功能实现，只有当云硬盘的状态为“可用”或者“正在使用”时，才可以创建备份。通过备份策略，可以实现周期性备份云硬盘中的数据，从而提升数据的安全性。当云硬盘数据丢失时，可以从备份中恢复数据。

（6）EVS 快照。通过云硬盘可以创建快照，从而保存指定时刻的云硬盘数据。当不再使用快照时，可以删除快照以释放虚拟资源。如果云硬盘的数据发生错误或者损坏，可以回滚快照数据至创建该快照的云硬盘，从而恢复数据。EVS只支持回滚快照数据至源云硬盘，不支持快照回滚到其他云硬盘，只有当快照的状态为“可用”，并且源云硬盘状态为“可用”（即未挂载给云服务器）或者“回滚数据失败”时，才可以执行该操作。

三、对象存储服务（OSB）

1. 对象存储服务概述

（1）对象存储服务的概念。对象存储服务是一个基于对象的海量存储服务，为客户提供海量、安全、高可靠、低成本的数据存储服务，包括创建、修改、删除桶，上传、下载、删除对象等。OBS系统和单个桶都没有总数据容量和对象/文件数量的限制，具有为用户提供了超大存储容量的能力，可以存放任意类型的文件，适合普通用户、网站、企业和开发者使用。OBS是一项面向Internet访问的服务，提供了基于HTTP/HTTPS协议的Web服务接口，用户可以随时随地连接到接入Internet的计算机，通过OBS管理控制台或各种OBS工具访问和管理存储在OBS中的数据。此外，OBS支持SDK和OBS API接口，便于用户管理自己存储在OBS上的数据，以及开发多种类型的上层业务应用。

（2）桶和对象。OBS的基本组成是桶和对象。桶是OBS中存储对象的容器，每个桶都有自己的存储类别、访问权限、所属区域等属性，用户在互联网上通过桶的访问域名来定位桶。对象是OBS中数据存储的基本单位，一个对象实际是一个文件的数据与其相关属性信息的集合体，包括Key、Metadata、Data三部分。其中，Key是键值，即对象的名称，为经过UTF-8编码的长度大于0且不超过1024的字符序列，一个桶里的每个对象必须拥有唯一的对象键值。Metadata是元数据，即对象的描述信息，包括系统元数据和用户元数据，这些元数据以键值对（Key-Value）的形式被上传到OBS中；系统元数据由OBS自动产生，在处理对象数据时使用，包括Date、Content-length、Last-modify、Content-MD5等；用户元数据由用户在上传对象时指定，是用户自定义的对象描述信息。Data为数据，即对象的数据内容。

（3）OBS的存储类型。OBS提供了3种存储类别：标准存储、低频访问存储、归档存储，从而满足客户业务对存储性能、成本的不同诉求。标准存储访问时延低和吞吐量高，因而适用于有大量热点文件（平均一个月多次）或小文件（小于1MB），且需要频繁访问数据的业务场景，例如大数据、移动应用、热点视频、社交图片等场景。低频访问存储适用于不频繁访问（平均一年少于12次）但在需要时要求快速访问数据的业务场景，例如文件同步/共享、企业备份等场景。与标准存储相比，低频访问存储有相同的数据持久性、吞吐量以及访问时延，且成本较低，但是可用性略低于标准存储。归档存储适用于很少需要访问数据（平均一年访问一次）的业务场景，例如数据归档、长期备份等场景。归档存储安全、持久且成本极低，可以用来替代磁带库，为了保持成本低廉，其数据取回时间可能长达数分钟到数小时不等。

（4）OBS的优势。

1）数据稳定，业务可靠。OBS支撑华为手机云相册，可支持数亿用户访问，稳定可靠。通过跨区域复制、AZ之间数据容灾、AZ内设备和数据冗余、存储介质的慢盘/坏道检测等技术方案，保障数据持久性高达99.9999999999%，业务连续性高达99.995%，远高于传统架构。

2）多重防护，授权管理。OBS通过可信云认证，保证数据的安全。它支持多版本控制、敏感操作保护、服务端加密、防盗链、VPC网络隔离、访问日志审计以及细粒度的权限控制，保障数据安全可信。

3）千亿对象，千万并发。OBS通过智能调度和响应，优化数据访问路径，并结合事件通知、传输加速、大数据垂直优化等，为各场景下用户的千亿对象提供千万级并发、超高带宽、稳定低时延的数据访问体验。

4）简单易用，便于管理。OBS支持标准REST API、多版本SDK和数据迁移工具，让业务快速上云。用户无需事先规划存储容量，OBS的存储资源和性能可线性无限扩展，用户不用担心存储资源扩容、缩容问题。OBS支持在线升级、在线扩容，升级扩容由华为云实施，客户无感知。

5）数据分层，按需使用。OBS提供按量计费和包年包月两种支付方式，支持标准、低频访问，归档数据、深度归档数据独立计量计费，降低了存储成本。

OBS和IDC存储服务器对比情况见表3.5。

表 3.5 OBS 和 IDC 存储服务器对比情况

对比项	OBS	IDC
数据存储量	提供海量的存储服务，在全球部署多个数据中心，所有业务、存储节点采用分布式集群方式部署，各节点、集群都可以独立扩容，用户永远不必担心存储容量不够	数据存储量受限于搭建存储服务器时使用的硬件设备，存储量不够时需要重新购买存储硬盘，进行人工扩容
安全性	支持 HTTPS/SSL 安全协议，支持数据加密上传；同时 OBS 通过访问密钥（AK/SK）对访问用户的身份进行鉴权，结合 IAM 权限、桶策略、访问控制列表（ACL）、防盗链等多种方式和技术确保数据传输与访问的安全；支持敏感操作保护，针对删除桶等敏感操作可开启身份验证	需自行承担网络信息安全、技术漏洞、误操作等各方面的数据安全风险
可靠性	通过五级可靠性架构，保障数据持久性高达 99.9999999999%，业务连续性高达 99.995%，远高于传统架构	一般的企业自建存储服务器不会投入巨额的成本来同时保证介质、服务器、机柜、数据中心、区域级别的可靠性，一旦出现故障或灾难，很容易导致数据出现不可逆的丢失，给企业造成严重损失
成本	即开即用，免去了自建存储服务器前期的资金、时间以及人力成本的投入，后期设备的维护交由 OBS 处理；按使用量付费，用多少算多少；阶梯价格，用的越多越实惠	前期安装难、设备成本高、初始投资大、自建周期长、后期运维成本高，无法匹配快速变更的企业业务，安全保障的费用还需额外考虑

2. 对象存储服务的使用

OBS 提供的大数据解决方案主要面向海量数据存储分析、历史数据明细查询、海量行为日志分析和公共事务分析统计等场景，向用户提供低成本、高性能、不断业务、无需扩容的解决方案。

（1）海量数据存储分析的典型场景：PB 级的数据存储、批量数据分析、毫秒级的数据详单查询等场景。

（2）历史数据明细查询的典型场景：流水审计、设备历史能耗分析、轨迹回放、车辆驾驶行为分析、精细化监控等场景。

（3）海量行为日志分析的典型场景：学习习惯分析、运营日志分析、系统操作日志分析查询等场景。

（4）公共事务分析统计的典型场景：犯罪追踪、关联案件查询、交通拥堵分析、景点热度统计等场景。

【任务实施】

子任务 1　部署云硬盘

子任务 1　部署云硬盘

1. 购买云硬盘

（1）登录华为云，打开服务列表，选择“云硬盘 EVS”选项，如图 3.4 所示。

（2）在打开的“云硬盘”页面中，单击右上角的“购买磁盘”按钮，如图 3.5 所示。

（3）在打开的“购买磁盘”页面中，填写图 3.6 所示的配置信息，然后单击“立即购买”按钮。

图 3.4　“云硬盘 EVS”选项

图 3.5　“云硬盘”页面

图 3.6　“购买磁盘”信息配置页面

（4）在出现的“购买详情”提示页面中，再次核对购买信息，确认无误后，单击“提交”按钮，如图 3.7 所示。如信息有误，可单击“上一步”按钮，修改相关参数后再进行购买。

图 3.7　“购买详情”提示页面

（5）在云硬盘列表中，可查看云硬盘的状态。待云硬盘状态变为“可用”时，表示云硬盘创建成功，如图 3.8 所示。

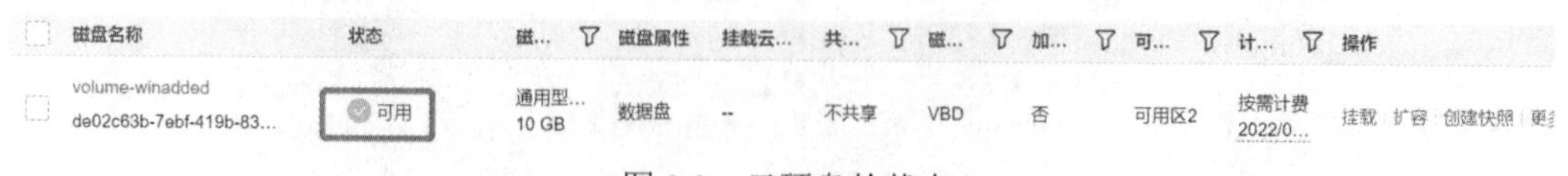

图 3.8　云硬盘的状态

2. 挂载非共享云硬盘

单独购买的云硬盘为数据盘，可以在云硬盘列表中看到磁盘属性为“数据盘”，磁盘状态为“可用”（图 3.8），需要将该数据盘挂载给云服务器使用。非共享云硬盘可理解为为普通电脑购买的 SSD 硬盘或 SATA 盘，挂载后对应电脑中的 C、D、E 等盘符。

（1）在云硬盘列表中，找到需要挂载的云硬盘，单击“挂载”按钮。在弹出“挂载磁盘”对话框中选择云硬盘待挂载的云服务器，该云服务器必须与云硬盘位于同一个可用分区。在下拉列表选择“挂载点”，注意一个挂载点只能挂载一块云硬盘。单击“确定”按钮，完成磁盘挂载，如图 3.9 所示。

图 3.9　“挂载磁盘”对话框

（2）返回云硬盘列表页面，此时云硬盘状态为“正在挂载”，表示云硬盘处于正在挂载至云服务器的过程中。当云硬盘状态为“正在使用”时，表示已成功挂载至云服务器，如图 3.10 所示。

图 3.10　磁盘挂载成功页面

3. 挂载 Linux 数据盘

（1）打开远程管理工具 PuTTY，在 ECS 登录窗口使用 root 用户进行登录（登录方法详见任务 2），登录成功后执行以下命令，查看新增数据盘状态。

```
fdisk -l
```

回显信息如图 3.11 所示。

说明：图 3.11 中画框信息表示当前的云服务器有两块磁盘，其中，/dev/vda 是系统盘，/dev/vdb 是新增数据盘。

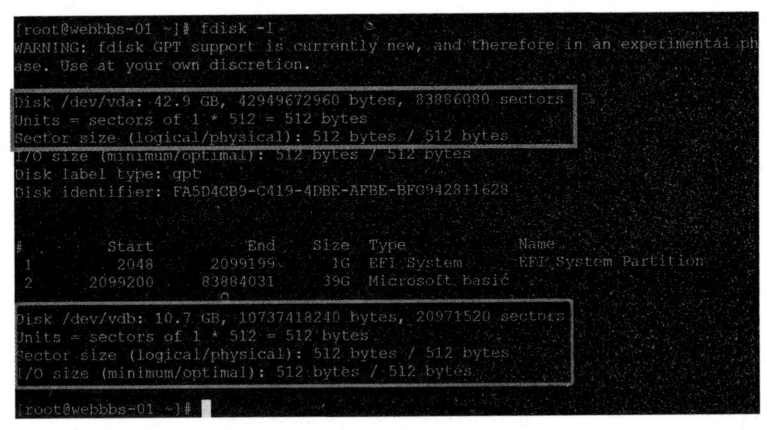

```
[root@webbbs-01 ~]# fdisk -l
WARNING: fdisk GPT support is currently new, and therefore in an experimental phase. Use at your own discretion.

Disk /dev/vda: 42.9 GB, 42949672960 bytes, 83886080 sectors
Units = sectors of 1 * 512 = 512 bytes
Sector size (logical/physical): 512 bytes / 512 bytes
I/O size (minimum/optimal): 512 bytes / 512 bytes
Disk label type: gpt
Disk identifier: FA5D4CB9-C419-4DBE-AFBE-BFG942811628


#         Start          End    Size  Type            Name
 1         2048      2099199     1G  EFI System      EFI System Partition
 2      2099200     83884031    39G  Microsoft basic

Disk /dev/vdb: 10.7 GB, 10737418240 bytes, 20971520 sectors
Units = sectors of 1 * 512 = 512 bytes
Sector size (logical/physical): 512 bytes / 512 bytes
I/O size (minimum/optimal): 512 bytes / 512 bytes

[root@webbbs-01 ~]#
```

图 3.11　回显信息 1

（2）以新挂载的数据盘/dev/vdb 为例，执行以下命令，进入 fdisk 分区工具，开始对新增数据盘执行分区操作。回显信息如图 3.12 所示。

```
fdisk /dev/vdb
```

```
[root@webbbs-01 ~]# fdisk /dev/vdb
Welcome to fdisk (util-linux 2.23.2).

Changes will remain in memory only, until you decide to write them.
Be careful before using the write command.

Device does not contain a recognized partition table
Building a new DOS disklabel with disk identifier 0xde9bec3d.
```

图 3.12　回显信息 2

输入 n，按 Enter 键，开始新建分区，回显信息如图 3.13 所示。

```
Command (m for help): n
Partition type:
   p   primary (0 primary, 0 extended, 4 free)
   e   extended
```

图 3.13　回显信息 3

（3）以创建一个主分区为例，输入 p，按 Enter 键，开始创建一个主分区。以分区编号选择 1 为例，输入主分区编号 1，按 Enter 键，回显信息如图 3.14 所示。

```
Select (default p): p
Partition number (1-4, default 1): 1
First sector (2048-20971519, default 2048):
```

图 3.14　回显信息 4

其中，First sector 表示初始磁柱区域，可以选择的范围是 2048～20971519，默认值为 2048。

（4）以选择默认初始磁柱编号 2048 为例，按 Enter 键，回显信息如图 3.15 所示。

```
First sector (2048-20971519, default 2048):
Using default value 2048
Last sector, +sectors or +size{K,M,G} (2048-20971519, default 20971519):
```

图 3.15　回显信息 5

其中，Last sector 表示截止磁柱区域，可以选择的范围是 2048～20971519，默认值为 20971519。

（5）以选择默认截止磁柱编号 20971519 为例，按 Enter 键，回显信息如图 3.16 所示。

```
Last sector, +sectors or +size{K,M,G} (2048-20971519, default 20971519):
Using default value 20971519
Partition 1 of type Linux and of size 10 GiB is set
```

图 3.16　回显信息 6

说明：图 3.16 表示分区完成，即为 10GB 的数据盘新建了 1 个分区。

（6）输入 p，按 Enter 键，查看新建分区的详细信息。回显信息如图 3.17 所示。

```
Command (m for help): p

Disk /dev/vdb: 10.7 GB, 10737418240 bytes, 20971520 sectors
Units = sectors of 1 * 512 = 512 bytes
Sector size (logical/physical): 512 bytes / 512 bytes
I/O size (minimum/optimal): 512 bytes / 512 bytes
Disk label type: dos
Disk identifier: 0xde9bec3d

   Device Boot      Start         End      Blocks   Id  System
/dev/vdb1            2048    20971519    10484736   83  Linux
```

图 3.17　回显信息 7

说明：图 3.17 中画框信息表示新建分区/dev/vdb1 的详细信息。

（7）输入 w，按 Enter 键，将分区结果写入分区表中。回显信息如图 3.18 所示。

```
Command (m for help): w
The partition table has been altered!

Calling ioctl() to re-read partition table.
```

图 3.18　回显信息 8

说明：如果之前分区操作有误，请输入 q，将会退出 fdisk 分区工具，之前的分区结果将不会被保留。

（8）执行以下命令，将新的分区表变更同步至操作系统。

```
partprobe
```

（9）以设置文件系统 ext4 为例，执行以下命令，将新建分区文件系统设为系统所需格式。回显信息如图 3.19 所示。

```
mkfs -t ext4 /dev/vdb1
```

```
[root@webbbs-01 ~]# mkfs -t ext4 /dev/vdb1
mke2fs 1.42.9 (28-Dec-2013)
Filesystem label=
OS type: Linux
Block size=4096 (log=2)
Fragment size=4096 (log=2)
Stride=0 blocks, Stripe width=0 blocks
655360 inodes, 2621184 blocks
131059 blocks (5.00%) reserved for the super user
First data block=0
Maximum filesystem blocks=2151677952
80 block groups
32768 blocks per group, 32768 fragments per group
8192 inodes per group
Superblock backups stored on blocks:
        32768, 98304, 163840, 229376, 294912, 819200, 884736, 1605632

Allocating group tables: done
Writing inode tables: done
Creating journal (32768 blocks): done
Writing superblocks and filesystem accounting information: done
```

图 3.19　回显信息 9

（10）以新建挂载点/mnt/sdc 为例，执行以下命令，新建挂载点。

```
mkdir df/mnt/sdc
```

（11）以挂载新建分区至/mnt/sdc 为例，执行以下命令，将新建分区挂载到新建的挂载点下。

```
mount /dev/vdb1/mnt/sdc
```

4. 查看挂载情况

执行以下命令，查看挂载结果。回显信息如图 3.20 所示。

```
df -TH
```

```
/dev/vda1      vfat      1.1G  9.5M  1.1G   1% /boot/efi
tmpfs          tmpfs     794M     0  794M   0% /run/user/0
/dev/vdb1      ext4       11G   38M  9.9G   1% /mnt/sdc
```

图 3.20　回显信息 10

说明：图 3.20 中画框信息表示新建分区/dev/vdb1 已挂载至/mnt/sdc。

5. 使用脚本初始化 Linux 数据盘

登录云服务器，执行以下步骤获取自动初始化磁盘脚本。

（1）执行以下命令，下载脚本。

```
wget https://ecs-instance-driver.obs.cn-north-1.myhuaweicloud.com/datadisk/LinuxVMDataDiskAutoInitialize.sh
```

（2）执行以下命令，修改自动初始化磁盘脚本的权限。

```
chmod -x LinuxVMDataDiskAutoInitialize.sh
```

（3）执行以下命令，初始化脚本自动检测待初始化的数据盘，脚本将自动检测当前在服务器上除系统盘之外的盘符并显示出来，如/dev/vdb。然后输入要执行的盘符，如/dev/vdb。回显信息如图 3.21 所示。

```
sh LinuxVMDataDiskAutoInitialize.sh
```

```
Step 1: Initializing script and check root privilege
Is running, please wait!
Success, the script is ready to be installed!

Step 2: Show all active disks:
Disk /dev/vdb
```

图 3.21　回显信息 11

（4）输入盘符并按 Enter 键后，脚本将自动执行硬盘的创建分区与格式化命令。回显信息如图 3.22 所示。

```
Step 3: Please choose the disk(e.g.: /dev/vdb and q to quit):/dev/vdb

Step 4: The disk is partitioning and formatting
Is running, please wait!
Success, the disk has been partitioned and formatted!
```

图 3.22　回显信息 12

（5）根据提示输入磁盘需要挂载的路径，等待脚本自动挂载并设置为开机自动挂载后，就完成了磁盘创建分区格式化和挂载磁盘的工作。回显信息如图 3.23 所示。

```
Step 5: Make a directory and mount it
Please enter a location to mount (e.g.: /mnt/data):/data-test
Success, the mount is completed!
```

图 3.23　回显信息 13

（6）完成磁盘分区格式化，回显信息如图 3.24 所示。

```
Step 6: Write configuration to /etc/fstab and mount device
Success, the /etc/fstab is Write!

Step 7: Show information about the file system on which each FILE resides
Filesystem      Size  Used Avail Use% Mounted on
devtmpfs        3.7G     0  3.7G   0% /dev
tmpfs           3.7G     0  3.7G   0% /dev/shm
tmpfs           3.7G   22M  3.7G   1% /run
tmpfs           3.7G     0  3.7G   0% /sys/fs/cgroup
/dev/vda2        39G  2.7G   34G   8% /
/dev/vda1      1022M  9.1M 1013M   1% /boot/efi
tmpfs           758M     0  758M   0% /run/user/0
/dev/vdb1       9.8G   37M  9.2G   1% /data-test

Step 8: Show the write configuration to /etc/fstab

#
# /etc/fstab
# Created by anaconda on Thu May 30 16:20:17 2019
#
# Accessible filesystems, by reference, are maintained under '/dev/disk'
# See man pages fstab(5), findfs(8), mount(8) and/or blkid(8) for more info
```

图 3.24　回显信息 14

子任务 2　部署对象存储服务

子任务 2　部署对象存储服务

1. 下载 OBS Browser+

（1）登录华为云，打开服务列表，选择“对象存储服务 OBS”选项，如图 3.25 所示。

计算	存储	网络	数据库
弹性云服务器 ECS	数据工坊 DWR	虚拟私有云 VPC	云数据库 GaussDB
云耀云服务器 HECS	云硬盘 EVS	弹性负载均衡 ELB	云数据库 RDS
裸金属服务器 BMS	专属分布式存储 DSS	云专线 DC	文档数据库服务 DDS
云手机 CPH	存储容灾服务 SDRS	虚拟专用网络 VPN	云数据库 GaussDB(for Cassandra)
镜像服务 IMS	云服务器备份 CSBS	企业交换机 ESW	云数据库 GaussDB(for Mongo)
函数工作流 FunctionGraph	云备份 CBR	云解析服务 DNS	云数据库 GaussDB(for Influx)
弹性伸缩 AS	云硬盘备份 VBS	NAT网关 NAT	云数据库 GaussDB(for Redis)
专属云 DEC	对象存储服务 OBS	弹性公网IP EIP	分布式数据库中间件 DDM
专属主机 DEH	数据快递服务 DES	云连接 CC	数据库和应用迁移 UGO

图 3.25　“对象存储服务 OBS”选项

（2）在“桶列表”页面中，选择左上角的“总览”选项。在打开的“总览”页面中，选择右边的“OBS Browser+”选项，如图 3.26 所示。

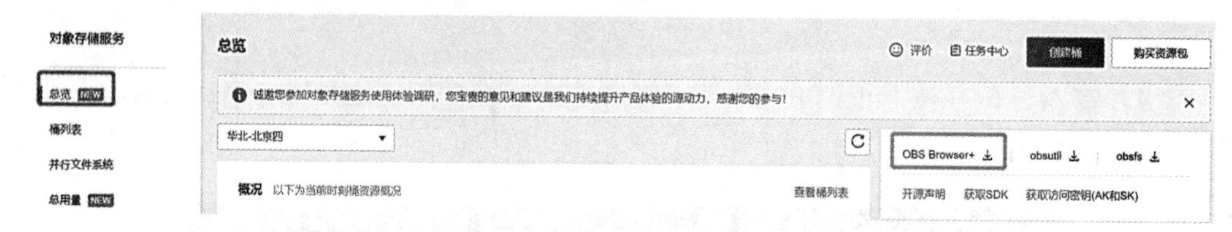

图 3.26　“总览”页面

（3）在打开的“业务工具”页面中，根据操作系统下载对应的 OBS Browser+工具到本地计算机，如图 3.27 所示。

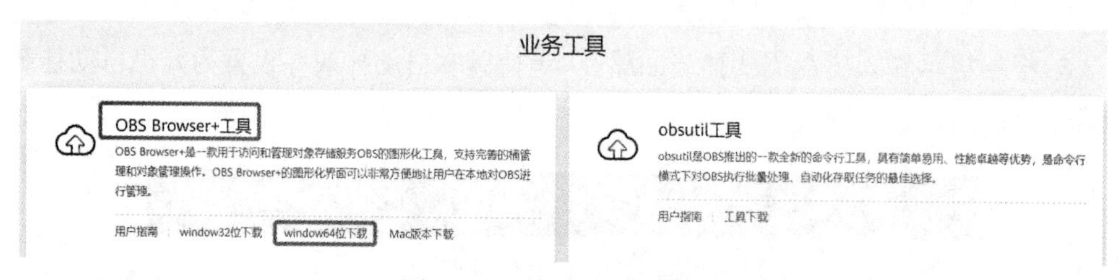

图 3.27　“业务工具”页面

（4）运行安装下载完成的 OBS Browser+工具，如图 3.28 所示。

2. 获取访问密钥（AK 和 SK）

（1）把鼠标移到页面右上角的用户名处，在弹出的下拉菜单中，选择“我的凭证”选项，如图 3.29 所示。

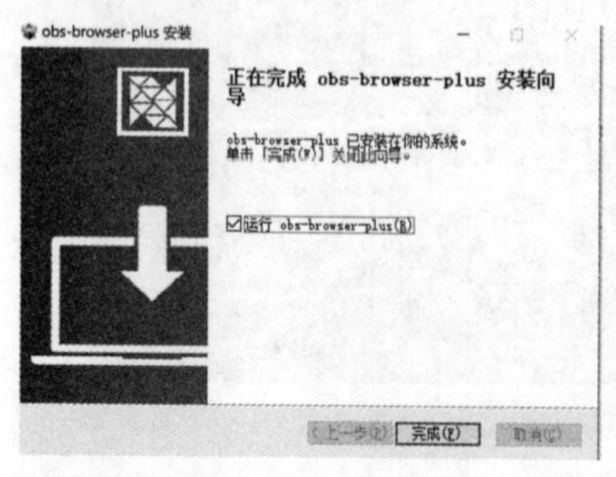

图 3.28　“obs-browser-plus 安装”窗口

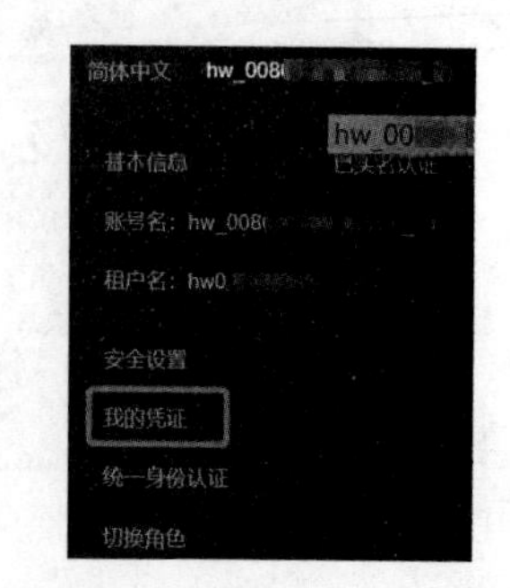

图 3.29　“用户名”下拉菜单

（2）在“我的凭证”页面中，选择左边的“访问密钥”选项。在打开的“访问密钥”页面中，单击“新增访问密钥”按钮，如图 3.30 所示。

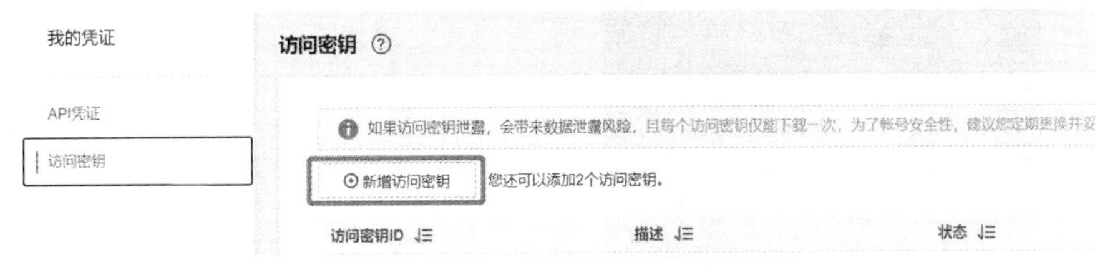

图 3.30　“访问密钥”页面

（3）在弹出的“新增访问密钥”对话框中，输入描述信息，单击“确定”按钮，如图 3.31 所示。

图 3.31　“新增访问密钥”对话框

（4）在弹出的“身份验证”对话框中，获取并输入验证码，单击“确定”按钮，如图 3.32 所示。

图 3.32　“身份验证”对话框

（5）在弹出的“创建成功”对话框中，单击“立即下载”按钮，保存密钥文件，如图 3.33 所示。

（6）打开下载好的 credentials.csv 密钥文件即可获取访问密钥（AK 和 SK），如图 3.34 所示。

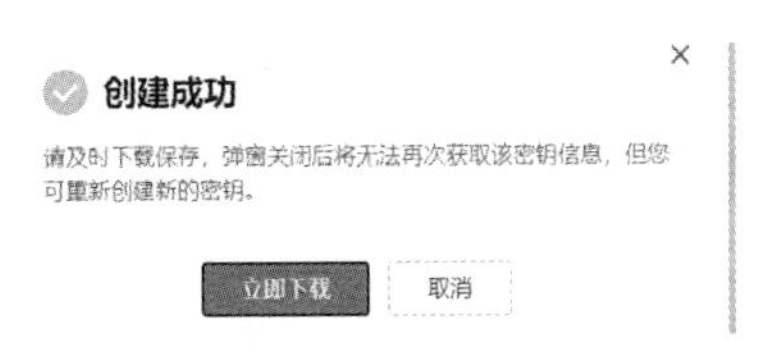

图 3.33　密钥“创建成功”对话框

	A	B	C
1	User Name	Access Key Id	Secret Access Key
2	hw0391443	5MHEGCSIPQ7PK	qNPw9Yx6Bh2x4MJQPF

图 3.34　访问密钥（AK 和 SK）

3. 登录 OBS Browser+

双击运行安装好的 OBS Browser+工具，在弹出的登录窗口中，输入配置参数，单击“登录”按钮，如图 3.35 所示。

图 3.35　OBS Browser+登录窗口

4. OBS Browser+的使用

（1）创建桶。

1）在 OBS Browser+页面单击“创建桶”按钮，如图 3.36 所示。

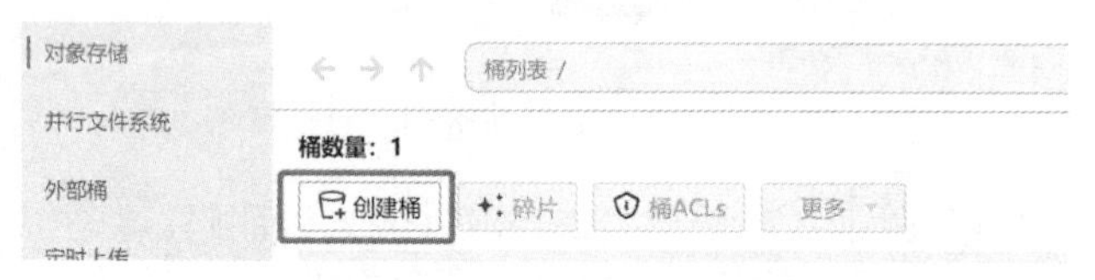

图 3.36　OBS Browser+页面

2）在弹出的“创建桶”对话框中，配置图 3.37 所示的参数后单击“确定”按钮，系统将弹窗提示桶是否创建成功。

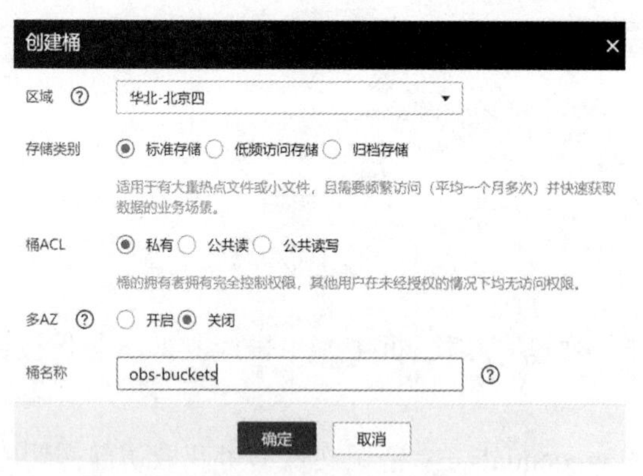

图 3.37　“创建桶”对话框

3）返回桶列表，在其中可以查看已创建成功的桶名称，如图 3.38 所示。

桶名称	存储类别	区域	存储用量
obs-buckets2	标准存储	华北-北京四	0 byte
40801b19c84f4efba8...	标准存储	华北-北京四	3.71 KB

图 3.38　创建成功的桶名称

（2）上传文件或文件夹。

1）单击已经创建好的桶，进入“对象列表”页面，单击“上传”按钮。在弹出的“上传对象”对话框中，单击“添加文件”或“添加文件夹”按钮，如图 3.39 所示。

图 3.39　“上传对象”对话框

2）在弹出的上传文件或上传文件夹对话框中，选择需要上传的文件或文件夹，单击“打开”或“选择文件夹”按钮，如图 3.40 所示。

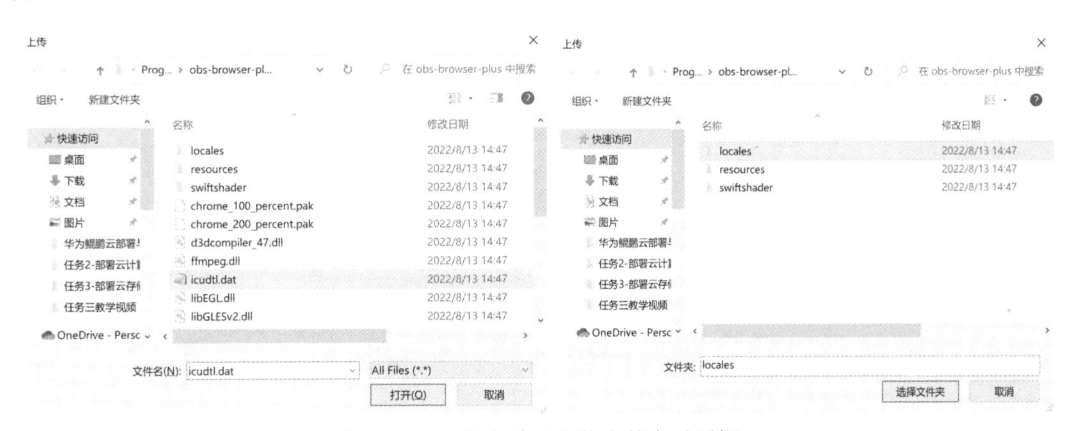

图 3.40　上传文件或上传文件夹对话框

说明：OBS Browser+支持一次同时上传多个文件或文件夹。上传多个文件或文件夹时，在按住 Ctrl 或 Shift 键的同时选择多个文件或文件夹即可，同时支持按 Ctrl+A 组合键的全选操作。OBS Browser+的操作习惯与 Windows 操作系统保持一致。

3）上传成功的文件或文件夹可在对象列表中查看，如图 3.41 所示。

图 3.41　对象列表

（3）下载文件或文件夹。

1）在“对象列表”页面中，选中待下载的文件或文件夹后，单击“下载”按钮，如图 3.42 所示。

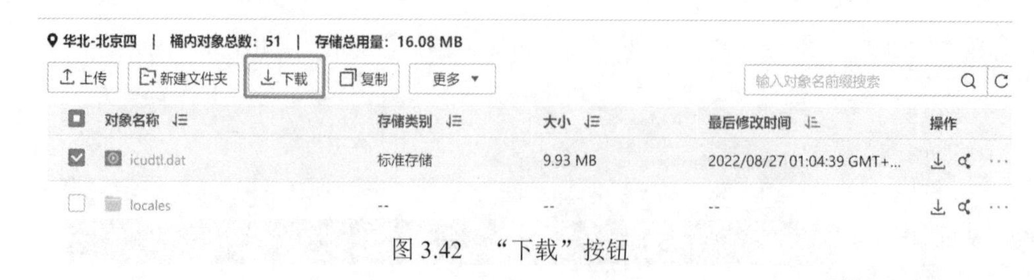

图 3.42 “下载”按钮

2）在弹出的对话框中选择存放文件或文件夹的路径后，单击“确定”按钮。

（4）删除文件或文件夹。

1）在“对象列表”页面中，选中待删除的文件或文件夹后，选择“更多→删除”选项，如图 3.43 所示。

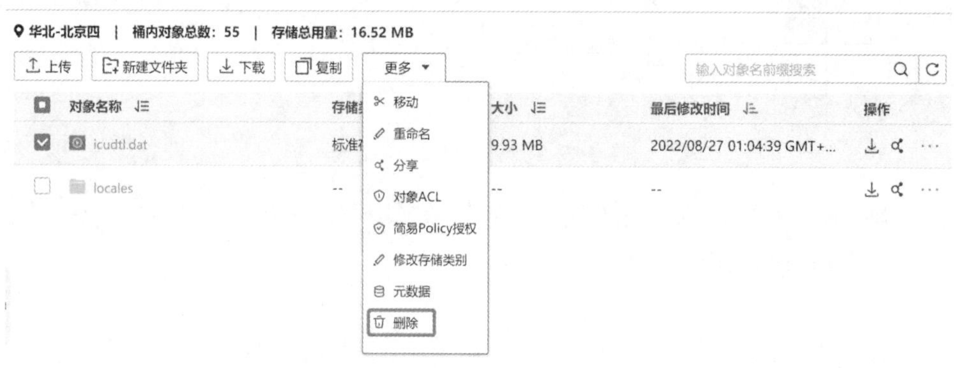

图 3.43 “删除”文件或文件夹选项

2）在弹出的“删除对象”消息确认框中确认无误后，单击“是”按钮，如图 3.44 所示。

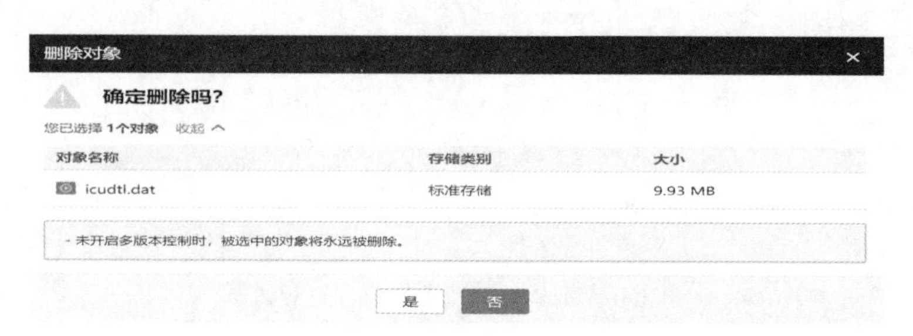

图 3.44 “删除对象”消息确认框

（5）删除桶。

1）选中待删除的桶，选择“更多→删除”选项，如图 3.45 所示。（注：删除桶前一定要先清空桶中所有的存储对象）。

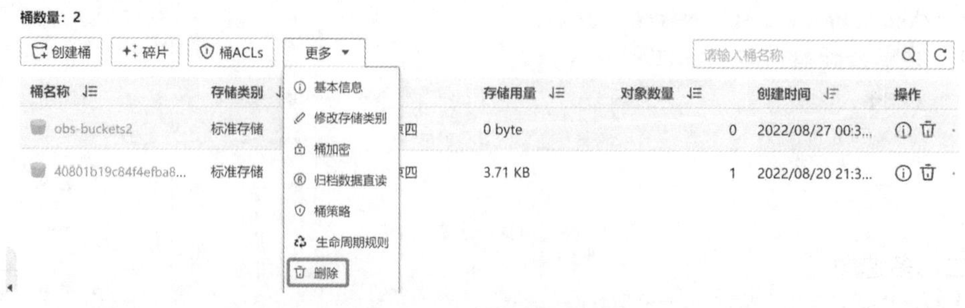

图 3.45 “删除”桶选项

2）在弹出的“删除桶”消息确认框中确认无误后，单击“确定”按钮，删除该桶。

【任务小结】

本任务主要介绍了数据存储技术和云端存储技术的基本概念、存储方式、结构模型，EVS 的磁盘模式、磁盘类型、应用场景、访问方式，OBS 的概念、存储类型，以及各自的优势。从而让读者掌握 EVS 的创建、挂载和初始化等基本操作，以及 OBS Browser 的下载、登录和基本的对象存储管理操作。

【考核评价】

评价内容	评分项	自评得分	教师考评得分	备注
学习态度	课堂表现、学习活动态度（40 分）			
知识技能目标	云存储基础（10 分）			
	云硬盘（10 分）			
	对象存储服务（10 分）			
	部署云硬盘（15 分）			
	部署对象存储服务（15 分）			
总得分				

【任务拓展】

完成弹性文件服务的基本操作。

（1）创建文件系统。

（2）删除文件系统。

（3）挂载文件系统。

（4）卸载文件系统。

思考与练习

一、单选题

1. 一台弹性云服务器最多可以同时挂载（　　）个云硬盘。

A．8　　B．9　　C．10　　D．11

2. 共享云硬盘最多可挂载到（　　）台云服务器。

A．5　　B．7　　C．8　　D．16

3. 通过创建（　　），系统可以在设定的时间点自动对云硬盘进行备份。

A．共享　　B．标签　　C．备份　　D．备份策略

二、多选题

1. 云硬盘有（　　）类型。

A．超高 IO　　B．高 IO　　C．普通 IO　　D．优化 IO

2．OBS 支持（　）方式对用户的 OBS 请求进行访问控制。

A．ACL　　B．桶策略

C．服务端加密　　D．用户签名认证

3．开启 OBS 桶的日志管理功能，需要日志投递用户组拥有目标桶的（　）权限。

A．读取权限　　B．写入权限

C．查看 ACL 权限　　D．修改 ACL 权限

三、判断题

1．OBS 服务不支持按需计费。（　）

2．访问密钥（AK 和 SK）每次使用都需要重新申请。（　）

3．OBS 支持通过桶策略对桶和对象进行权限配置（　）

四、简答题

1．三种常用存储方式分别是什么？

2．云存储系统的结构模型包括哪几层？

3．OBS 提供了哪几种存储服务？

任务4　部署云网络服务

【任务描述】

在当今科技发达的时代，网络非常普遍，人人都离不开网络，都沉浸在网络的世界里，而且网络也能带给人们很多好处。那么大家可知道，云网络是什么？云网络有什么优势？云网络又能适应什么样的场景呢？

本任务首先介绍了云网络服务虚拟私有云（Virtual Private Cloud，VPC）、弹性负载均衡（Elastic Load Balance，ELB）以及弹性公网 IP（Elastic IP，EIP）的概念、优势和应用场景。然后通过创建 VPC 和安全组，为 ECS 申请和绑定 EIP，以及利用安全组设置通信控制，来实现两台弹性云服务器在同一个 VPC 下的通信效果。最后通过在华为公有云环境中创建一个 ELB 服务，并绑定至少 2 个后端成员，且在成员的虚拟机中启动 HTTP 服务，来实现 ELB 访问虚拟机 HTTP 网页的负载均衡效果。

【任务目标】

- 了解 VPC、ELB、EIP 的概念、优势和应用场景。
- 掌握 EIP 的申请和绑定。
- 掌握安全组通信控制的设置。
- 掌握 ELB 的搭建、配置及负载均衡的实现。
- 培养学生在学习过程中的主动性和建构性。

【任务分析】

任务 4-任务分析

××大学 BBS 论坛高峰并发在线人数为 2000 人左右，低峰并发在线为 500 人左右，项目迁移到云上后至少需要部署三台规格为 kc1.xlarg.2 的 ECS 作为 Web 服务器。针对该论坛访问人数的潮汐现象，为保证三台 Web 服务器服务的均衡性，需要部署弹性负载均衡 ELB，把访问流量均匀分布在三台 Web 服务器上。为了便于在三台 Web 服务器和 RDS 数据库服务之间进行网络通信，需要部署一个 VPC 网络，把所有需要通信的服务器都连接在同一个 VPC 的相同子网中。Web 服务器完成对用户浏览器的服务请求以及数据库服务的异地容灾，还需要部署一个弹性公网 IP。安全组属于 VPC 的子功能，Web 服务的端口要在安全组里面提前开放。具体部署设计分析如下。

1. 总部署拓扑设计分析

BBS 论坛项目的 Web 服务器和 RDS 数据库服务器都需要在云上部署安全可靠的网络服务，Web 服务器和 RDS 数据库服务器之间需要用 VPC 网络进行互连，Web 服务器需要通过 EIP 提供公网服务。

本任务主要完成虚拟私有云、弹性负载均衡和弹性公网的部署，总部署拓扑如图 4.1 所示。

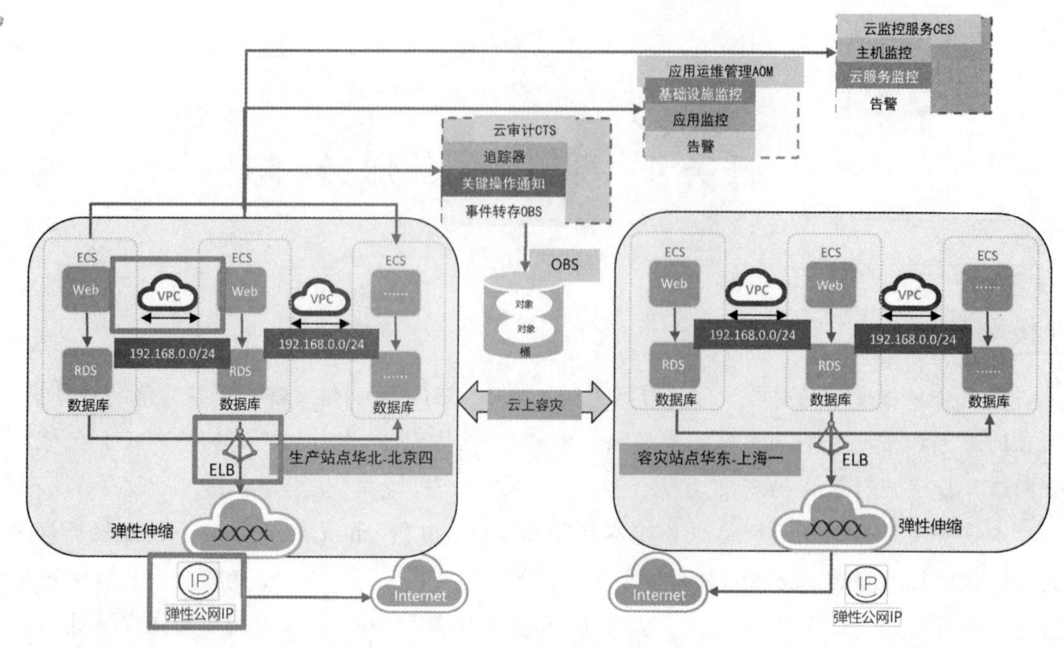

图 4.1 总部署拓扑图

2. 网络服务部署设计分析

在华北-北京四购买一台鲲鹏 ECS，对其创建 VPC、设置安全组、购买 EIP、购买和配置 ELB。网络服务部署拓扑如图 4.2 所示。

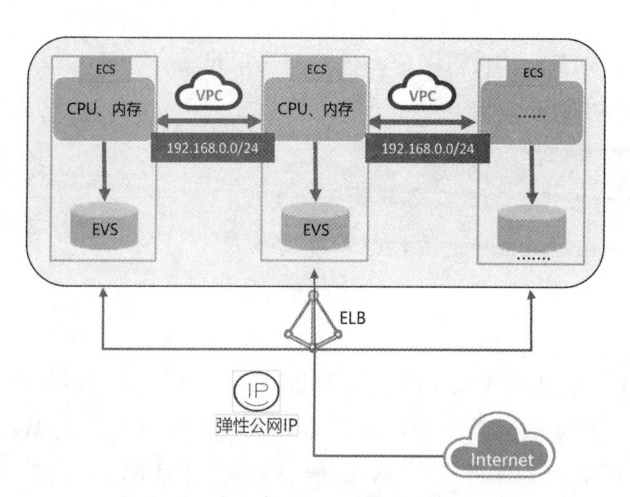

图 4.2 网络服务部署拓扑图

3. 虚拟私有云部署设计分析

Web 服务器、数据库服务器必须位于同一个 VPC 子网内，VPC 的详细配置参数见表 4.1。

表 4.1 VPC 的详细配置参数

规格	参数	规格	参数
区域	华北-北京四	子网名称	Subnet-bbs
名称	myvpc	子网 IPv4 网段	192.168.0.0/24
IPv4 网段	192.168.0.0/24	关联路由	默认
可用区	可用区 1		

4. 弹性公网部署设计分析

可在购买 ECS 时同时购买或单独购买 EIP，其详细配置参数见表 4.2。

表 4.2　EIP 的详细配置参数

规格	参数	规格	参数
区域	华北-北京四	公网带宽	按流量计费
计费模式	按需计费	带宽大小	100M
线路	全动态 BGP	带宽名称	Bandwidth-bbs

5. 弹性负载均衡部署设计分析

为保证多台 Web 服务器服务压力的均衡，BBS 项目需要配置弹性负载均衡服务，本服务分为负载均衡配置（表 4.3）和监听器配置（表 4.4）。

表 4.3　ELB 负载均衡的详细配置参数

规格	参数	规格	参数
实例规格类型	共享型	弹性公网 IP	新创建
区域	华北-北京四	弹性公网 IP 类型	全动态 BGP
网络类型	公网	公网带宽	按流量计费
所属 VPC	myvpc	带宽	100M
子网	Subnet-bbs(192.168.0.0/24)	名称	Elb-bbs
私有 IP 地址	自动分配 IP 地址		

表 4.4　ELB 监听器的详细配置参数

规格	参数	规格	参数
名称	Listener-bbs	分配策略类型	加权轮休算法
前端协议端口	TCP 80	监控检测是否开户	是
后端服务器组	新创建	协议	TCP
名称	Server_ group-bbs	端口	80

【知识链接】

任务 4-知识链接

一、虚拟私有云（VPC）

1. 虚拟私有云的概念

虚拟私有云为云服务器、云容器、云数据库等云上资源构建隔离、私密的虚拟网络环境。VPC 丰富的功能可令用户灵活管理云上网络，包括创建子网、设置安全组和网络 ACL、管理路由表、申请弹性公网 IP 和带宽等。此外，用户还可以通过云专线、VPN 等服务将 VPC 与传统的数据中心互联互通，灵活整合资源，构建混合云网络。VPC 使用网络虚拟化技术，通过链路冗余、分布式网关集群、多 AZ 部署等多种技术，保障网络的安全、稳定、高可用。

2. 虚拟私有云的优势

（1）灵活配置。虚拟私有云允许用户自定义虚拟私有网络，按需划分子网，配置 IP 地址段、DHCP、路由表等服务。虚拟私有云支持跨可用区部署弹性云服务器。

（2）安全可靠。VPC 之间通过隧道技术进行 100%逻辑隔离，不同 VPC 之间默认不能通信。网络 ACL 对子网进行防护，安全组对弹性云服务器进行防护，多重防护网络更安全。

（3）互联互通。虚拟私有云提供了弹性公网 IP、弹性负载均衡、网络地址转换（Network Address Translation，NAT）网关、虚拟专用网络、云专线等多种方式连接公网；它还提供了对等连接的方式，支持使用私有 IP 地址在两个 VPC 之间进行通信。

（4）高速访问。虚拟私有云使用全动态 BGP 协议接入多个运营商，可支持 20 多条线路。它可以根据设定的寻路协议实现实时自动故障切换，保证网络稳定，降低网络时延，令云上业务访问更流畅。

3. 虚拟私有云的应用场景

（1）云端专属网络。每个虚拟私有云代表一个私有网络，与其他 VPC 逻辑隔离，可以将业务系统部署在华为云上，构建云上私有网络环境。如果有多个业务系统，例如生产环境和测试环境要严格进行隔离，那么可以使用多个 VPC 进行业务隔离。当有互相通信的需求时，可以在两个 VPC 之间建立对等连接。

（2）Web 应用或网站托管。在 VPC 中托管 Web 应用或网站可以像使用普通网络一样使用 VPC。通过弹性公网 IP 或 NAT 网关连接弹性云服务器与 Internet，运行弹性云服务器上部署的 Web 应用程序。同时结合弹性负载均衡服务，可以将来自 Internet 的流量均衡分配到不同的弹性云服务器上。VPC 内的云资源连接公网（即 Internet）可以通过弹性公网 IP、NAT 网关、弹性负载均衡来实现。

（3）Web 应用访问控制。将多层 Web 应用划分到不同的安全域中，按需在各个安全域中设置访问控制策略，可以通过创建一个 VPC，将 Web 服务器和数据库服务器划分到不同的安全组中。Web 服务器所在的子网实现互联网访问，而数据库服务器只能通过内网访问，以此保护数据库服务器的安全，满足高安全场景。

（4）云上 VPC 连接。相同或者不同区域下的 VPC 需要互通连接时，可通过对等连接、云连接、虚拟专用网络 VPN 来实现。

（5）混合云部署。对于自建本地数据中心的用户，由于利旧和平滑演进的原因，并非所有的业务都能放置在云上，这个时候就可以通过虚拟专用网络、云专线或云连接来构建混合云，实现云上 VPC 与云下 IDC 之间的互连。

二、弹性负载均衡（ELB）

1. 弹性负载均衡概述

（1）弹性负载均衡的概念。弹性负载均衡是将访问流量根据分配策略分发到后端多台服务器的流量分发控制服务。弹性负载均衡可以通过流量分发扩展应用系统对外的服务能力，同时通过消除单点故障提升应用系统的可用性。

如图 4.3 所示，弹性负载均衡将访问流量分发到后端三台应用服务器，每个应用服务器只需分担三分之一的访问请求。同时，结合健康检查功能，流量只分发到后端正常工作的服务器，从而提升了应用系统的可用性。

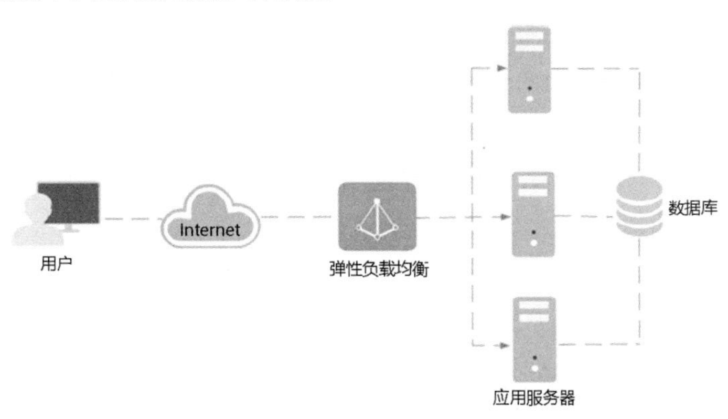

图 4.3　弹性负载均衡示例

（2）弹性负载均衡的组件。弹性负载均衡由以下 3 部分组成：

1）负载均衡器。负载均衡器接受来自客户端的传入流量并将请求转发到一个或多个可用区中的后端服务器。

2）监听器。监听器使用配置的协议和端口检查来自客户端的连接请求，并根据定义的分配策略和转发策略将请求转发到一个后端服务器组里的后端服务器。

3）后端服务器。每个监听器会绑定一个后端服务器组，后端服务器组中可以添加一个或多个后端服务器。后端服务器组使用指定的协议和端口号将请求转发到一个或多个后端服务器。

（3）弹性负载均衡的类型。

1）独享型负载均衡。独享型负载均衡的实例资源独享，实例的性能不受其他实例的影响，可根据业务需要选择不同规格的实例。

2）共享型负载均衡。共享型负载均衡属于集群部署，其实例资源共享，实例的性能会受其他实例的影响，不支持选择实例规格。共享型负载均衡就是原增强型负载均衡。

2. 弹性负载均衡的优势

（1）独享型负载均衡的优势。

1）超高性能。独享型负载均衡可实现性能独享，资源隔离，单实例最大支持 2000 万并发，满足用户的海量业务访问需求。

2）高可用。独享型负载均衡支持多可用区的同城双活容灾，实现无缝实时切换，其完善的健康检查机制可保障业务实时在线。

3）超安全。独享型负载均衡支持 TLS 1.3，提供全链路 HTTPS 数据传输，支持多种安全策略，根据业务不同安全要求灵活选择安全策略。

4）多协议。独享型负载均衡支持 TCP/UDP/HTTP/HTTPS/QUIC 协议，满足不同协议接入需求、

5）更灵活。独享型负载均衡支持请求方法、HEADER、URL、PATH、源 IP 等不同应用特征，并可对流量进行转发、重定向、固定返回码等操作。

6）无边界。独享型负载均衡提供混合负载均衡功能（跨 VPC 后端），可以将云上的资源和云下、多云之间的资源进行统一负载。

7）简单易用。独享型负载均衡能够快速部署 ELB，实时生效，支持多种协议、多种调度算法，用户可以高效地管理和调整分发策略。

8）可靠性。支持跨可用区双活容灾，流量分发更均衡。

（2）共享型负载均衡的优势。

1）高性能。共享型负载均衡提供并发连接数 50000、每秒新建连接数 5000、每秒查询数 5000 的保障功能。

2）高可用。共享型负载均衡采用集群化部署，支持多可用区的同城双活容灾，实现无缝实时切换，其完善的健康检查机制可保障业务实时在线。

3）多协议。共享型负载均衡支持 TCP/UDP/HTTP/HTTPS 协议，不支持 QUIC 协议，满足不同协议接入需求。

4）简单易用。共享型负载均衡可快速部署 ELB，实时生效，支持多种协议、多种调度算法，用户可以高效地管理和调整分发策略。

3. 弹性负载均衡的应用场景

（1）使用 ELB 为高访问量业务进行流量分发。对于业务量访问较大的业务，可以通过 ELB 设置相应的分配策略，将访问量均匀地分到多个后端服务器处理。例如大型门户网站、移动应用市场等。

（2）使用 ELB 和 AS 为潮汐业务弹性分发流量。对于存在潮汐效应的业务，结合弹性伸缩服务，随着业务量的增长和收缩自动增加或减少 ECS 实例，可以自动添加到 ELB 的后端云服务器组或者从 ELB 的后端云服务器组中移除。负载均衡实例会根据流量分发、健康检查等策略灵活使用 ECS 实例资源，在资源弹性的基础上大大提高资源可用性。例如在电商的“双 11”“双 12”“618”等大型促销活动中，业务的访问量短时间迅速增长，且只持续短暂的几天甚至几小时，在此场景中使用负载均衡及弹性伸缩能最大限度地节省 IT 成本。

（3）使用 ELB 消除单点故障。对可靠性有较高要求的业务可以在负载均衡器上添加多个后端云服务器。负载均衡器会通过健康检查及时发现并屏蔽有故障的云服务器，并将流量转发到其他正常运行的后端云服务器，确保业务不中断。例如官网、计费业务、Web 业务等。

（4）使用 ELB 跨可用区特性实现业务容灾部署。对于对可靠性和容灾有很高要求的业务，弹性负载均衡可将流量进行跨可用区分发，建立实时的业务容灾部署。即使出现某个可用区网络故障，负载均衡器仍可将流量转发到其他可用区的后端云服务器进行处理。例如银行业务、警务业务、大型应用系统等。

三、弹性公网 IP

1. 弹性公网 IP 的概念

弹性公网 IP 提供独立的公网 IP 资源，包括公网 IP 地址与公网出口带宽服务。它可以与弹性云服务器、裸金属服务器、虚拟 IP、弹性负载均衡、NAT 网关等资源灵活地绑定及解绑，拥有多种灵活的计费方式，可以满足各种业务场景的需要。一个弹性公网 IP 只能绑定一个云资源。

2. 弹性公网 IP 的优势

（1）弹性灵活。EIP 支持与 ECS、BMS、NAT 网关、ELB、虚拟 IP 灵活地绑定与解绑，带宽支持灵活调整，应对各种业务变化。

（2）多种计费模式。EIP 有多种计费策略，支持按需、按带宽、按流量计费，包年包月价格更优惠。

（3）共享带宽。EIP 可以加入共享带宽，降低带宽使用成本。

（4）即开即用。EIP 即开即用，绑定解绑、带宽调整实时生效。

3. 弹性公网 IP 的应用场景

（1）绑定云服务器。EIP 绑定到云服务器上，实现云服务器连接公网的目的。

（2）绑定 NAT 网关。NAT 网关通过与弹性公网 IP 绑定，可以使多个云主机（弹性云服务器、裸金属服务器、云桌面等）共享弹性公网 IP 访问 Internet 或使云主机提供互联网服务。

（3）绑定 ELB 实例。通过弹性公网 IP 对外提供服务，将来自公网的客户端请求按照指定的负载均衡策略分发到后端云服务器进行处理。

【任务实施】

子任务 1　部署虚拟私有云

1. 创建 VPC

创建一个名称为 myvpc，默认子网名称为 subnet-myvpc 的 VPC（详见任务 2）。

2. 创建安全组

创建一个名称为 sg-myvpc 的安全组（详见任务 2）。

3. 购买 ECS

购买一台安全组，将其选择为 sg-myvpc，弹性公网 IP 选择为“暂不购买”，云服务器名称设置为 ecs-myserver（详见任务 2）。

4. 购买 EIP

子任务 1.4　购买 EIP

（1）登录华为云，打开服务列表，选择“弹性公网 IP EIP”选项，如图 4.4 所示。

图 4.4　“弹性公网 IP EIP”选项

（2）在“弹性公网 IP”页面中，单击右上角的“购买弹性公网 IP”按钮，如图 4.5 所示。

图 4.5　“弹性公网 IP”页面

（3）在打开的“购买弹性公网 IP”页面中，填写图 4.6 所示的配置信息，然后单击“立即购买”按钮。

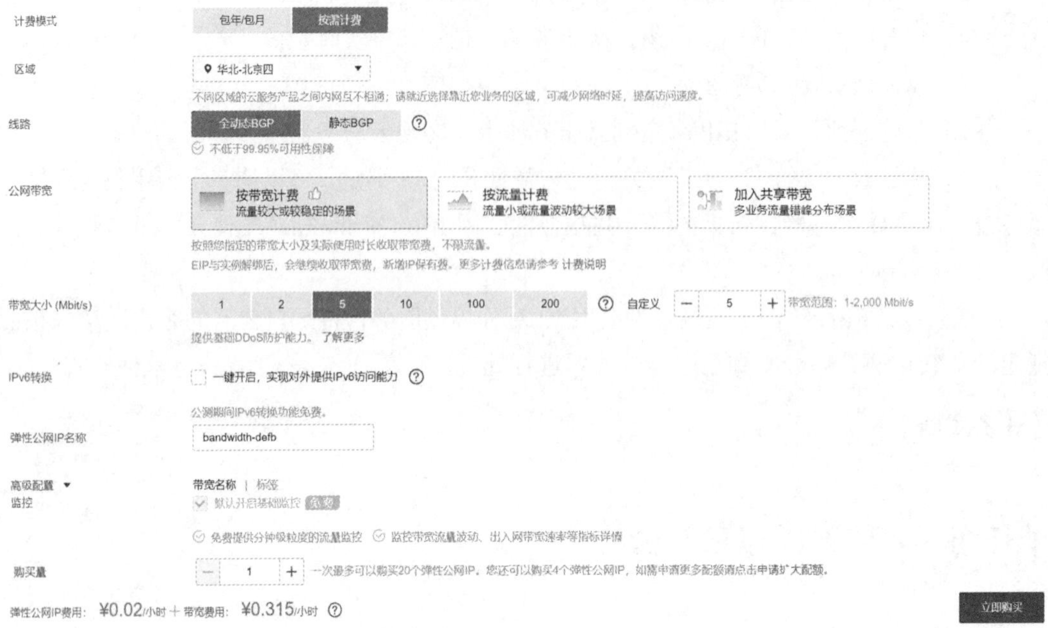

图 4.6 “购买弹性公网 IP”页面

（4）在弹出的购买信息确认页面中确认信息无误后，单击“提交”按钮，如图 4.7 所示。

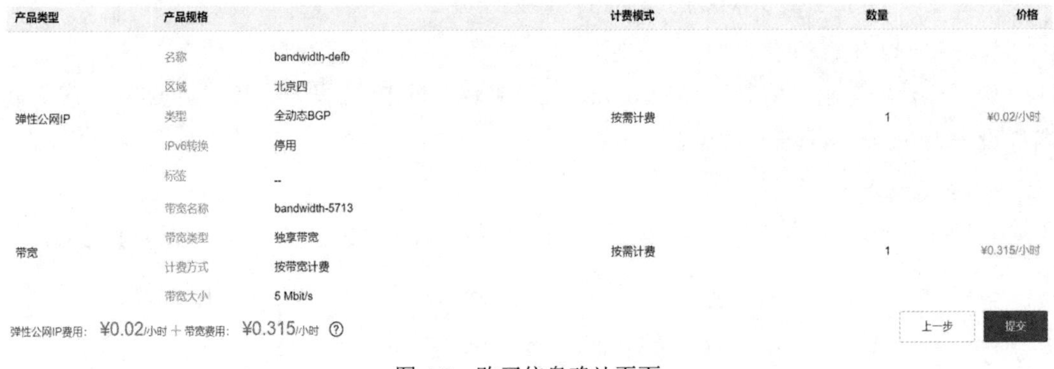

图 4.7 购买信息确认页面

（5）购买完成后，返回弹性公网 IP 列表，可以看到成功购买的 EIP，如图 4.8 所示。

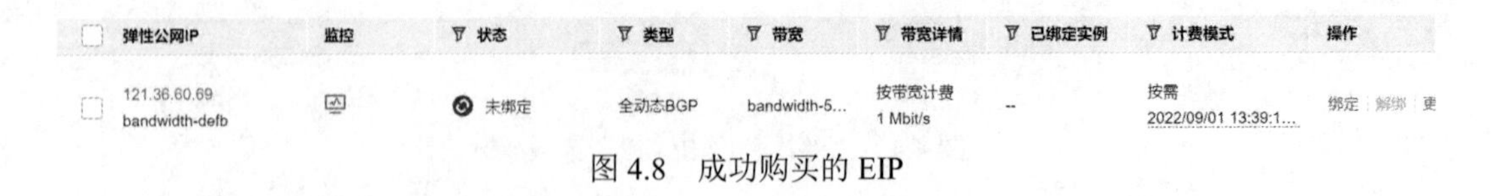

图 4.8 成功购买的 EIP

5. 绑定 EIP

（1）在“弹性公网 IP 列表”页面，单击新购买的 EIP 右侧操作列的“绑定”按钮，如图 4.8 所示。

（2）在打开的“绑定弹性公网 IP”页面中，填写图 4.9 所示的配置信息，然后单击“确定”按钮。

图 4.9　“绑定弹性公网 IP”页面

（3）在服务列表（图 4.4）中，选择“服务列表→弹性云服务器 ECS→ecs-myserver→弹性公网 IP”选项，可看到弹性云服务器 ecs-myserver 已绑定了弹性公网 IP，如图 4.10 所示。

图 4.10　“弹性公网 IP”页签

6. 查看网络通信情况

（1）在“弹性公网 IP”页签中，单击“远程登录”按钮，在弹出的“登录 Linux 弹性云服务器”对话框中单击“CloudShell 登录”按钮，如图 4.11 所示。

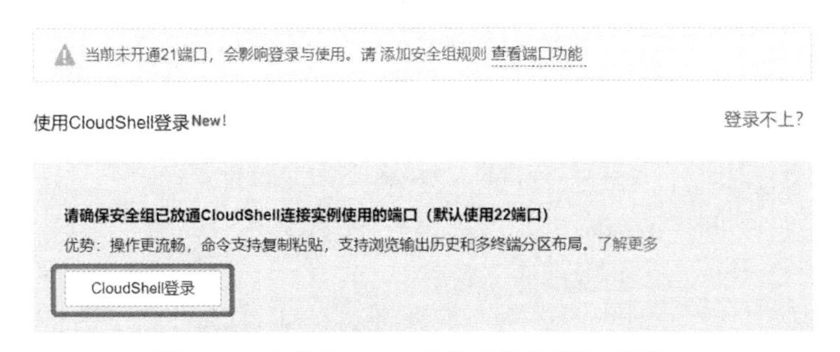

图 4.11　“登录 Linux 弹性云服务器”对话框

（2）在弹出的“连接远程服务器”对话框中，输入登录密码，单击“连接”按钮，进行登录，如图 4.12 所示。

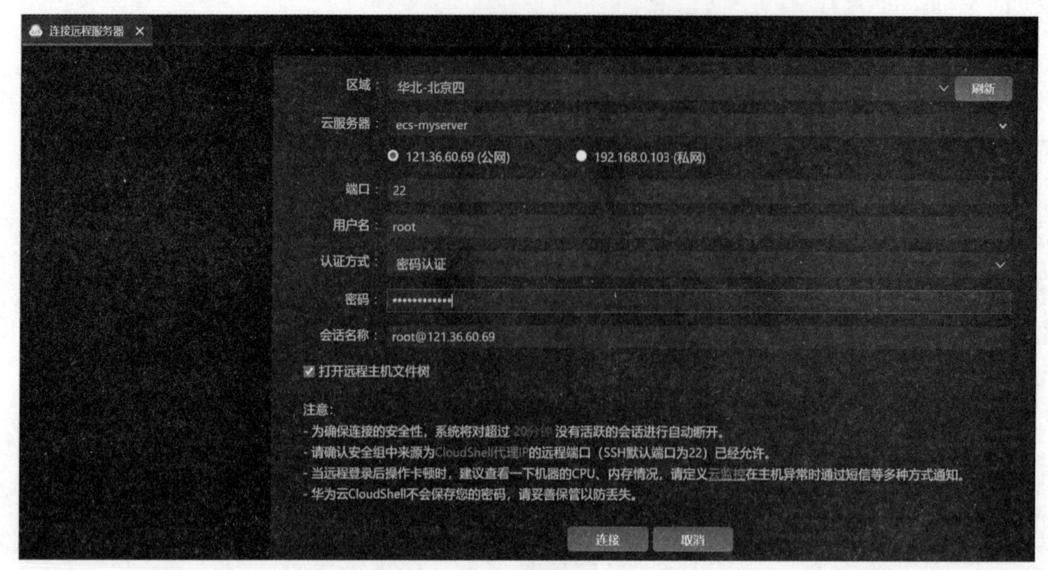

图 4.12 “连接远程服务器”对话框

（3）使用 ping 命令验证外网是否连通，例如：ping www.huawei.com，结果如图 4.13 所示。

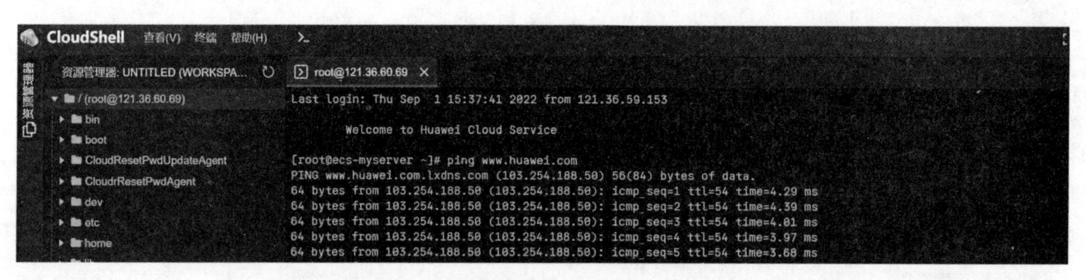

图 4.13 使用 ping 命令验证外网情况

7. 删除安全组规则使内网下的弹性云服务器无法通信

（1）在服务列表（图 4.4）中选择“服务列表→弹性云服务器 ECS”选项，在弹性云服务器列表中找到已购买的服务器 ecs-myserver，选择该项右侧的“更多→购买相同配置”选项如图 4.14 所示。准备好两台同一 VPC 下的弹性云服务器，并将服务器名称分别修改为 ecs-myserver-0001 和 ecs-myserver-0002，如图 4.15 所示。

名称/ID	监控	可用区	状态	规格/镜像	IP地址	计费模式	标签	操作
ecs-myserver 13c0d14f-42c9-4041-ab5...		可用区2	运行中	1vCPUs | 1GiB | ... CentOS 7.6 64bit...	121.36.60.69 (弹性公网) 5 Mbit/s 192.168.0.103 (私有)	按需计费 2022/09/01 15...	--	远程登录 | 更多 购买相同配置

图 4.14 “购买相同配置”选项

名称/ID	监控	可用区	状态	规格/镜像	IP地址	计费模式
ecs-myserver-0001 13c0d14f-42c9-4041-ab5...		可用区2	运行中	1vCPUs | 1GiB | ... CentOS 7.6 64bit...	121.36.60.69 (弹性公网) 5 Mbit/s 192.168.0.103 (私有)	按需计费 2022/09/01 15...
ecs-myserver-0002 e87a91df-17ba-4f9e-9f8e...		可用区2	运行中	1vCPUs | 1GiB | ... CentOS 7.6 64bit...	124.70.32.53 (弹性公网) 5 Mbit/s 192.168.0.244 (私有)	按需计费 2022/09/01 16...

图 4.15 两台同一 VPC 下的弹性云服务器

（2）远程登录服务器（详见步骤 6），如 ecs-myserver-0001，验证在默认安全组下，同一 VPC 的两台弹性云服务器网络通信情况，结果显示可以互相 ping 通，如图 4.16 所示。

```
[root@ecs-myserver ~]# ping 192.168.0.244
PING 192.168.0.244 (192.168.0.244) 56(84) bytes of data.
64 bytes from 192.168.0.244: icmp_seq=1 ttl=64 time=4.96 ms
64 bytes from 192.168.0.244: icmp_seq=2 ttl=64 time=0.331 ms
64 bytes from 192.168.0.244: icmp_seq=3 ttl=64 time=0.193 ms
```

图 4.16　两台弹性云服务器可以互相 ping 通

（3）单击打开服务器，如 ecs-myserver-0002，选择“安全组→配置规则”选项，如图 4.17 所示。

图 4.17　“安全组”页签

（4）在打开的 sg-myvpc 页面中，选择“入方向规则”页签，在其中删除相关规则，如图 4.18 所示。

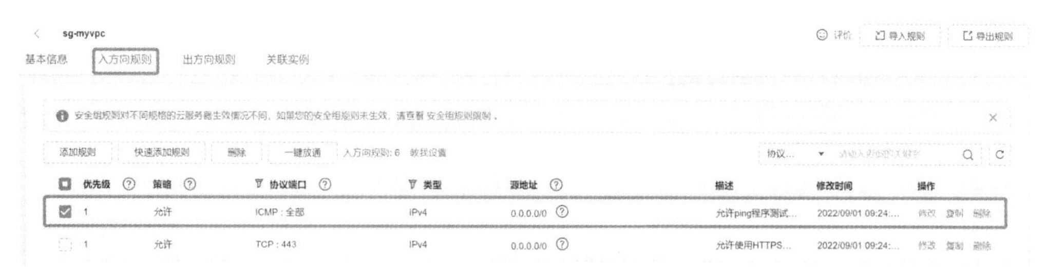

图 4.18　sg-myvpc 页面

（5）再次验证两台弹性云服务器的网络通信情况，结果显示不能互相 ping 通，如图 4.19 所示。

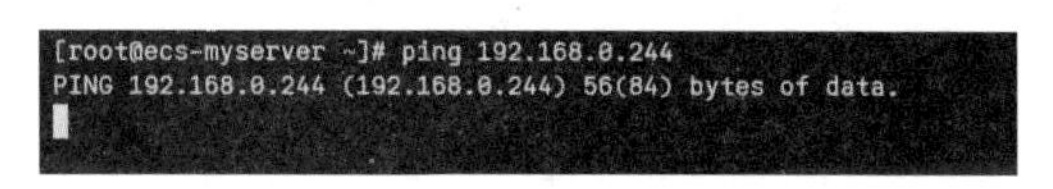

图 4.19　两台弹性云服务器不能互相 ping 通

8．添加安全组规则使外网下的弹性云服务器通信

（1）在 sg-myvpc 页面中，单击“添加规则”按钮，在弹出的“添加入方向规则”对话框中，填写图 4.20 所示的配置信息，单击“确定”按钮。

图 4.20　“添加入方向规则”对话框

（2）验证两台弹性云服务器的内网通信情况，结果显示可以互相 ping 通，如图 4.21 所示。验证弹性云服务器的外网通信情况，结果显示也可以 ping 通，如图 4.22 所示。

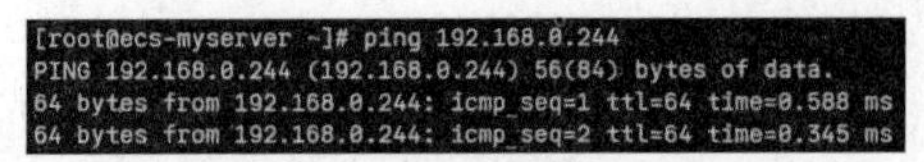

图 4.21　服务器的内网通信情况

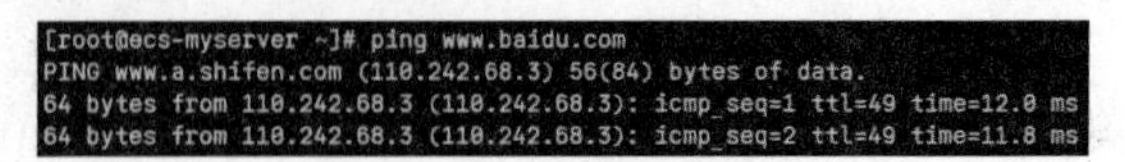

图 4.22　服务器的外网通信情况

子任务 2　部署弹性负载均衡

1. 创建负载均衡器

（1）登录华为云，打开服务列表，选择“弹性负载均衡 ELB”选项，如图 4.23 所示。

图 4.23　“弹性负载均衡 ELB”选项

（2）在“弹性负载均衡”页面中，单击右上角的“购买弹性负载均衡”按钮，如图 4.24 所示。

图 4.24　“弹性负载均衡”页面

（3）在打开的“购买弹性负载均衡”页面中，填写图 4.25 所示的配置信息，然后单击“立即购买”按钮。

图 4.25（一）　“购买弹性负载均衡”信息配置页面

图 4.25（二） “购买弹性负载均衡”信息配置页面

（4）在出现的购买“详情”提示页面中，再次核对购买信息，确认无误后，单击“提交”按钮。如信息有误，可单击“上一步”按钮，修改相关参数后再进行购买，如图 4.26 所示。

产品类型	产品规格		计费模式	数量	价格
弹性负载均衡器	区域	北京四	按需计费	1	¥0.32 /小时
	名称	elb-3k28			
	网络类型	IPv4 公网,IPv4 私网			
	所属VPC	myvpc			
	实例规格类型	共享型			
	子网	subnet-myvpc (192.168.0.0/24)			
	私有IP地址	192.168.0.2			
	性能保障模式	已开启			
弹性公网IP	弹性公网IP类型	静态BGP	按需计费	1	免费
带宽	带宽大小	1 Mbit/s	按需计费	1	¥0.0504 /小时
	计费方式	按带宽计费			

配置费用：¥0.3704/小时 + 弹性公网IP费用：免费　上一步　提交

图 4.26 购买“详情”提示页面

（5）在 ELB 列表中，可查看 ELB 的状态。待 ELB 状态变为“运行中”时，表示 ELB 购买成功，如图 4.27 所示。

图 4.27 购买成功的 ELB

2. 添加监听器

（1）在 ELB 列表中，单击需要添加监听器的 ELB 名称。

（2）在打开的 ELB 设置页面中，选择“监听器→添加监听器”选项，如图 4.28 所示。

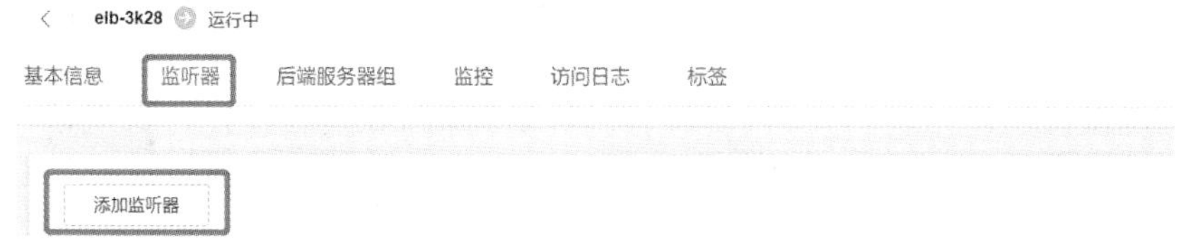

图 4.28 “监听器”页签

（3）在弹出的“添加监听器”页面中，填写图 4.29 所示的配置参数，最后单击“提交”按钮。

1 配置监听器 —— 2 配置后端分配策略 —— 3 添加后端服务器 —— 4 确认配置

* 名称 listener-SDCBB

前端协议 客户端与负载均衡监听器建立流量分发连接。四层监听请选择TCP、UDP；七层监听请选择HTTP、HTTPS。

TCP UDP HTTP HTTPS

* 前端端口 8081 取值范围1~65535

重定向

1 配置监听器 —— 2 配置后端分配策略 —— 3 添加后端服务器 —— 4 确认配置

后端服务器组 新创建 使用已有

* 名称 server_group-87d4

* 后端协议 HTTP

* 分配策略类型 加权轮询算法 加权最少连接 源IP算法

会话保持

是否开启

健康检查用于判断后端服务器的业务可能性，能够让负载均衡自动排除健康状况异常的后端服务器。

* 协议 HTTP

域名

端口 8889 取值范围1~65535

默认使用后端服务器业务端口进行检查，除非您需要指定特定的端口，否则建议留空。

高级配置 检查间隔(秒) | 超时时间(秒) | 检查路径 | 最大重试次数

* 检查间隔(秒) 5 取值范围1~50

* 超时时间(秒) 10 取值范围1~50

* 检查路径 / 长度范围1~80

* 最大重试次数 3 取值范围1~10

监听器

名称	listener-SDCBB	前端协议	HTTP
前端端口	8081	访问策略	允许所有IP访问
获取弹性公网IP	未开启	空闲超时时间（秒）	60
请求超时时间（秒）	60	响应超时时间（秒）	60

配置后端分配策略

名称	server_group-87d4	后端协议	HTTP
分配策略类型	加权轮询算法	会话保持	未开启

添加后端服务器

健康检查	已开启	健康检查协议	HTTP
域名	--	健康检查端口	8889
检查间隔(秒)	5	超时时间(秒)	10
检查路径	/	最大重试次数	3

上一步 提交

图 4.29 “添加监听器”信息配置页面

（4）在监听器列表中，可查看已成功添加的监听器，如图 4.30 所示。

图 4.30　已成功添加的监听器

3. *添加后端云服务器*

（1）在 ELB 列表中，单击需要添加后端云服务器的 ELB 名称。

（2）在打开的 ELB 设置页面中，选择“后端服务器组→添加云服务器”选项，如图 4.31 所示。

图 4.31　“后端服务器组”页签

（3）在弹出的“添加后端服务器”对话框中，填写图 4.32 所示的配置参数，然后单击“完成”按钮。

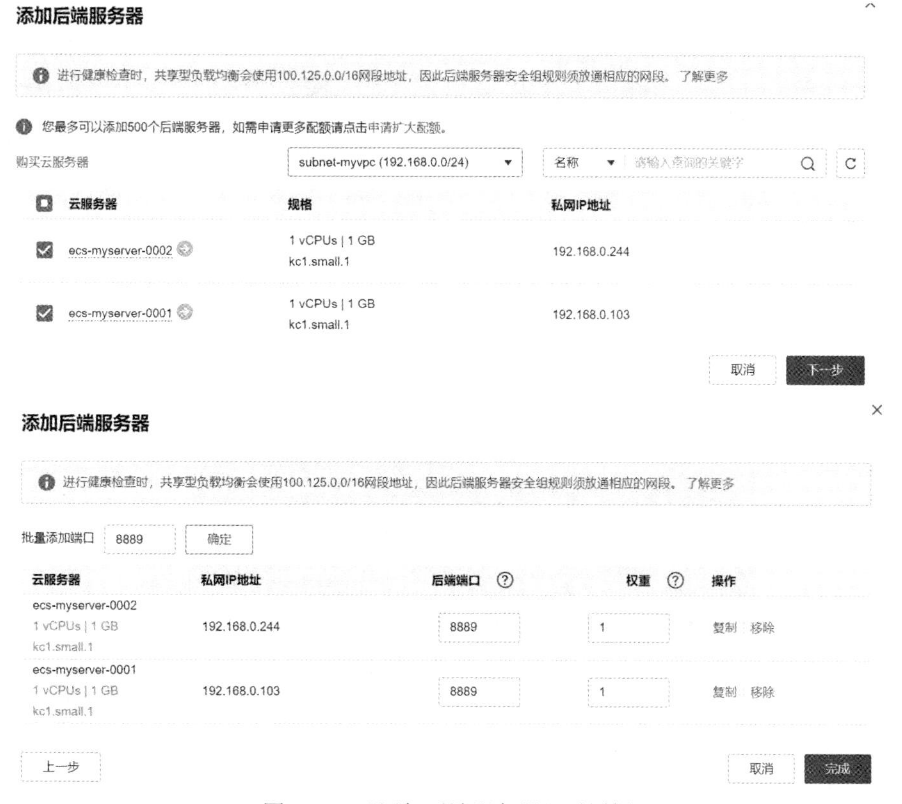

图 4.32　“添加后端服务器”对话框

（4）在“网络控制台”导航栏上，选择“安全组→入方向规则→添加规则”选项，将 HTTP 运行端口 8889 加进两台后端服务器的安全组，如图 4.33 所示。

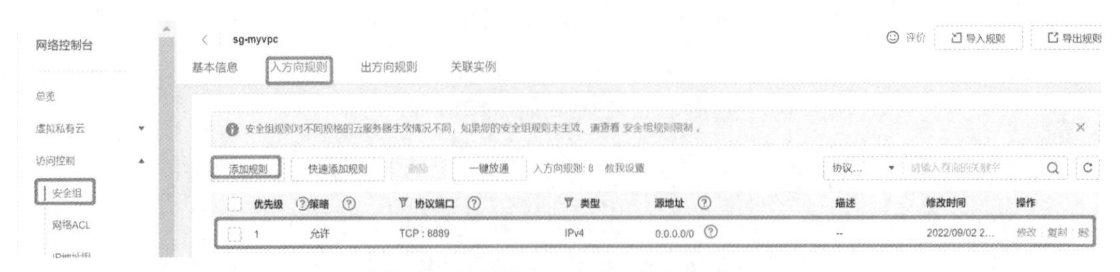

图 4.33　添加 8889 端口到安全组

（5）分别登录两台后端服务器（详见子任务 1 步骤 6），执行以下命令，打开 HTTP 服务端口 8889，并进行验证。回显信息如图 4.34 所示。

```
nohup python -m SimpleHTTPServer 8889 > /dev/null 2>&1 &
curl 127.0.0.1:8889
```

```
[root@ecs-myserver-0001-7441 ~]# nohup python -m SimpleHTTPServer 8889 > /dev/null 2>&1 &
[1] 1441
[root@ecs-myserver-0001-7441 ~]# curl 127.0.0.1:8889
<!DOCTYPE html PUBLIC "-//W3C//DTD HTML 3.2 Final//EN"><html>
<title>Directory listing for /</title>
<body>
<h2>Directory listing for /</h2>
<hr>
<ul>
<li><a href=".bash_history">.bash_history</a>
<li><a href=".bash_logout">.bash_logout</a>
<li><a href=".bash_profile">.bash_profile</a>
<li><a href=".bashrc">.bashrc</a>
<li><a href=".cache/">.cache/</a>
<li><a href=".cshrc">.cshrc</a>
<li><a href=".history">.history</a>
<li><a href=".oracle_jre_usage/">.oracle_jre_usage/</a>
<li><a href=".pki/">.pki/</a>
<li><a href=".ssh/">.ssh/</a>
<li><a href=".tcshrc">.tcshrc</a>
</ul>
<hr>
</body>
</html>
[root@ecs-myserver-0001-7441 ~]#
```

图 4.34　回显信息 1

（6）执行以下其中一条命令，在两台服务器上分别创建一个可区分的空文件，回显信息如图 4.35 所示。

```
touch SERVER1 或 touch SERVER2
```

```
[root@ecs-elb1 ~]# touch SERVER1
[root@ecs-elb1 ~]# ll
total 48
-rw------- 1 root root   950 May 12  2016 anaconda-ks.cfg
-rw-r--r-- 1 root root     0 Jul  5 14:04 elb1
-rw-r--r-- 1 root root 22261 May 12  2016 install.log
-rw-r--r-- 1 root root  4465 May 12  2016 install.log.syslog
-rw-r--r-- 1 root root     0 Jul 13 14:45 SERVER1
[root@ecs-elb1 ~]#
```

图 4.35　回显信息 2

4. 测试效果

打开浏览器，输入 ELB 的端口链接（http://ELB 的公网 IP:8081，即 http://122.9.10.51:8081），页面显示结果如图 4.36 所示。当刷新页面时，可以看到页面轮流显示来自两台服务器的结果，从而达到负载均衡的效果，如图 4.37 所示。

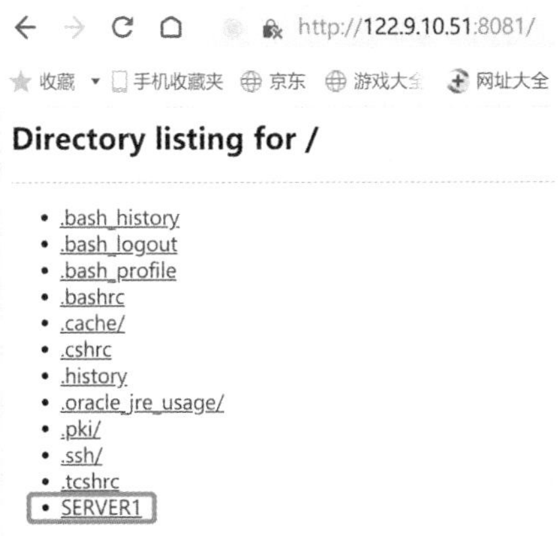

图 4.36　刷新前的页面显示

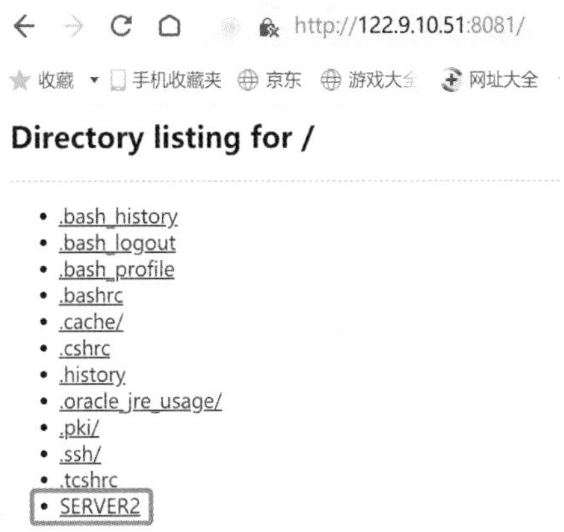

图 4.37　刷新后的页面显示

【任务小结】

本任务主要介绍了 VPC、ELB、EIP 的概念、优势和应用场景。通过 VPC 和安全组的创建，为 ECS 申请和绑定 EIP，并利用安全组控制通信，实现两台弹性云服务器在同一个 VPC 下进行通信的效果。通过搭建和配置 ELB 服务，实现 HTTP 网页的负载均衡效果。

【考核评价】

评价内容	评分项	自评得分	教师考评得分	备注
学习态度	课堂表现、学习活动态度（40 分）			
知识技能目标	虚拟私有云（10 分）			
	弹性负载均衡（10 分）			
	弹性公网 IP（10 分）			
	部署虚拟私有云（15 分）			
	部署弹性负载均衡（15 分）			
总得分				

【任务拓展】

1．利用 NAT 网关构建 VPC 的公网出入口，要求如下：

（1）创建 NAT。

（2）添加 SNAT（源地址转换）、DNAT（目的地址转换）规则。

（3）测试访问外网。

2．利用虚拟专用网 VPN 实现不同 Region 间的不同 VPC 的 ECS 通信，要求如下：

（1）在不同 Region 创建 VPC 和 ECS。

（2）创建 VPN 网关。

（3）创建 VPN 连接。

（4）在不同 Region 购买 VPN 网关和 VPN 连接。

（5）用 ping 命令测试不同 Region 间的不同 VPC 的 ECS 通信情况。

提示：1）为这两个 VPC 分别创建 VPN 网关，并为两个 VPN 网关创建 VPN 连接。

2）将两个 VPN 连接的远端网关设置为对方 VPN 网关的网关 IP。

3）将两个 VPN 连接的远端子网设置为对方 VPC 的网段。

4）两个 VPN 连接的预共享密钥和算法参数需保持一致。

思考与练习

一、单选题

1．当需要在每周某个固定的时间增加伸缩组中实例的数量时，可以通过设置（　　）来实现。

A．定时策略　　B．周期策略

C．警告策略　　D．以上均可

2．下列关于 ELB 的配置描述中，错误的是（　　）。

A．可配置健康检查的超时时间

B．配置监听器（Listener）时可选择会话保持

C．添加弹性负载均衡器时不可选择 IP

D．可在创建 Listener 时配置监听策略

3．建议使用（　　）来实现在 Region 的两个 VPC 之间进行通信。

A．EIP　　B．SNAT　　C．专线　　D．对等连接

4．当负载均衡的类型设置为私网时，不支持（　　）协议。

A．TCP　　B．UDP　　C．HTTP　　D．HTTPS

二、多选题

1．弹性负载均衡包含（　　）算法。

A．加密算法　　B．源 IP 算法

C．加权最少连接　　D．加权轮询算法

2．华为公有云 VPC 提供（　　）网络功能。

A．自定义网段划分　　B．支持 EIP 接入公网

C．自定义控制访问策略　　D．支持 VPN/云专线接入本地数据中心

3．弹性负载均衡系统支持（　　）协议。

A．TCP　　B．UDP　　C．HTTP　　D．HTTPS

4．VPC 的优势包括（　　）。

A．动态 BGP　　B．安全隔离

C．灵活部署　　D．支持混合云部署

三、判断题

1．默认情况下，同一个虚拟私有云的所有子网内的弹性云服务器均可以进行通信，不同虚拟私有云的弹性云服务器不能进行通信。（ ）

2．VPC 支持通过 VPN 的连接方式与数据中心互联互通，灵活整合资源。（ ）

四、简答题

1．VPC 的优势是什么？

2．什么是弹性负载均衡？

3．ELB 由几部分组成？分别是什么？

任务5　部署云数据库服务

【任务描述】

云数据库是部署和虚拟化在云计算环境中的数据库。云数据库是在云计算的大背景下发展起来的一种新兴的共享基础架构的方法，它极大地增强了数据库的存储能力，消除了人员、硬件、软件的重复配置，让软、硬件升级变得更加容易。云数据库具有高可扩展性、高可用性、采用多租形式和支持资源有效分发等特点。

本任务首先介绍了云数据库的关键技术，包括数据库的基本概念、数据模型、数据库特性、数据库架构和 MySQL 存储引擎等，然后通过分别对关系型数据库服务（Relational Database Service，RDS）数据库、Gauss DB 数据库和文档数据库服务（Document Database Service，DDS）数据库的概念、优势、应用场景、系统架构和主要技术指标等的介绍，来进一步实现 RDS 实例的购买和配置，并通过本地安装客户端工具进行 RDS for MySQL 数据库的远程登录。

【任务目标】

- 理解数据库的基本概念、模型、特性、架构和存储引擎。
- 了解 RDS 数据库的概念、优势、应用场景、实例、引擎和权限管理。
- 了解 Gauss DB 数据库的命名、产品简介、系统架构和主要技术指标。
- 了解 DDS 文档数据库的概念和优势。
- 掌握 RDS 服务的购买、配置及使用。
- 培养相互协作、精益求精、追求卓越的敬业精神。

【任务分析】

任务 5-任务分析

××大学 BBS 论坛项目需要通过数据库来记录用户 ID、用户名、用户密钥和用户发帖等信息，而通过本地 IDC 机房来部署数据库服务器的方式存在成本高、I/O 瓶颈、维护困难等问题，因此可使用华为云 RDS 服务来解决这些问题。RDS 服务具有申请灵活、按需计费、配置灵活的特点，可以申请为 MySQL 引擎，相比 IDC 的方式还可以省去 MySQL 数据库的安装配置过程。具体部署设计分析如下。

1. 总部署拓扑设计分析

××大学 BBS 论坛项目需要存储大量的数据，存储数据的工作主要由数据库来完成。初步估算每天所产生的存入数据库的数据为 1000M 左右，一年需要 365G 的存储空间。因此，建议购买 1TB 的硬盘，可连续使用 3 年的时间。

本任务主要完成 RDS 服务的购买、实例的创建及初步测试的部署工作，总部署拓扑如图 5.1 所示。

2. 云数据库服务部署设计分析

RDS 支持跨 Region 或者跨 AZ 的数据库容灾。RDS 采用主备解决方案，可以及时自动为数据库实例提供高可用性功能和故障切换功能，无需人工干预。RDS 数据库可以实时监控 BBS 论坛的运行状况和每个数据库实例。RDS 支持监控数据库实例及数据库引擎的关键性能指标包括计算/内存/存储容量使用率、I/O 活动、数据库连接数、QPS/TPS、缓冲池、读/写活动等。云数据库服务部署拓扑如图 5.2 所示。

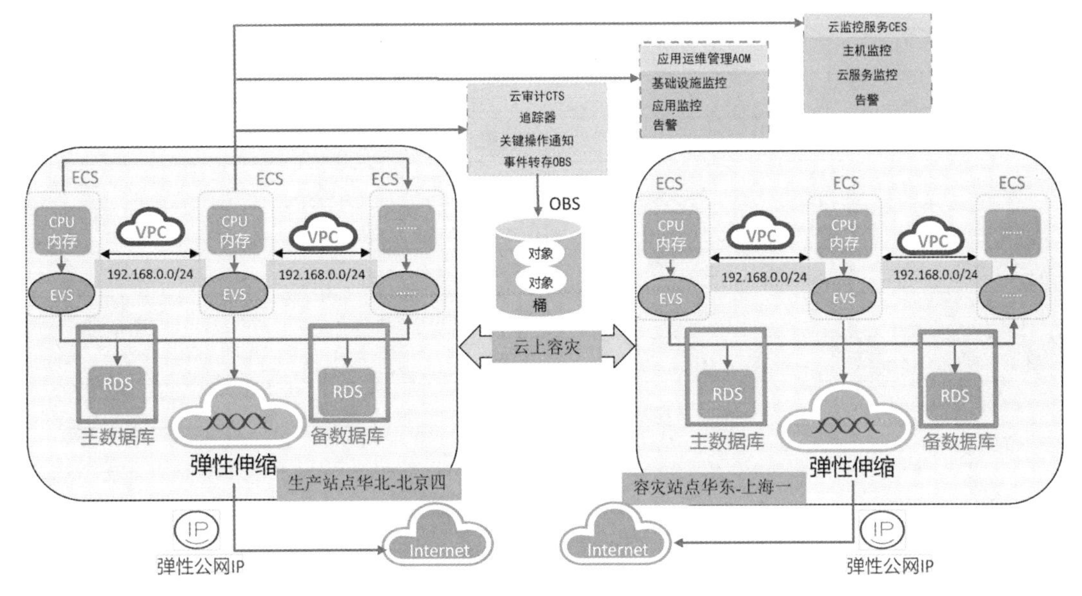

图 5.1　总部署拓扑图

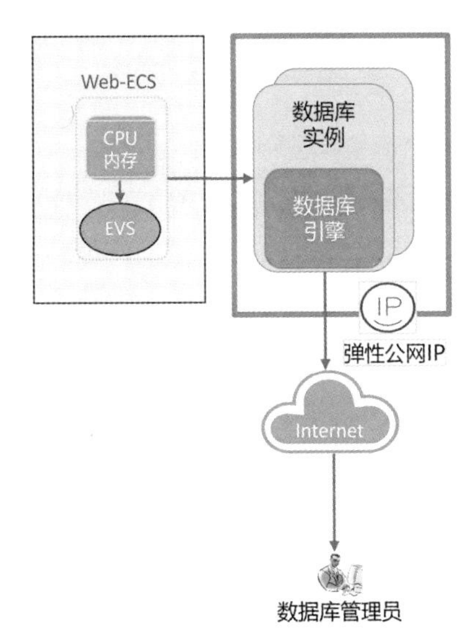

图 5.2　云数据库服务部署拓扑图

数据库 RDS 的详细配置参数见表 5.1。

表 5.1　数据库 RDS 的详细配置参数

规格	参数
计费模式	按需计费
区域	华北-北京四
实例名称	rds-001
数据库引擎	MySQL
数据库版本	5.7

续表

规格	参数
实例类型	主备
存储类型	SSD 云盘
主可用区	可用区一
备可用区	可用区二
性能规格	鲲鹏通用增强，8v CPU|16GB
存储空间	1000GB
磁盘加密	不加密
虚拟 VPC	myvpc
安全组	Sys-default
数据库端口	3306
设置密码	******
确认密码	******
参数模板	Default-mysql5.7

【知识链接】

任务 5-知识链接

一、数据库概述

1. 数据库基本概念

数据、数据库、数据库管理系统和数据库系统是数据库中最常用的四个基本概念。

（1）数据（Data）。数据是描述事物的符号记录，是指用物理符号记录下来的、可以鉴别的信息。数据有多种表现形式，可以是由数字、字母、文字、特殊字符组成的文本数据，也可以是图形、图像、动画、影像、声音、语言等多媒体数据。例如，日常生活和工作中使用的客户档案记录、商品销售记录等都是数据。需要注意的是，仅有数据记录往往不能完全表达其内容的含义，有些还需要经过解释才能明确其表达的含义。例如，88 是一个数据，它可以指一个部门的总人数是 88 人，也可以指一门课的考试成绩是 88 分，甚至还可以指一个人的体重是 88 公斤。由此可见，数据以及关于该数据的解释是密切相关的。数据的解释是对数据含义的说明，也称为数据的语义，即数据所蕴含的信息。数据与其语义密不可分，没有语义的数据是没有意义和不完整的。

（2）数据库（Database，DB）。数据库通俗地被称为存储数据的仓库，只是这个仓库是存储在计算机存储设备上的，并且其所存储的数据是按一定格式进行存储的。若从严格意义上讲，数据库是指长期储存在计算机中有组织的、可共享的数据集合，且数据库中的数据按一定的数据模型组织、描述和储存，具有较小的冗余度、较高的数据独立性。数据库系统易于扩展，并可以被多个用户共享。数据库中存储的数据具有永久存储、有组织和可共享三个基本特点。

（3）数据库管理系统（Database Management System，DBMS）。数据库管理系统是专门用于建立和管理数据库的一套软件，介于应用程序和操作系统之间。它负责科学有效地组织和存储数据，并帮助数据库的使用者从大量的数据中快速地获取所需数据，以及提供必要的安全性和完整性等统一控制机制，实现对数据有效地管理与维护。与操作系统一样，数据库管理系统也是计算机的基础软件，即一类系统软件，其主要功能包括数据定义、数据操纵、数据库的运行管理、数据库的建立和维护、数据组织、存储和管理等。

（4）数据库系统（Database System，DBS）。数据库系统是指在计算机中引入数据库技术之后的系统。通常，一个完整的数据库系统包括数据库、数据库管理系统、相关实用工具、应用程序、数据库管理员和用户。其中，数据库管理员（Database Administrator，DBA）不同于普通数据库用户，他们是专门负责对数据库进行维护，并保证数据库正常、高效运行的人员。用户则是数据库系统的服务对象，其通常包括程序员和数据库终端用户两类用户，程序员通过高级程序设计语言（如 PHP、Java 等）和数据库语言（如 SQL）编写数据库应用程序，应用程序会根据需要向数据库管理系统发出适当的请求，再由数据库管理系统对数据库执行相应的操作；而终端用户则是从客户机或联机终端上以交互方式向数据库系统提出各种操作请求，并由数据库管理系统响应执行，而后访问数据库中的数据。

此外，一般在不引起混淆的情况下，常常将数据库系统简称为数据库。

2. 数据模型

模型（Model）是现实世界特征的模拟和抽象表达，其有助于人们更好地认识和理解客观世界中的事物、对象、过程等感兴趣的内容，例如：汽车车模、飞机航模、建筑图纸、军事沙盘等。同样，为能表示和处理现实世界中的数据和信息，人们常使用数据模型这个工具来模拟和抽象现实世界中的数据特征。数据模型（Data Model）是指反映客观事物及客观事物间联系的数据组织的结构和形式。常用的数据模型有如下三种：

（1）层次模型。层次模型是数据库系统最早使用的一种数据模型，它的数据结构是一棵“有向树”，树的每个结点对应一个记录集，也就是现实世界的实体集。层次模型的特点：有且仅有一个结点没有父结点，它称作根结点；其他结点有且仅有一个父结点。我们所熟悉的组织机构就是典型的层次结构。但在现实世界中，实体之间的关系有很多种，层次模型难以表达实体之间比较复杂的联系。层次模型数据库代表产品主要有 IBM 公司的信息管理系统（Information Management System，IMS）。

（2）网状模型。网状模型以网状结构表示实体与实体之间的联系。网状模型是层次模型的扩展，其允许结点有多于一个的父结点，并可以有一个以上的结点没有父结点。现实世界中实体集之间的关系很复杂，网状模型可以方便地表示实体间各种类型的联系，既可以表示从属关系，也可以表示数据间的交叉关系。但网状模型结构复杂，实现的算法难以规范化。网状模型数据库代表产品主要有通用电气公司的集成数据存储（Integrated Data Store，IDS）系统。

（3）关系模型。关系模型是用二维表结构来表示实体及实体间联系的模型，并以二维表格的形式组织数据库中的数据。通常将此种二维表称为关系或表。在关系数据模型中，一张二维表描述一种实体型，表中一行数据描述一个实体，表中一个字段描述实体的一个属性。用同一表中相同字段实现同类实体之间的联系，用不同表中具有相同含义的字段实现不同实体型之间的联系。关系数据模型具有坚实的数学理论基础，它是简单的、易于理解的、有效的、容易实现存储和操作的一种数据模型。关系模型数据库代表产品主要有 Oracle、DB2、SQL Sever、MySQL、PostgreSQL、SQLite 等。

三种常用数据模型的比较见表 5.2。

表 5.2 三种常用数据模型的比较

特点	层次模型	网状模型	关系模型
数据结构	格式化模型，结构简单清晰	格式化模型	符合规范化的模型要求
数据操作	没有双亲结点，不能插入子结点；删除双亲结点时，子结点同时被删除	增加和删除结点时，也要在双亲结点中增加或删除相应的信息（如指针）	数据的操作都是集合操作，操作对象和结果都是相关联的；数据操作必须满足关系的完整性约束
数据联系	存取路径反映了数据之间的联系	存取路径反映了数据之间的联系	通过关系反映数据之间的联系
优点	数据结构简单清晰；查询效率高；提供良好的完整性支持	能够更为直接地描述现实世界，可以反映多对多关系；具有良好的性能，存取效率较高	建立在严格的数学理论基础上；概念单一，用关系来表示实体和实体之间的联系；存取路径对用户透明，具有更高的独立性和保密性；简化程序员的开发工作
缺点	现实世界很多非层次性联系不适合用层次模型表示；表达多对多关系的时候产生很多数据冗余；结构严密，层次命令程序化	结构复杂，随着应用扩大，结构会变得极为复杂；对象定义和操作语言复杂，需要嵌入高级语言，用户不易掌握、不易使用；存在多种路径，用户必须了解系统结构细节，增加编写代码负担	存取路径的隐蔽导致查询效率不如格式化数据模型；需要对用户的查询进行优化

3. 数据库特性

（1）ACID 特性。

1）原子性（Atomicity）。事务是数据库的逻辑工作单位，原子性是指事务中的操作要么都做，要么都不做。

2）一致性（Consistency）。一致性是指事务的执行结果必须是使数据库从一个一致性状态转到另一个一致性状态。

3）隔离性（Isolation）。隔离性是指数据库中一个事务的执行不能被其他事务干扰。即一个事务的内部操作及使用的数据对其他事务是隔离的，并发执行的各个事务不能相互干扰。

4）持久性（Durability）。持久性是指事务一旦提交，对数据库中数据的改变是永久的。提交后的操作或者故障不会对事务的操作结果产生任何影响。

（2）大数据特性。

1）大量（Volume）。随着数据获取手段的自动化、多样化和智能化，数据量急剧增大，已经从 TB 级别上升到 PB 级别。

2）多样（Variety）。数据的来源是从各种渠道上获取的，有文本数据、图片数据、视频数据等。数据类型繁多，包括结构化数据、半结构化数据和非结构化数据。

3）高速（Velocity）。大数据需要在获取和分析方面及时迅速，保证在短时间内使更多的人接收到信息。

4）价值（Value）。大数据不仅仅拥有本身的信息价值，还拥有商业价值。原始数据中存在大量的噪声，数据价值密度低，需要在海量数据中挖掘出高价值信息。

（3）NoSQL 特性。NoSQL（Not Only SQL，非关系型数据库）是主体符合非关系型、分布式、开放源码和具有横向扩展能力的下一代数据库。NoSQL 具有以下特性：

1）容易扩展。NoSQL 没有关系数据库中数据之间的关系，没有固定的表结构，通常也没有连接操作和不必严格遵守的约束，支持海量数据存储。

2）降低 ACID 一致性约束。NoSQL 允许暂时不一致，接受最终一致性。遵循 BASE［Basically Available（基本可用），Soft state（软状态），Eventual consistency（最终一致性）］原则。

3）对数据进行分区。NoSQL 各数据分区提供备份（一般是三份）应对节点故障，提高系统可用性。

4. 数据库架构

随着业务规模的增大，数据库存储的数据量和承载的业务压力也在不断增加，数据库的架构需要随之调整变化，来为上层应用提供稳定和高效的数据服务。常见的数据库架构如下：

（1）单机架构。为了避免应用服务和数据库服务对资源的竞争，单机架构也从早期的单主机模式发展到数据库独立主机模式，把应用和数据服务分开，如图 5.3 所示。应用服务可以增加服务器数量，进行负载均衡，增大系统并发能力。

1）优点：部署集中，运维方便。

2）缺点：数据库单机架构只支持纵向扩展（Scale up），即通过增加硬件配置来提升性能，但单台主机的硬件可配置的资源会遇到上限；扩容的时候往往需要停机扩容，停止服务；硬件故障导致整个服务不可用，甚至丢失数据；单机架构会遇到性能瓶颈。

（2）主备架构。主备架构中，数据库部署在两台服务器，其中承担数据读写服务的服务器称为“主机”，另外一台服务器利用数据同步机制把主机的数据复制过来，将其称为“备机”，如图 5.4 所示。同一时刻，只有一台服务器对外提供数据服务。

1）优点：应用不需要针对数据库故障来增加开发量；相比于单机架构，主备架构提升了数据容错性。

2）缺点：资源浪费，备机和主机同等配置，但备机基本上长期资源未被利用；性能压力还是集中在单机上，无法解决性能瓶颈问题；当出现故障的时候，主备机切换需要一定的人工干预或者监控。

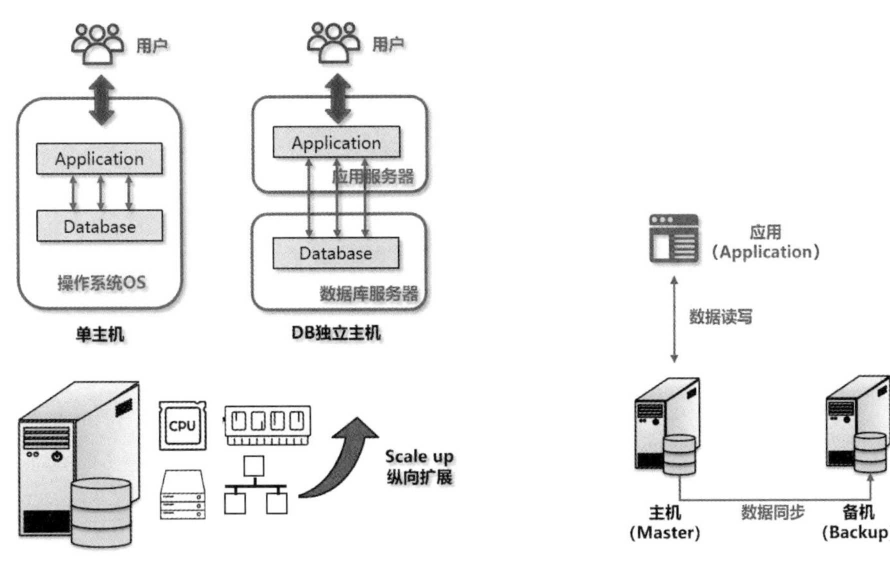

图 5.3 单机架构

图 5.4 主备架构

（3）主从架构。主从架构的部署模式和主备架构相似，备机（Backup）上升为从机（Slave），对外提供一定的数据服务。主从架构通过读写分离方式分散压力，写入、修改、删除操作在写库（主机）上完成，查询请求在读库（从机）上完成，如图 5.5 所示。

1）优点：提升资源利用率，适合读多写少的应用场景；在大并发读的使用场景中，可以使用负载均衡在多个主机间进行平衡；从机的扩展性比较灵活，扩容操作不会影响到业务的进行。

2）缺点：数据同步到从机数据库时会有延迟，所以应用必须能够容忍短暂的不一致性，因此，主从架构不适合一致性要求非常高的场景；写操作的性能压力还是集中在主机上；主机出现故障，需要实现主从切换，人工干预需要响应时间，自动切换复杂度较高。

（4）多主架构。多主架构中数据库服务器互为主从，同时对外提供完整的数据服务，如图 5.6 所示。

1）优点：资源利用率较高，同时降低了单点故障的风险。

2）缺点：双主机都接收写数据，要实现数据双向同步、双向复制时同样会带来延迟问题，极端情况下有可能丢失数据；数据库数量增加会导致数据同步问题变得极为复杂，实际应用中多见双机模式。

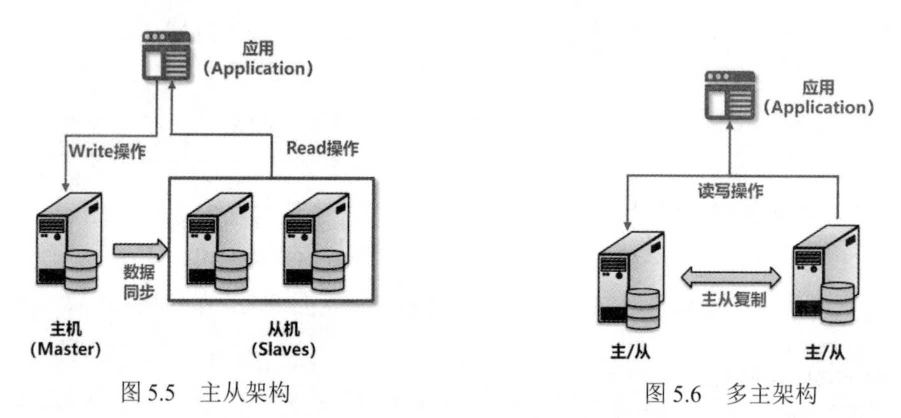

图 5.5　主从架构

图 5.6　多主架构

（5）多活架构。共享存储的多活架构是一种特殊的多主架构，该架构中数据库服务器共享数据存储，而多个服务器实现均衡负载，如图 5.7 所示。

1）优点：高可用性，多个计算服务器提供了高可用服务；可伸缩性，避免了服务器集群的单点故障问题；比较方便的横向扩展能够增加整体系统的并行处理能力。

2）缺点：实现技术难度大；当存储器接口带宽达到饱和的时候，增加节点并不能获得更高的性能，存储 I/O 容易成为整个系统的性能瓶颈。

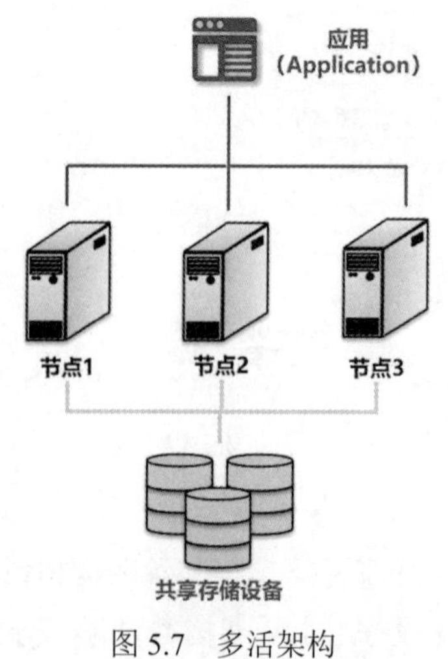

图 5.7　多活架构

（6）分片架构。分片架构把数据分散在多个节点上，每一个分片包括数据库的一部分，称为一个 shard。多个节点都拥有相同的数据库结构，但不同分片的数据之间没有交集，所有分区数据的并集构成数据总体，如图 5.8 所示。分片架构可根据列表值、范围取值和 Hash 值进行数据分片。

1）优点：能简化横向扩展的工作；能提高查询的响应速度；能降低宕机的影响，从而使应用更加稳定。

2）缺点：相当复杂；可能会存在分片不平衡的现象；极难恢复原始架构。

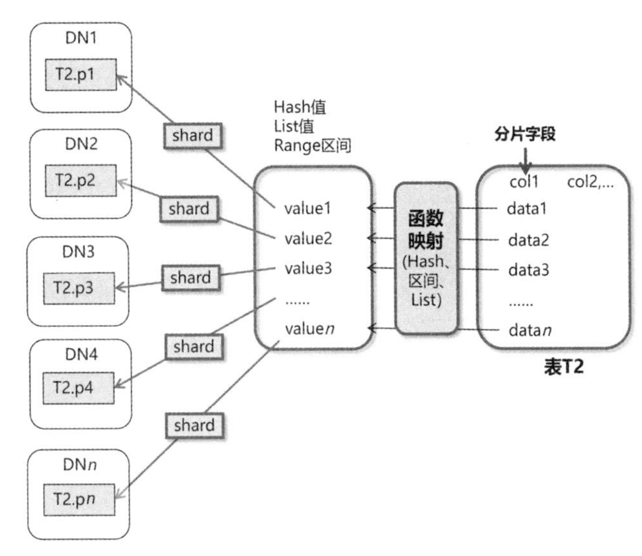

图 5.8 分片架构

5. MySQL 存储引擎

MySQL 即关系型数据库管理系统，是由瑞典 MySQL AB 公司开发、发布和支持的关系型数据库管理系统，是由初始开发人员 David Axmark（大卫 • 艾克马克）和 Michael Monty Widenius（迈克尔 • 维德纽）于 1995 年建立的。MySQL 是一款安全、跨平台、高效的，并与 PHP、Java 等主流编程语言紧密结合的数据库管理系统。MySQL 的象征符号是一只名为 Sakila 的海豚，代表着 MySQL 数据库的速度、能力、精确和优秀本质。目前，MySQL 被广泛地应用在 Internet 上的中小型网站中。MySQL 常见的存储引擎如下：

（1）InnoDB。InnoDB 是 MySQL 默认的一个事务型存储引擎，提供了对数据库 ACID 事务的支持，该引擎还提供了行级锁和外键约束，它的设计目标是处理大容量数据库系统，其本身就是基于 MySQL 后台的完整数据库系统。MySQL 运行时 InnoDB 会在内存中建立缓冲池，用于缓冲数据和索引，但是该引擎不支持 FULLTEXT 类型的索引，而且它没有保存表的行数，当执行 SELECT COUNT(*) FROM TABLE 命令时需要扫描全表。由于锁的粒度更小，写操作不会锁定全表，所以在并发较高时使用 InnoDB 引擎会提升效率。

（2）MyIASM。MyIASM 没有提供对数据库事务的支持，也不支持行级锁和外键，因此当 INSERT（插入）或 UPDATE（更新）数据时（即写操作）需要锁定整个表，效率便会低一些。MyIASM 存储引擎独立于操作系统，也就是说其既可以在 Windows 上使用，又可以将数据转移到 Linux 操作系统上去使用。

（3）Memory。Memory 使用存在内存中的内容来创建表，每个 Memory 表实际只对应一个磁盘文件。Memory 类型的表访问起来非常快，因为它的数据是放在内存中的，并且默认使用 HASH 索引。但是一旦服务关闭，表中的数据就会丢失。

二、RDS 数据库

1. RDS 概述

（1）RDS 的概念。RDS（Relational Database Service）是一种基于云计算平台的在线关系型数据库服务。它具有即开即用、稳定可靠、安全运行、弹性伸缩、轻松管理、经济实用等优点。RDS 提供基于 MySQL、PostgreSQL、SQL Server 的数据库实例，支持单机或主备部署模式。数据库实例的安装和部署可完全由 RDS 在几分钟内自动完成，让用户可以即开即用。

（2）RDS 的优势。

1）即开即用——上线时间短。RDS 能够轻松完成从项目概念到生产部署的整个过程。不需要安装数据库软件，也不需要部署数据库服务器，RDS 就可以在几分钟之内获得生产就绪型关系数据库的功能。它需要支付的费用用低，而且只需为实际消耗的资源付费。此外，RDS 无需前期投入较多的固定成本，可以从低规格的数据库实例起步，以后随时根据业务情况弹性伸缩所需资源，按需开支。

2）稳定可靠——省事又省心。RDS 在高可靠的基础设施上运行。当使用单 AZ 部署或多 AZ 高可用部署方式对主备数据库实例进行配置时，RDS 会将主数据库实例数据复制到一个备用数据库实例中，一旦主数据库实例发生故障导致不可用，即可在很短时间内切换到备用数据库实例上。RDS 还具有很多可以增强数据库可靠性的其他功能，包括自动备份、手动快照和容灾备份等。

3）便捷管理——可视又可控。通过 RDS，用户可以轻松地设置、操作和扩展数据库。还可以轻松完成应用程序与数据库的连接、数据迁移、数据备份、数据恢复、数据库资源和性能监控等运维管理工作。可以使用云监控服务（Cloud Eye Service，CES）控制台来查看数据库实例的关键性能指标，包括计算/内存/存储容量使用率、I/O 活动、数据库连接数等。

4）弹性伸缩——按需、合身。通过 RDS，用户可以轻松地扩展数据库的计算和存储资源。此外，MySQL 和对象关系型数据库管理系统（PostgreSQL）的数据库引擎允许创建一个或多个（最多 5 个）只读实例，从而可以将主数据库实例的读请求流量分流到只读数据库实例上（注：SQL server 不支持只读实例）。

5）安全。RDS 使用户可以轻松控制对数据库的网络访问。RDS 默认要求在 VPC 内运行数据库实例，这可以对数据库实例进行网络隔离，并且可以使现有的 IT 基础设施通过行业标准加密的 IPsec VPN 连接到 VPC 中的数据库实例。此外，RDS 提供了数据传输中的 SSL 加密功能，可以避免数据在传输时被窃听。

（3）RDS 的应用场景。

1）互联网网站。在线游戏、电子商务、电子政务、企业门户、社交平台、社区论坛等网站可以迁移到云平台上，使用 RDS 来快速获得低成本、高性能、易使用、安全可靠的数据库服务。

2）物联网。RDS 可以为物联网（Internet of Things，IoT）应用（例如需要连接、监控和管理大量终端设备的车联网应用）提供可靠的数据分析功能。

3）开发/测试。软件开发者可以在云平台搭建开发测试环境，无需花费大量时间和成本自建数据库，直接使用稳定可靠的、不同性能规格的RDS来联调测试，从而能够聚焦应用开发，缩短软件发布时间。

4）企业应用系统。企业办公应用、SaaS应用等业务系统可以迁移到云平台，由RDS来支撑业务数据管理需求，减少IT建设投入成本和人力维护工作量，用户可随时随地办公或使用SaaS服务。

5）移动应用。RDS可以在终端上添加并配置移动应用程序，如移动设备和移动电话。RDS还可以进行身份认证、数据存储、推送、发布和分析。

2. RDS实例

（1）数据库实例类型。数据库实例是云数据库RDS的最小管理单元。一个实例代表一个独立运行的云数据库RDS。用户可以在一个实例中创建和管理多个数据库，并且可以使用与独立访问数据库实例相同的工具和应用进行访问。用户使用管理控制台或API可以方便地创建或者修改数据库实例。云数据库RDS服务对运行实例数量没有限制，但每个数据库实例都有唯一的标识符。常见的数据库实例类型如下：

1）单机实例。单机实例采用单个数据库节点部署架构。与主流的主备实例相比，它只包含一个节点，但具有高性价比。

2）主备实例。主备实例采用一主一备的经典高可用架构，RDS支持跨AZ高可用。主备实例的主可用区和备可用区可不在同一个可用区（AZ）中。

3）只读实例。只读实例采用单个物理节点的架构（没有备节点）。

4）集群版实例。集群版实例采用微软AlwaysOn高可用架构，支持1主1备5只读集群模式，具有更高的可用性和可靠性，拥有更高的可拓展能力。

（2）数据库实例存储类型。数据库系统通常是IT系统中最为重要的系统，对存储I/O性能要求高，用户可根据需要选择所需的存储类型。RDS暂时不支持创建实例后变更存储类型。常见的数据库实例存储类型如下：

1）本地SSD盘。将数据存储于本地SSD盘可以降低I/O延时。相对云磁盘，本地磁盘的I/O吞吐性能更好。

2）SSD云盘。云盘存储具有弹性扩容功能，将数据存储于SSD云盘可实现计算与存储分离。SSD云盘存储类型仅支持通用型和独享型规格的实例。

3）超高IO。超高IO的最大吞吐量为350MB/s，其仅支持通用增强型和通用增强II型。

3. RDS数据库引擎和版本

新应用上线后，建议用户使用数据库引擎对应的最新版本，RDS数据库引擎和版本见表5.3。

表5.3 RDS数据库引擎和版本

数据库引擎	单机实例	主备实例	集群版本实例
MySQL	8.0、5.7、5.6	8.0、5.7、5.6	暂不支持
PostgreSQL	增强版、13、12、11	增强版、13、12、11	暂不支持
Microsoft SQL Server	2017标准版、2017 Web版、2016企业版、2016标准版、2016 Web版、2014企业版	2017标准版、2016企业版、2016标准版、2014企业版、2014标准版、2012企业版、2012标准版、2008 R2企业版	2017企业版

4. RDS数据库权限管理

通过IAM（详见任务8）可以在华为云账号中给员工创建IAM用户，并授权控制他们对华为云资源的访问范围。例如，公司员工中有负责软件开发的人员，公司希望开发人员拥有RDS的使用权限，但是不希望他们拥有删除RDS等高危操作的权限，那么可以使用IAM为开发人员创建用户。通过授予该账户仅能使用RDS，但是不允许删除RDS的权限，控制他们对RDS资源的使用范围。

RDS部署时通过划分物理区域为项目级服务。授权时，“作用范围”需要选择“区域级项目”，然后在指定区域（如华北-北京四）对应的项目（如cn-north-1）中设置相关权限，并且该权限仅对此项目生效；如果在“所有项目”中设置权限，则该权限在所有区域项目中都生效。访问RDS时，需要先切换至授权区域。

（1）角色。IAM最初提供一种根据用户的工作职能定义权限的粗粒度授权机制。该机制以服务为粒度，提供有限的服务相关角色用于授权。由于华为云各服务之间存在业务依赖关系，因此给用户授予角色时，可能需要一并授予依赖的其他角色，才能正确完成业务。角色并不能满足用户对精细化授权的要求，无法完全达到企业对权限最小化的安全管控要求。

（2）策略。基于策略的授权是IAM最新提供的一种细粒度授权的功能，其可以精确到具体服务的操作、资源以及请求条件等。基于策略的授权是一种更加灵活的授权方式，能够满足企业对权限最小化的安全管控要求。例如：针对RDS服务，管理员能够控制IAM用户仅能对某一类数据库资源进行指定的管理操作。

三、Gauss DB数据库

1. Gauss DB数据库命名

目前，Gauss DB 100更名为Gauss DB T，它以联机事物处理过程（On-Line Transaction Processing，OLTP）和集群为方向；Gauss DB 200合并Gauss DB 300的部分设计更名为Gauss DB A，它以分析型为主方向；Gauss DB 300的型号被取消，涉及的功能并入Gauss DB 100或Gauss DB 200。

2. Gauss DB 100

（1）Gauss DB 100产品简介。Gauss DB 100是一款企业级的高性能、高可用、高安全分布式关系型数据库。其在2002年由华为公司开始研发，2008年形成初期的稳定版本，目前支持x86和鲲鹏硬件架构。Gauss DB 100支持Sharding数据分片架构，满足业务对数据库水平扩展能力的要求，突破了单机数据训存储容量和性能瓶颈，解决了业务互联网化带来的峰值流量访问问题。Gauss DB 100能够提供两地三中心部署方案，抵抗单点故障、站点级故障，支持城市级容灾。Gauss DB 100是对应用全透明的分布式数据库，它基于创新性数据库内核，具备如下特征：

1）极致性能。Gauss DB 100具有高并发（单机百万tpmc）、高扩展（性能线性扩展比大于0.8）的特点。

2）安全可靠。Gauss DB 100具有高可靠（支持双机冷热备份和两地三中心多种保护方式）、高安全（支持数据闪回和回收站）的特点。

3）简单易用。Gauss DB 100具有易开发（兼容SQL2003标准，支持存储过程和多种API接口）、易运维的特点。

（2）Gauss DB 100系统架构。Gauss DB 100采用Shared-nothing架构的分布式系统，由众多拥有独立且互不共享CPU、内存、存储等系统资源的逻辑节点组成。业务数据被分散存储在多个主机上，数据访问任务被推送到数据所在位置就近执行。Gauss DB 100 通过控制模块的协调，并行地完成大规模的数据处理工作，实现对数据处理的快速响应。Gauss DB 100 提供了单机、主备、分布式三种部署架构，用户可按资源配置情况及业务系统的规模选择性采用。

（3）Gauss DB 100 主要技术指标见表 5.4。

表 5.4　Gauss DB 100 主要技术指标

技术指标	最大值
单节点容量	8PB（8TB/数据文件×1023）
集群容量	128PB（16 节点×8PB）
集群逻辑节点	16
单表大小	7.8TB（每表/分区）
单行数据大小	60000 字节
单列数据大小	8000 字节
单表/分区记录数	受单表大小与单行大小限制
单表列数	4095
单表中的索引个数	32
单表索引包含列数	16
数据库名长度	30
对象名长度（除数据库名以外的其他对象名）	64

3. Gauss DB 200

（1）Gauss DB 200 产品简介。Gauss DB 200 是一个基于开源数据库 Postgres-XC 开发的分布式并行关系型数据库系统。Gauss DB 200 是华为与中国工商银行合作研发的纯联机处理分析（Online Analytical Processing，OLAP）类数据库。Gauss DB 200 基于经典 Postgres-XC 架构，底层基于 PostgreSQL 9.2 版本研发，是一款分布式大规模并行处理（Massively Parallel Processing，MPP）数据库，支持行存储与列存储，提供 PB（Petabyte，2^{50} 字节）级别数据量的处理功能，具有低成本、高性能、高可靠、支持海量数据的特征。

（2）Gauss DB 200 系统架构。和 Gauss DB 100 一样，Gauss DB 200 也采用 Share-nothing 架构，实现对数据处理的快速响应。

（3）Gauss DB 200 主要技术指标见表 5.5。

表 5.5　Gauss DB 200 主要技术指标

数据容量	最大值
集群节点数	物理集群模式（单 Node Group）下 256；逻辑集群模式下（多 Node Group）2048
单表大小	10PB
单行数据大小	1PB
每条记录单个字段的大小	1GB
单表记录数	2^{55}
单表列数	1600
单表中的索引个数	无限制

四、DDS 数据库

1. DDS 的概念

文档数据库服务（Document Database Service，DDS）完全兼容 MongoDB 协议，提供安全、高可用、高可靠、弹性伸缩和易用的数据库服务，同时提供一键部署、弹性扩容、容灾、备份、恢复、监控和告警等功能。

2. DDS 的优势

（1）文档数据库自动搭建基于三副本的副本集实例供用户使用，提供一键式部署、数据高可靠存储、容灾以及故障切换等功能。

（2）文档数据库提供基于 shard、mongos、config 组成的分片集群实例，轻松扩展读写性能，用户可以方便快捷地构建 DDS 分布式数据库系统。

（3）文档数据库提供一键式的数据库备份、恢复功能。用户可以通过管理控制台进行数据库常规备份及恢复。

（4）文档数据库提供多项性能监控指标及告警功能，可实现数据库性能可视化管理。

【任务实施】

子任务 1　部署 RDS 数据库

子任务 1　部署 RDS 数据库

1. 预备环境

配置 VPC、设置安全组、购买 ECS（详见任务 2）。

2. 购买 RDS 实例

（1）登录华为云，打开服务列表，选择“云数据库 RDS”选项，如图 5.9 所示。

计算	存储	网络	数据库
弹性云服务器 ECS	数据工坊 DWR	虚拟私有云 VPC	云数据库 GaussDB
云耀云服务器 HECS	云硬盘 EVS	弹性负载均衡 ELB	云数据库 RDS
裸金属服务器 BMS	专属分布式存储 DSS	云专线 DC	文档数据库服务 DDS

图 5.9　“云数据库 RDS”选项

（2）在“云数据库”页面中，单击右上角的“购买数据库实例”按钮，如图 5.10 所示。

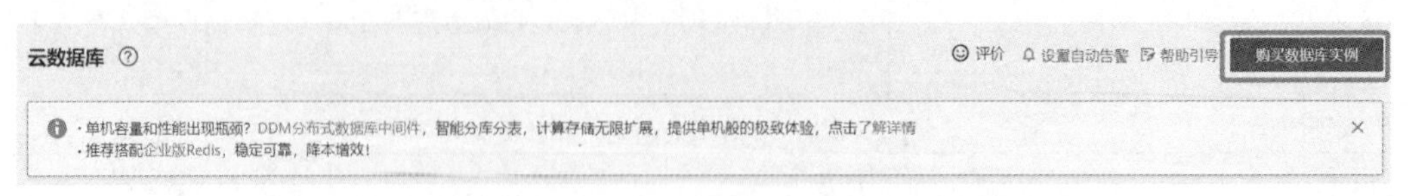

图 5.10　“云数据库”页面

（3）在打开的“购买数据库实例”页面中，填写图 5.11 所示的配置信息，然后单击“立即购买”按钮。

计费模式　包年/包月　按需计费

区域　华北-北京四

不同区域的资源之间内网不互通。请选择靠近您客户的区域，可以降低网络时延、提高访问速度。

实例名称　rds-wq

购买多个数据库时，名称自动按序增加4位数字后缀。例如输入instance，从instance-0001开始命名；若已有instance-0010，从instance-0011开始命名。

数据库引擎　MySQL　PostgreSQL　Microsoft SQL Server

数据库版本　8.0　5.7　5.6

实例类型　主备　单机　MySQL高性能版

一主一备的经典高可用架构。适用于大中型企业的生产数据库，覆盖互联网、物联网、零售电商、物流、游戏等行业应用。

存储类型　SSD云盘　本地SSD盘　极速型SSD

主可用区　可用区一　可用区七　可用区二　可用区三　查看鲲鹏资源支持区域

备可用区　可用区一　可用区七　可用区二　可用区三

主备选择不同可用区，可以具备跨可用区故障容灾的能力。

时区　(UTC+08:00) 北京，重庆，香港，乌...

性能规格　通用型　独享型　鲲鹏通用增强型

CPU/内存	建议连接数	TPS/QPS	IPv6
2 vCPUs | 4 GB	1,200	340 | 7,100	不支持
2 vCPUs | 8 GB	2,000	446 | 8,942	不支持
4 vCPUs | 8 GB	2,200	576 | 11,537	不支持
4 vCPUs | 16 GB	4,000	1,006 | 20,124	不支持
8 vCPUs | 32 GB	8,000	2,064 | 41,283	不支持
12 vCPUs | 48 GB	12,000	2,400 | 45,600	不支持

当前选择实例　鲲鹏通用增强型 | 2 vCPUs | 4 GB, 建议连接数: 1200, TPS/QPS: 340 | 7100

存储空间（GB）　40 GB　40　830　1,620　2,410　4,000　40

关系型数据库给您提供相同大小的备份存储空间，超出部分按照OBS计费规则收取费用。

存储空间自动扩容　可用存储空间率≤　10%　存储自动扩容上限　4000　GB

可用存储空间率≤10%或者10GB时，自动扩容当前存储空间的15%（非10倍数向上取整，账户余额不足，会导致自动扩容失败）。

磁盘加密　不加密　加密

虚拟私有云、子网、安全组与实例关系。

虚拟私有云　myvpc　subnet-myvpc(192.168.0.0/24)　自动分配IP地址　查看已使用IP地址

目前RDS实例创建完成后不支持切换虚拟私有云，请谨慎选择所属虚拟私有云。不同虚拟私有云里面的弹性云服务器网络默认不通。如需创建新的虚拟私有云，可前往控制台创建。可用私有IP数量244个。

通过公网访问数据库实例需要购买绑定弹性公网EIP。　查看弹性公网IP

数据库端口　默认端口3306

创建主实例和只读实例时，只读实例和主实例数据端口保持一致。

安全组　sg-myvpc　查看安全组

请确保所选安全组规则允许需要连接实例的服务器能访问3306端口。

安全组规则详情　设置规则

设置密码　现在设置　创建后设置

管理员帐户名　root

管理员密码　••••••••••••　请妥善管理密码，系统无法获取您设置的密码内容。

确认密码　••••••••••••

参数模板　Default-MySQL-5.7　查看参数模板

表名大小写　区分大小写　不区分大小写

购买数量　1　您还可以创建 50 个数据库实例，包括主实例和只读实例。如需申请更多配额请点击申请扩大配额。

只读实例　暂不购买　立即购买

配置费用 ¥0.848/小时　立即购买

图 5.11　“购买数据库实例”页面

（4）在弹出的购买信息确认页面中，确认信息无误后，单击“提交”按钮，如图 5.12 所示。

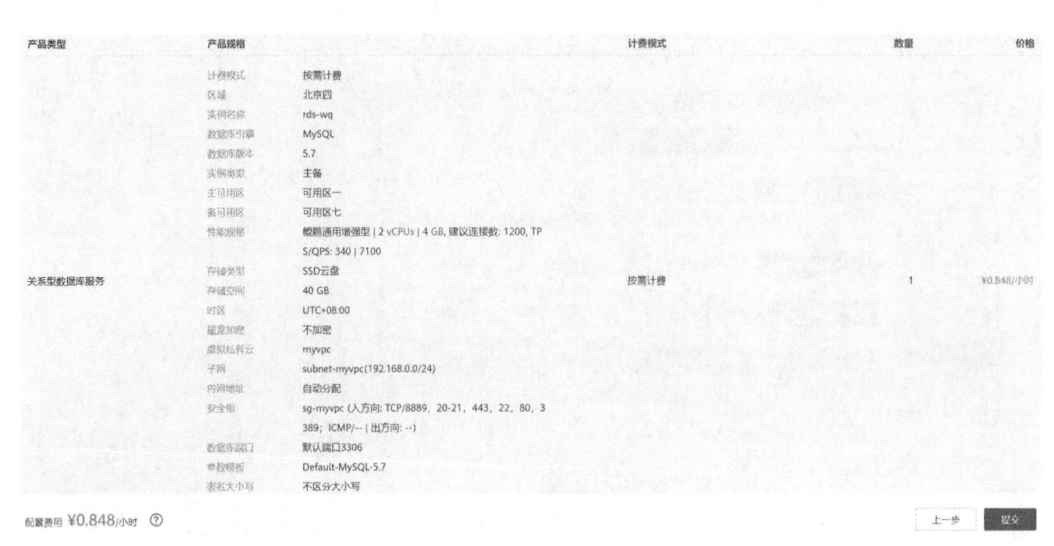

图 5.12 购买信息确认页面

（5）购买完成后，返回云数据库列表，可以看到成功购买的 RDS，如图 5.13 所示。

图 5.13 成功购买的 RDS

3. 安装 MySQL-Front

（1）在本地 Windows 系统中下载、安装、启动 MySQL-Front 客户端。下载地址：http://www. downza.cn/soft/139300.html。

（2）在弹出的“添加信息”对话框中，输入需要连接的云数据库 RDS 的实例信息（参数说明见表 5.6），然后单击“确定”按钮，如图 5.14 所示。

表 5.6 “添加信息”对话框参数说明

参数	说明
名称	输入连接数据库的任务名称。若不填写，系统默认与 Host 一致
主机	查看目标实例的内网地址及端口信息的步骤如下： （1）登录云数据库 RDS 的管理控制台； （2）选择目标实例所在区域； （3）单击目标实例名称，进入“基本信息”页面； （4）在“连接信息”模块查看“弹性公网 IP”信息，若没有，可以绑定 EIP
端口	输入 RDS 实例的内网端口，默认为 3306
用户	输入需要访问 RDS 实例的账号名称，默认为 root
密码	输入要访问云数据库 RDS 实例的账号所对应的密码

（3）在“打开登录信息”对话框中，选择新创建的连接，单击“打开”按钮，如图 5.15 所示。若连接信息无误，即会成功连接实例。

图 5.14 “添加信息”对话框

图 5.15 “打开登录信息”对话框

【任务小结】

本任务主要介绍了云端数据库的基本概念、数据模型、数据库特性、数据库架构和 MySQL 存储引擎，讲解了 RDS 数据库、Gauss DB 数据库和 DDS 数据库的概念、优势、应用场景、系统架构和主要技术指标等。通过 RDS 实例的购买、配置以及本地客户端工具的安装，实现 RDS for MySQL 数据库的远程登录。

【考核评价】

评价内容	评分项	自评得分	教师考评得分	备注
学习态度	课堂表现、学习活动态度（40 分）			
知识技能目标	数据库概述（10 分）			
	RDS 数据库（10 分）			
	Gauss DB 数据库（10 分）			
	DDS 数据库（10 分）			
	部署 RDS 数据库（20 分）			
总得分				

【任务拓展】

部署分布式数据库中间件 DDM，要求如下：

（1）购买 DDM 实例。

（2）创建 DDM 账号。

（3）创建逻辑库连接 RDS 实例。

思考与练习

一、单选题

1．以下不是 RDS 实例类别的是（　　）。

A．磁盘　　B．主实例　　C．备实例　　D．只读副本

2．以下不是关系数据库服务 RDS 的使用限制的是（　　）。

A．RDS 实例必须创建在 VPC 子网内

B．只允许与实例在同一个 VPC 的应用程序访问

C．RDS 只读副本实例必须创建在与主实例相同的一个子网内

D．用户可以在 RDS 系统中自动创建及管理各种数据库引擎的实例

3．RDS 可以和（　　）云服务组合使用，从而确保 RDS 实例与其他业务实现网络安全隔离。

A．ECS　　B．VPC　　C．CES　　D．OBS

二、多选题

1．以下属于 RDS 的功能的是（　　）。

A．创建数据库集群　　B．扩容磁盘

C．新增只读副本　　D．创建/还原快照

2．以下属于数据库实例生命周期管理内容的是（　　）。

A．新增只读副本　　B．查看数据库实例的信息

C．扩容数据库实例的空间　　D．删除数据库集群

3．RDS 有（　　）关键功能特性。

A．高可用　　B．性能监控　　C．流量清洗　　D．备份与恢复

三、判断题

1．关系型数据库 RDS 能够满足游戏行业多变的需求，有效缩短开发周期，降低研发成本。（　　）

2．高可用不是 RDS 的关键功能特性。（　　）

四、简答题

1．数据库实例生命周期的管理内容有哪些？

2．常见的数据库架构有哪些？

任务6　部署云容器服务

【任务描述】

传统应用软件的开发和部署模块多、功能复杂、开发周期长、实施过程复杂，而且采用集中式的应用部署方式。近年来，随着智能制造的推进，应用需求呈现出零散化、碎片化和个性化的特征，部署环境也存在多样性，如虚拟化服务器、公有云、私有云等。云容器通过打包应用及依赖包，实现“一次开发，到处运行”的技术，受到了用户的青睐。

本任务主要介绍了容器、容器引擎、容器集群的概念和应用，以及云容器全栈产品，包括云容器引擎（Cloud Container Engine，CCE）、云容器实例（Cloud Container Instance，CCI）、镜像仓库服务（Software Repository for Container，SWR）等的概念、作用、优势和应用。通过创建CCE集群和无状态工作负载nginx，来部署有依赖关系的wordpress和MySQL。

【任务目标】

- 了解容器、容器引擎、容器集群的概念和应用。
- 了解华为云容器全栈产品，包括云容器引擎、云容器实例、镜像仓库服务等的概念、作用、优势和应用。
- 掌握华为云CCE集群和无状态工作的创建流程。
- 掌握华为云容器镜像服务的制作。
- 了解国家近年来科技方面的进步，提升民族认同感和自豪感。

【任务分析】

任务6-任务分析

华为云支持CCE集群，CCE集群具有按秒级计费、部署灵活等优点。××大学BBS论坛项目在考虑节约成本的前提下可以使用容器集群的方式来部署。具体部署设计分析如下。

1. 总部署设计分析

容器化部署BBS论坛项目的Web服务器和数据库服务器，分别使用CCE容器集群的一个节点，然后通过内网进行互联，Web服务采用无状态负载Depployment方式，数据库采用有状态负载StateFulSet方式，总部署拓扑如图6.1所示。

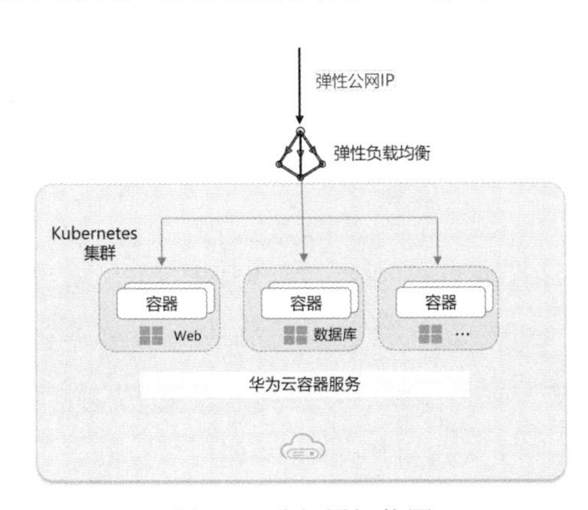

图6.1　总部署拓扑图

2. 云容器部署设计分析

创建集群参数配置见表 6.1，创建节点参数配置见表 6.2。

表 6.1 集群参数配置

参数	说明	参数	说明
计费模式	按需计费	虚拟私有云	myvpc
区域	华北-北京四	子网	Subnet-myvpc
集群名称	Cluster-bbs	容器模型	VPC 网络
版本	V1.17.17	容器网段	自动选择
集群管理规模	50	服务网段	使用默认网段
控制节点	1	权鉴方式	RBAC

表 6.2 节点参数配置

规格	参数	规格	参数
创建节点	现在添加	系统盘	40GB
当前区域	华北-北京四	数据盘	1000GB
可用区	可用区一	弹性公网 IP	自动创建
节点类型	虚拟节点	登录方式	密码
节点名称	Cluster-bbs-01-01	密码	******
节点规格	KC1.2xlarge.2	确认密码	******
操作系统镜像	EulerOS 2.8	是否安装插件	是

【知识链接】

任务 6-知识链接

一、容器技术基础

1. 容器技术原理与应用

（1）容器的概念。容器被译为 Container，与集装箱使用的是同一个单词，解释为一种可以装货的容器或盒子。容器是一种轻量级、可移植、自包含的软件打包技术，使应用程序几乎可在任何地方以相同的方式运行。容器具有如下特性：

1）容器相比虚拟机而言体积更小。

2）创建好的容器可无缝移植到其他物理机、虚拟机或云主机（同处理器架构）中。

3）容器可将必要的文件系统、运行时依赖的组件及应用程序组装在一个媒介中。

（2）主机虚拟化与容器虚拟化。

1）主机虚拟化。

- 为每个虚拟机实例分别提供一个从底层硬件开始一直到高层的基础环境。
- 每个实例拥有自己可视的，且隔离于其他实例的基础硬件，包括 CPU、内存等。
- 每个实例都必须安装操作系统、应用程序及配置文件等才可用。
- 每个实例同时拥有自己独立的内核空间和用户空间。
- 使用 GuestOS 和 Hypervisor 两级内核，实例间的隔离性非常好，但性能会降低。

2）容器虚拟化。

- 将内核分为多个空间，每个空间提供一个完整意义上的程序运行环境，包括文件系统、进程等。
- 每个空间视为一个容器实例，在用户空间实现隔离。
- 无需 GuestOS 级别内核，重用宿主机内核。

容器虚拟化与主机虚拟化之间的主要区别在于虚拟化层的位置和操作系统资源的使用方式不同。容器复用本地主机的操作系统，因此是在操作系统层面实现虚拟化，虚拟机则是在硬件层面实现虚拟化。容器技术与主机虚拟化的技术对比见表 6.3。

表 6.3　容器技术与主机虚拟化技术对比

对比指标	容器	虚拟机
体积	轻量，通常以 MB 为单位	较大，一般以 GB 为单位
部署方式	容器镜像	虚拟机镜像
部署密度	单个物理节点可支持较多容器实例	单个物理节点支持较少的虚拟机实例
宿主机要求	无需考虑宿主机 CPU 是否支持虚拟化，因此可以在云上主机轻松运行容器实例	需要 CPU 支持虚拟化（例如 Intel VT-X），因此很难在云上主机中再安装虚拟机
启动速度	直接启动应用，秒级	需要先启动 GuestOS 再启动应用，分钟级
运行性能	共享宿主机内核，资源开销较少，性能接近物理机	需要 Hypervisor 来虚拟化设备，具有完整的 GuestOS，虚拟化开销较大，性能比容器低
安全性	容器中的进程和宿主机器上的其他进程共享同一个内核，如果容器中的进程是以 root 权限运行，那么该进程在宿主机器上也是 root 权限，这将造成安全隐患	虚拟机与宿主机隔离性很好，安全性更高
高可用性	需要自行设计实现高可用性业务架构	可通过快照、克隆、动态迁移、异地容灾、异地双活等丰富的手段支持高可用性

（3）容器技术的优势。

1）简化部署。容器技术可以将应用打包成单一地址访问的、Registry 存储的、仅通过一行命令就可以部署完成的组件。不论将服务部署在哪里，容器都可以从根本上简化服务部署工作。

2）快速启动。容器技术对操作系统的资源进行再次抽象，而并非对整个物理机资源进虚拟化，通过这种方式，打包好的服务可以快速启动。

3）服务组合。采用容器的方式进行部署，整个系统会变得易于组合。系统通过容器技术将不同服务封装在对应的容器中，之后结合一些脚本使这些容器按照要求相互协作，这样操作不仅可以简化部署难度还可以降低操作风险。

4）易于迁移。容器技术最重要的价值就是为在不同主机上运行服务提供一个轻便的、一致的格式。容器格式的标准化加快交付体验，允许用户方便地对工作负载进行迁移，避免局限于单一的平台提供商。

（4）容器技术的发展历程。UNIX 系统中的 chroot 最初是为了方便切换 root 目录，为每个进程提供了文件系统资源的隔离，这也是 OS 虚拟化思想的起源。

2000 年，伯克利软件套件（Berkeley Software Distribution，BSD）吸收并改进了 chroot 技术，发布了 FreeBSD Jails。FreeBSD Jails 除文件系统隔离，还添加了用户和网络资源等

的隔离。每个 Jail 还能分配一个独立 IP，进行一些相对独立的软件安装和配置。

2001 年，Linux 发布了 Linux Vserver，Linux VServer 依旧延续了 Jails 的思想，在一个操作系统上隔离文件系统、CPU 时间、网络地址和内存等资源，每一个分区都被称为一个安全上下文（Security Context），内部的虚拟化系统被称为虚拟专用服务器（Virtual Private Server，VPS）。

2006 年，Google 发布了 Process Containers（进程容器），Process Container 记录和隔离每个进程的资源使用（包括 CPU、内存、硬盘 I/O、网络等），后改名为 CGroups（Control Groups，控制组群），并在 2007 年被加入 Linux 内核 2.6.24 版本中。

2011 年，Cloud Foundry（第一个开源 PaaS 云平台）发布了 Warden，其利用 Linux 容器（Linux Container，LXC）作为初始阶段。但与 LXC 不同，Warden 可以工作在任何操作系统上，并作为守护进程运行，它还提供了管理容器的 API。

2013 年，Docker（应用容器引擎）诞生，它围绕容器构建了一套完整的生态，包括容器镜像标准、容器 Registry、REST API、命令行界面（Command-Line Interface，CLI）、容器集群管理工具 Docker Swarm 等。

2014 年，CoreOS 创建了 rkt，它是为了改进 Docker 在安全方面的缺陷，重写的一个容器引擎。

2016 年，微软公司发布基于 Windows 的容器技术 Hyper-V Container，Hyper-V Container 的原理和 Linux 下的容器技术类似，可以保证在某个容器里运行的进程与外界是隔离的，兼顾虚拟机的安全性和容器的轻量级。

2. Docker 的概念与使用

（1）Docker 的典型概念。Docker 是一个开源的应用容器引擎，让开发者可以打包他们的应用以及依赖到一个可移植的镜像中，然后发布到任何流行的 Linux 或 Windows 机器上，也可以实现虚拟化。容器完全使用沙箱机制，相互之间不会有任何接口。

1）Docker 镜像（Image）。镜像定义了标准模板，包括底层文件系统、数据库、应用程序代码等，代表了一个完整应用程序（包括其依赖的软件）的定义。

2）Docker 容器（Container）。容器是镜像的运行实体，是基于某个镜像创建一个或多个的运行实例。应用程序运行在该实例中，代表了标准的应用程序运行单元。

3）Docker 引擎（Engine）。引擎是创建和管理容器的工具，通过读取镜像来生成容器，并负责从仓库拉取镜像或提交镜像到仓库中。

4）Docker 仓库（Hub）。仓库是集中存放镜像文件的场所，分为公共仓库和私有仓库。

（2）镜像及其操作。

1）镜像的分层结构。镜像包含若干层，每层分别定义镜像中的一部分内容（例如：安装某个软件包，复制某些文件和目录，设置某些环境变量等），所有层叠加起来形成一个完整的文件系统。制作新镜像时，以某个现有镜像（父镜像）为基础（包括多个下层），通过定义上层的新层来追加或改动内容。不可直接访问下层，但是可以在上层中覆盖下层原有的内容。

2）镜像的基本信息。Repository：所属仓库名称，一个仓库下可包含一系列不同版本或类型的镜像。Tag：标签，指定镜像的版本或类型。ID：一个 64 位十六进制唯一标识符，其中前 12 位字符组成一个短 ID。Created：创建时间。Size：镜像大小。

3）常见的镜像操作命令见表6.4。

表6.4 常见的镜像操作命令

命令	说明	示例
image ls/images	查看本机已注册的所有镜像信息	docker image ls / docker images
image pull	从镜像服务器上下载一个镜像，可以指定版本号	docker image pull nginx docker image pull nginx:1.16.1
image rm	删除指定标签或ID号的镜像	docker image rm nginx:1.16.1
image inspect	查看单个镜像的详细信息	docker image inspect nginx:1.16.1
image save/save	将某个镜像保存为本地压缩包	docker image save -o nginx.tar nginx:1.16.1
image load/load	从压缩包创建一个镜像	docker image load -i nginx.tar
image build	从Dockerfile文件构建一个镜像	docker build -t mynginx:v1 （注：Dockerfile必须预先编写好）

4）常见的容器操作命令见表6.5。

表6.5 常见的容器操作命令

命令	说明	示例
container ls	查看所有正在运行的容器	docker container ls
container run	运行某个容器实例，如果该实例存在且处于停止状态，则启动它；若不存在，则创建并运行它	docker container run --name mynginxweb -p 8080:80 mynginxweb:v1
container create	创建容器实例，但不运行	docker container create --name mynginxweb -p 8080:80 mynginxweb:v1
container start	启动容器实例（该容器实例已经存在）	docker container run mynginxweb
container stop	停止容器实例运行，但不删除该容器	docker container stop mynginxweb
container rm/rm	删除容器实例	docker container rm mynginxweb/docker rm mynginxweb
container logs	查看容器实例的运行日志	docker logs mynginxweb

3. 容器集群

（1）容器编排和管理系统。

1）使用容器编排的原因。

- 管理分布在多台主机上且拥有数百套容器的大规模应用程序时，传统容器或单机容器管理解决方案会变得力不从心。
- 微服务的出现使得在一个容器集群中的容器粒度越来越小、数量越来越多。
- 容器或微服务都需要接受管理并有序接入外部环境，从而实现调度、负载均衡以及分配等任务。

2）容器集群管理。

- 在一组服务器上管理多容器组合成的应用，每个应用集群视为一个部署或管理实体。
- 实现自动化管理，包括应用实例部署、应用更新、健康检查、弹性伸缩、自动容错等。

3）主流的容器编排和管理系统。

- Kubernetes。Kubernetes 拥有容器集群的自动部署、扩展和管理的功能，支持多种底层引擎（例如 Rocket、Docker 等）。
- Docker Swarm。Docker 1.2 之后的版本将 Swarm 集成在 Docker 引擎中，这使得 Docker 更加轻量、简易。
- Mesosphere Marathon。Apache Mesos 的调度框架目标是成为数据中心的操作系统，完全接管数据中心的管理工作，核心是解决物理资源层的问题。Marathon 是为 Mesosphere DC/OS 设计的容器编排平台。

（2）Kubernetes 基础概念。

1）Master。Master 是管理节点，负责管理集群，提供集群的资源数据访问入口。Master 拥有 ETCD 存储服务（可选），运行 API Server 进程，控制管理器（Controller Manager）服务进程及调度器（Scheduler）服务进程，关联工作节点 Node。

2）Node。Node 是服务节点，用于承载 Pod。运行 Docker Eninge 服务，守护进程 kunelet 及负载均衡器 Kube-Proxy。

3）API Server。API Server 作为系统的入口封装了核心对象的增删改查操作，以 RESTful API 接口方式提供给外部客户和内部组件调用。

4）ETCD。ETCD 用于存储集群状态（API Server 的 REST 对象）。

5）Scheduler。Scheduler 为新建立的 Pod 分配节点及资源调度。

6）Replication Controller。Replication Controller 管理 Pod 的副本，保证集群中存在指定数量的 Pod 副本，用于实现弹性伸缩、动态扩容和滚动升级。

7）Pod。Pod 是创建、调度和管理的最小单位，可包含一个或多个相关的容器实例，这些实例运行在同一宿主机上，使用相同的网络命名空间、IP 地址和端口。

8）Kube Proxy。Kube Proxy 从 API Server 获取所有的 Service 信息并创建代理服务，实现 Service 到 Pod 的请求路由和转发。

二、华为云容器全栈产品

1. 容器产品概述

基于华为自身实践与社区的贡献积累，华为云自上线之初，就持续利用云原生技术为用户提供标准化、可移植的领先云原生服务。目前，华为云容器及相关服务已覆盖 CNCF 技术全景图中的七大类别，共 16 款产品，包括云容器引擎、云容器实例、镜像仓库服务等。

2. 容器产品术语

容器产品术语见表 6.6。

表 6.6 容器产品术语

名称	说明	举例
命名空间（Namespace）	命名空间是对于同一用户下的云容器实例的逻辑划分，适用于用户中存在多个团队或项目的场景。针对不同的资源诉求场景，可以创建不同类型的命名空间，也可以一键式创建通用计算场景下的命名空间	通用计算型、GPU 加速型、Ascend 芯片
最小单位（Pod）	Pod 是 Kubernetes 创建或部署的最小单位。一个 Pod 封装一个或多个容器、存储资源、一个独立的网络 IP 以及管理控制容器运行方式的策略选项	Pod 中运行单个容器实例，或者多个相互耦合的容器实例

续表

名称	说明	举例
工作负载（Workload）	用于描述业务的运行载体	Deployment、Statefulset、Daemonset、Job、CronJob
无状态负载（Deployment）	任务自动启动并处于持续运行中，但始终不保存任何数据或状态的工作负载。负载中的各个实例完全独立，功能完全相同。支持弹性伸缩与滚动升级	Nginx、WordPress
有状态负载（StatefulSet）	在运行过程中会保存数据或状态的工作负载。必须使用云存储卷（而不是宿主机本地硬盘）来存储多个节点上的数据。负载中的各个实例存在相互访问关系	MySQL
短时任务（Job）	用来控制批处理型任务，任务完成后自动退出	AI 模型训练、批量计算、数据分析
定时任务（CronJob）	基于时间控制的短时任务，在指定的时间周期运行指定的任务	Node、Job、Pod
守护进程（DaemonSet）	确保全部（或者某些）节点时刻运行且仅运行一个 Pod 实例	Pod、Node、Deployment

3. 云容器引擎

云容器引擎提供高度可扩展的、高性能的企业级 Kubernetes 集群，支持运行 Docker 容器。借助云容器引擎，可以在华为云上轻松部署、管理和扩展容器化应用程序。

云容器引擎深度整合华为云高性能的计算（ECS/BMS）、网络（VPC/EIP/ELB）、存储（EVS/OBS/SFS）等服务，并支持 GPU、ARM、FPGA 等异构计算架构，支持利用多可用区、多区域容灾等技术构建高可用 Kubernetes 集群。

云容器引擎提供了 Kubernetes 集群管理、容器应用全生命周期管理、应用服务网格、Helm 应用模板、插件管理、应用调度、监控与运维等容器全栈功能，提供一站式容器平台服务。Kubernetes 集群与云容器引擎对比见表 6.7。

表 6.7 Kubernetes 集群与云容器引擎对比

对比项	自建 Kubernetes 集群	云容器引擎
易用性	涉及安装、操作、扩展集群管理软件、配置管理系统和监控解决方案，管理复杂；每次升级集群的过程都是巨大的调整，带来繁重的运维负担	无需自行搭建 Docker 和 Kubernetes 集群，快速创建和升级 K8S 容器集群；集中精力开发容器化的应用程序，云容器引擎完成所有的集群管理工作
可扩展性	需要根据业务流量情况和健康情况人工确定容器服务的部署，可扩展性差	根据资源使用情况轻松实现集群节点和工作负载的自动扩容和缩容，并可以自由组合多种弹性策略
可靠性/高可用性	多采用单 Master 节点，一旦出现故障，集群和业务将不可使用	支持集群 3 个 Master 节点，当其中某个或者两个节点故障时，集群依然可用
高效性	需要自行搭建镜像仓库或使用第三方镜像仓库；镜像拉取方式多采用串行传输，效率低	配合容器镜像服务提供容器自动化交付流水线；镜像拉取方式采用并行传输，大幅提升容器交付效率
成本	需要投入资金构建、安装、运维、扩展自己的集群管理基础设施，成本开销大	只需支付用于存储和运行应用程序的基础设施资源（例如云服务器、云硬盘、弹性 IP/带宽、负载均衡等）费用和容器集群 Master 管理节点费用

4. 云容器实例

云容器实例服务提供无服务器容器（Serverless Container）引擎，用户无需创建和管理服务器集群，直接通过控制台、kubectl、Kubernetes API 即可创建和使用容器负载，且只需为容器所使用的资源付费（按需秒级计费）。

Serverless 是一种架构理念，是指不用创建和管理服务器、不用担心服务器的运行状态（服务器是否在工作等），只需动态申请应用需要的资源，把服务器留给专门的维护人员管理和维护，进而专注于应用开发，提升应用开发效率，节约企业 IT 成本。

以传统方式使用 Kubernetes 运行容器时，首先需要创建运行容器的 Kubernetes 服务器集群，然后再创建容器负载（例如 CCE），而 CCI 则无需主动创建集群。

5. 容器镜像服务

（1）容器镜像服务的概念。华为云容器镜像服务是一种支持容器镜像全生命周期管理的服务，提供简单易用、安全可靠的镜像管理功能，帮助用户快速部署容器化服务。容器镜像服务可配合云容器引擎、云容器实例使用，也可单独作为容器镜像仓库使用。

（2）容器镜像服务的特点。

1）支持镜像全生命周期管理。容器镜像服务支持镜像的全生命周期管理，包括镜像的上传、下载、删除等。

2）支持私有镜像仓库。容器镜像服务支持私有镜像仓库，并支持细粒度的权限管理，可以为不同用户分配相应的访问权限（读取、编辑、管理）。

3）支持镜像源加速。容器镜像服务提供了镜像源加速服务，容器镜像服务智能调度全球区域节点，根据所使用的镜像地址自动分配至最近的主机节点进行镜像拉取。

4）支持大规模镜像分发 P2P 加速。容器镜像服务使用华为自主专利的镜像下载加速技术，使用 CCE 集群下载时可确保高并发下能获得更快的下载体验。

5）支持镜像仓库触发器。容器镜像服务支持容器镜像版本更新自动触发部署，只需要为镜像设置一个触发器，通过触发器，系统可以在每次镜像版本更新时，自动更新使用该镜像部署的应用。

6）支持镜像自动部署。提供镜像部署入口，一键式部署容器应用，支持镜像版本更新自动触发部署，与云容器引擎（CCE）无缝融合。

7）支持镜像安全扫描。容器镜像服务通过集成容器安全服务进行镜像安全扫描。

（3）容器镜像服务的优势。

1）简单易用。容器镜像服务的管理控制台简单易用，支持镜像的全生命周期管理。

2）安全可靠。容器镜像服务遵循 HTTPS 协议保障镜像安全传输，提供账号间、账号内多种安全隔离机制，确保用户数据访问的安全；容器镜像服务依托华为专业存储服务，确保镜像存储更可靠。

3）镜像加速。通过 Docker pull 命令下载镜像中心的公有镜像时，往往会因为网络原因而需要很长时间，甚至可能因超时而下载失败。为此，容器镜像服务提供了镜像下载加速功能，确保高并发下能获得更快的下载体验。

【任务实施】

子任务 1　部署云容器引擎（CCE）

子任务 1　部署云容器引擎

1. 创建 CCE 集群

（1）登录华为云，打开服务列表，选择“云容器引擎 CCE”选项，如图 6.2 所示。

安全与合规
DDoS防护
Web应用防火墙 WAF
云防火墙 CFW
应用信任中心 ATC
漏洞扫描服务 VSS

CDN
云存储网关 CSG

容器
云容器引擎 CCE
云容器实例 CCI

企业路由器 ER
全球加速 GA

管理与监管
应用身份管理服务 OneAccess
云审计服务 CTS

数据管理服务 DAS

应用中间件
事件网格 EG
多云高可用服务 MAS
微服务引擎 CSE

图 6.2　“云容器引擎 CCE”选项

（2）在弹出的“授权说明”对话框中，单击“确认”按钮，进行授权，如图 6.3 所示。

授权说明

使用 CCE(云容器引擎) 服务需要授予访问以下云资源的权限:

- **访问计算类服务**
  集群创建节点时会关联创建云服务器，需要获取访问弹性云服务器、裸金属服务器的权限
- **访问存储类服务**
  为集群下节点和容器挂载存储，需要获取访问云硬盘、弹性文件、对象存储等服务的权限
- **访问网络类服务**
  为集群下容器提供外访问，需要获取访问虚拟私有云、弹性负载均衡等服务的权限
- **访问容器与监控类服务**
  为集群下容器提供镜像拉取、监控和日志分析等功能，需要获取访问容器镜像、应用运维管理等服务的权限

同意授权后，CCE将在统一身份认证服务为您创建名为 cce_admin_trust 的委托，为保证服务正常使用，在使用CCE服务期间，请不要删除或者修改 cce_admin_trust 委托。

确认

图 6.3　“授权说明”对话框

说明：首次使用 CCE 需要进行授权。

（3）在“云容器引擎”页面中，单击“CCE 集群”选项中的“创建”按钮，如图 6.4 所示。

云容器引擎

云容器引擎 (Cloud Container Engine, CCE) 提供高性能可扩展的容器服务，基于云服务器快速构建高可靠的容器集群，深度整合网络和存储能力，兼容 Kubernetes 及 Docker 容器生态。帮户轻松创建和管理多样化的容器工作负载，并提供容器故障自愈，监控日志采集，自动弹性扩容等高效运维能力。

图 6.4　“云容器引擎”页面

（4）在打开的“购买 CCE 集群”页面中，填写图 6.5 所示的配置信息，然后单击“提交”按钮。

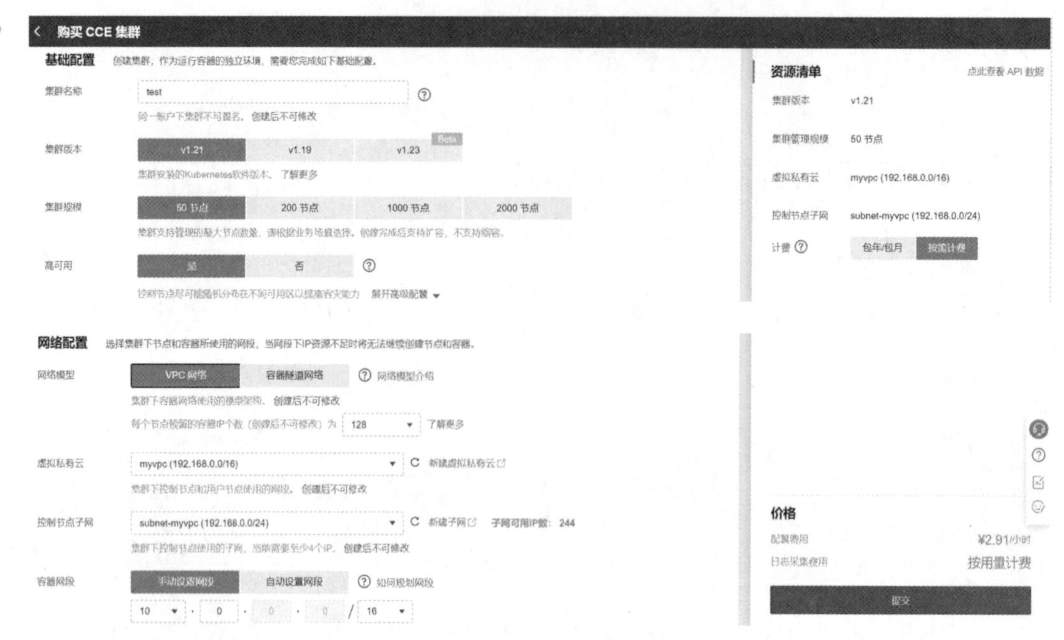

图 6.5 “购买 CCE 集群”页面

（5）成功支付后，返回“云容器引擎”页面，可以看到该集群正在“创建中”，等待若干分钟后，集群状态变为“运行中”，表示集群创建成功，如图 6.6 所示。

图 6.6 集群创建成功页面

2. 创建节点

（1）在新创建的集群页面中（图 6.6），单击右下角的“创建节点”按钮，在打开的“创建节点”页面中，填写图 6.7 所示的配置信息，然后单击“下一步：规格确认”按钮。

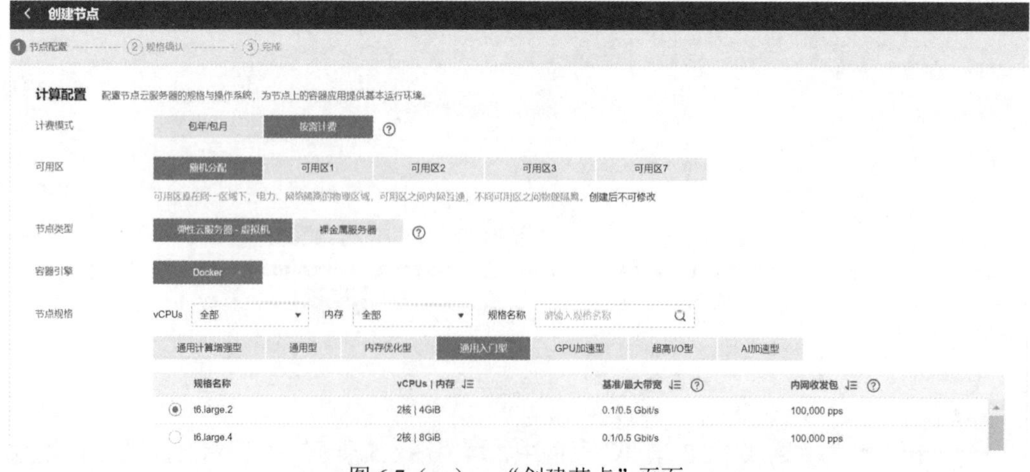

图 6.7（一） “创建节点”页面

操作系统　公共镜像　私有镜像
EulerOS 2.9　CentOS 7.6　Ubuntu 18.04　EulerOS 2.5
节点名称　test-95637
登录方式　密码　密钥对
用户名　root
密码
存储配置　配置节点云服务器上的存储资源，方便节点上的容器软件与容器应用使用。请根据实际场景设置磁盘大小。
系统盘　极速型SSD　40　GiB
数据盘　极速型SSD　100　GiB　展开高级配置
网络配置　配置节点云服务器的网络资源，用于访问节点和容器应用。
虚拟私有云　myvpc
节点子网　subnet-myvpc (192.168.0.0/24)(集群子网)　子网可用IP数：247
若子网默认的DNS服务器被修改，需确认自定义的DNS服务器可以解析OBS服务域名，否则无法创建节点
节点IP　随机分配　自定义
弹性公网IP　暂不使用　使用已有　自动创建
线路　静态BGP　全动态BGP
计费方式　按带宽计费　流量较大或较稳定的场景　按流量计费　流量较大或较稳定的场景
带宽　1　5　10　50　100　1　Mbit/s
节点数量　1　台　配置费用：¥0.81/小时　下一步：规格确认

图 6.7（二）　“创建节点”页面

（2）在弹出的“规格确认”页签中，确认信息无误后，单击“提交”按钮，如图 6.8 所示。

图 6.8　“规格确认”页签

（3）创建完成后，返回节点列表，可以看到成功创建的节点名称，如图 6.9 所示。

节点名称	状态	所属节...	节点配置	IP地址	容器组 (已...	CPU 申请...	内存 申请...	运行时版本 OS版本	计费模式	操作
test-95637	运行中 可调度	DefaultPool	可用区1 t6.large.2 2vCPUs | ...	192.168.0.12... 114.116.253....	4 / 20	49.22% 69.95%	74.71% 114.08%	docker://1... CentOS Li...	按需计费 2022/09/10	监控 事件 更多

图 6.9　成功创建的节点

3. 创建无状态工作负载 nginx

（1）登录 CCE 控制台（图 6.2），单击集群名进入集群，选择“工作负载→无状态负载→创建负载”选项，如图 6.10 所示。

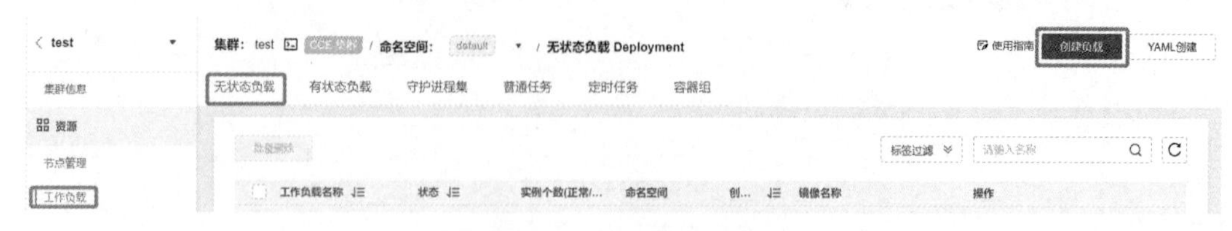

图 6.10 “创建负载”按钮

（2）在打开的“创建负载”页面中，填写图 6.11 所示的“基本信息”模块。

图 6.11 “基本信息”模块

（3）在“容器配置”模块中，单击“更换镜像”按钮，如图 6.12 所示。

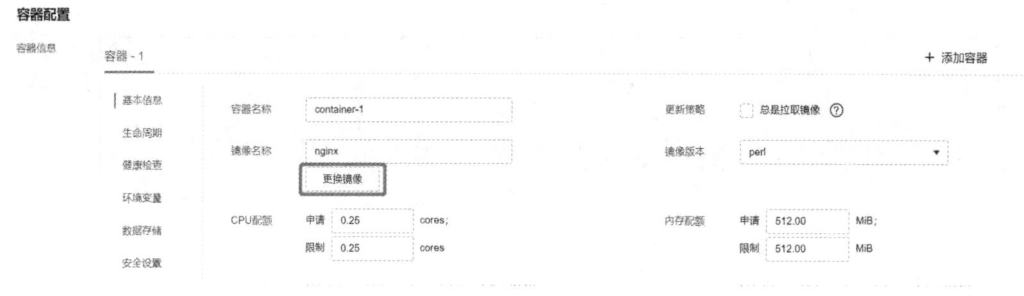

图 6.12 “容器配置”模块

（4）在弹出的“镜像选择”对话框中，选择“镜像中心→nginx→确定”选项，如图 6.13 所示。

图 6.13 “镜像选择”对话框

（5）在“服务配置”模块中，单击“+”按钮，如图 6.14 所示。

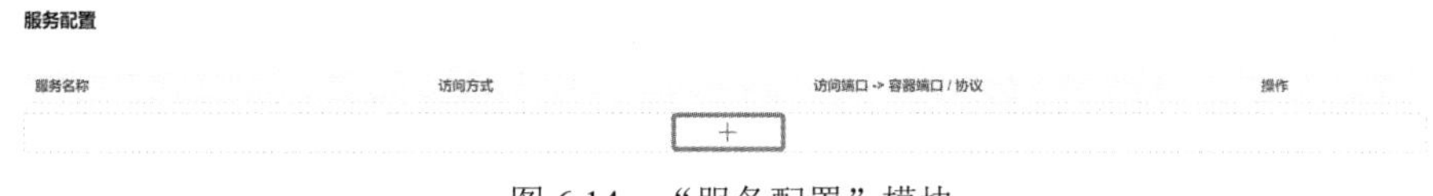

图 6.14　“服务配置”模块

（6）在弹出的“创建服务”对话框中，填写图 6.15 所示的配置信息，单击“确定”按钮。

图 6.15　“创建服务”对话框

（7）在返回的“创建工作负载”页面中，单击“创建工作负载”按钮，完成工作负载的创建，如图 6.16 所示。

图 6.16　成功创建工作负载页面

子任务 2　部署容器镜像服务（SWR）

子任务 2　部署容器镜像服务

1. 创建组织

（1）登录华为云，打开服务列表，选择“容器镜像服务 SWR”选项，如图 6.17 所示。

图 6.17　“容器镜像服务 SWR”选项

（2）在“容器镜像服务”页面中，单击右上角的“创建组织”按钮，如图 6.18 所示。

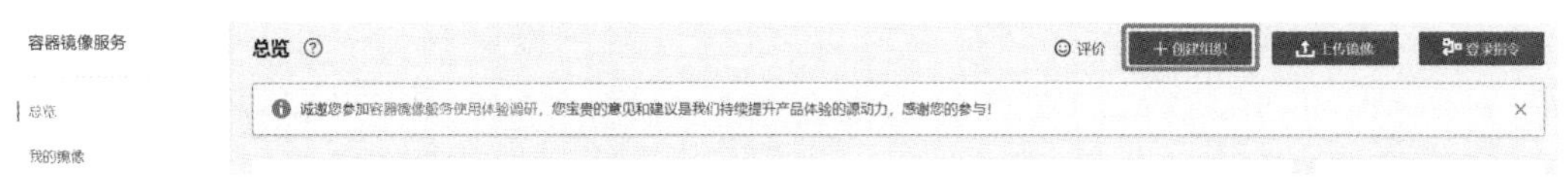

图 6.18　“创建组织”按钮

（3）在弹出的“创建组织”窗口中，输入组织名称 test-kp，单击“确定”按钮，如图 6.19 所示。

创建组织

您还可以创建5个组织。

1.组织名称，全局唯一。
2.当前租户最多可创建5个组织。
3.建议一个组织对应一个公司、部门或个人，以便集中高效地管理镜像资源。
示例：
以公司、部门作为组织:cloud-hangzhou、cloud-develop
以个人作为组织:john

组织名称 test-kp

确定 取消

图 6.19 “创建组织”对话框

2. 体验任务

（1）在“容器镜像服务”页面中，选择左侧导航栏中的“体验馆”选项，单击“体验该任务”按钮，如图 6.20 所示。

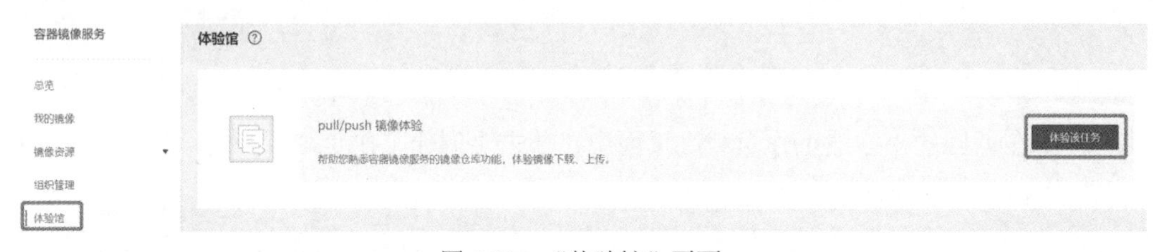

图 6.20 “体验馆”页面

（2）在“登录仓库”页签中，单击右侧的 按钮，复制文本框中的命令，然后单击“下一步”按钮，如图 6.21 所示。

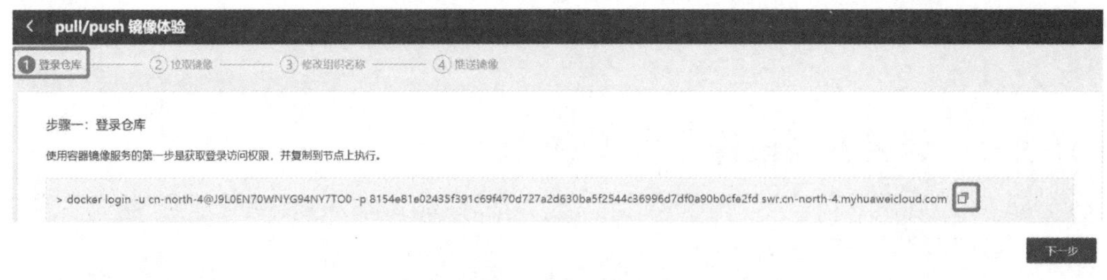

图 6.21 “登录仓库”页签

（3）登录 ECS 终端（详见任务 2），粘贴执行“登录仓库”页签中的命令，结果如图 6.22 所示。

图 6.22 “登录仓库”命令执行情况

（4）在“拉取镜像”页签中，单击右侧的 按钮，复制文本框中的命令，然后单击“下一步”按钮，如图 6.23 所示。

1 登录仓库
2 拉取镜像
3 修改组织名称
4 推送镜像
步骤二：拉取镜像
成功登录后，我们可以试着下载一个公有仓库内的镜像。
> docker pull swr.cn-north-4.myhuaweicloud.com/root/swr-demo-2048:latest
接下来，查看镜像是否已经下载到本地。
> docker images
REPOSITORY
TAG
IMAGE ID
CREATED
swr.cn-north-4.myhuaweicloud.com/root/swr-demo-2048 latest
647c57f8354f
31 second ago
SIZE
上一步
下一步

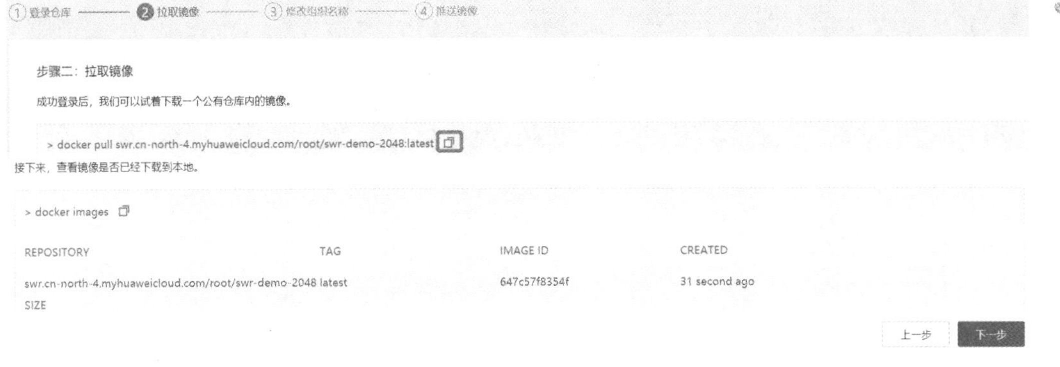

图 6.23　“拉取镜像”页签

（5）在 ECS 终端中粘贴执行“拉取镜像”页签中的命令，结果如图 6.24 所示。

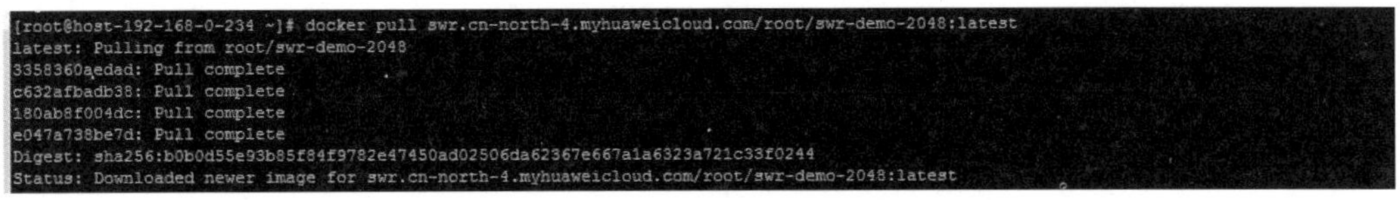

[root@host-192-168-0-234 ~]# docker pull swr.cn-north-4.myhuaweicloud.com/root/swr-demo-2048:latest
latest: Pulling from root/swr-demo-2048
3358360aedad: Pull complete
c632afbadb38: Pull complete
180ab8f004dc: Pull complete
e047a738be7d: Pull complete
Digest: sha256:b0b0d55e93b85f84f9782e47450ad02506da62367e667a1a6323a721c33f0244
Status: Downloaded newer image for swr.cn-north-4.myhuaweicloud.com/root/swr-demo-2048:latest

图 6.24　“拉取镜像”命令执行情况

（6）在“修改组织名称”页签中，单击右侧的 □ 按钮，复制文本框中的命令，然后单击“下一步”按钮，如图 6.25 所示。

1 登录仓库
2 拉取镜像
3 修改组织名称
4 推送镜像
步骤三：修改组织
修改组织名称
test-kp1
创建组织
我们需要修改镜像的组织名，以便推送到个人组织内。
> docker tag swr.cn-north-4.myhuaweicloud.com/root/swr-demo-2048:latest swr.cn-north-4.myhuaweicloud.com/test-kp1/swr-demo-2048:latest
上一步
下一步

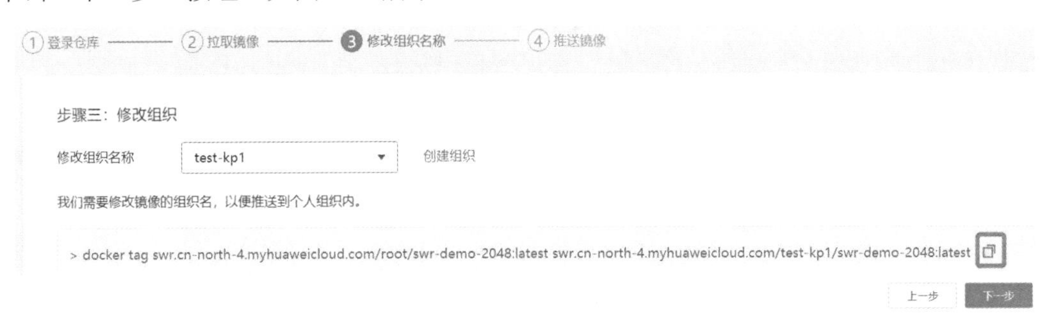

图 6.25　“修改组织名称”页签

（7）在 ECS 终端中粘贴执行“修改组织名称”页签中的命令，结果如图 6.26 所示。

[root@host-192-168-0-234 ~]# docker tag swr.cn-north-4.myhuaweicloud.com/root/swr-demo-2048:latest swr.cn-north-4.myhuaweicloud.com/test-kp/sw
r-demo-2048:latest
[root@host-192-168-0-234 ~]#

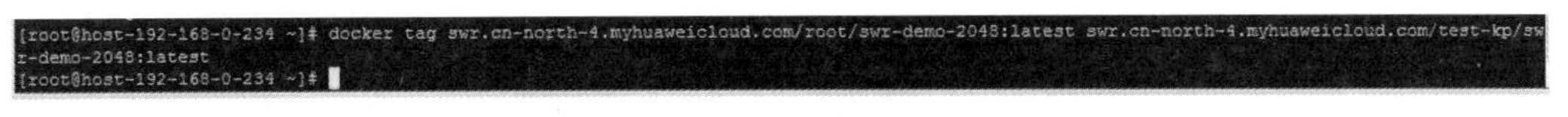

图 6.26　“修改组织名称”命令执行情况

（8）在“推送镜像”页签中，单击右侧的 □ 按钮，复制文本框中的命令，然后单击“完成”按钮，如图 6.27 所示。

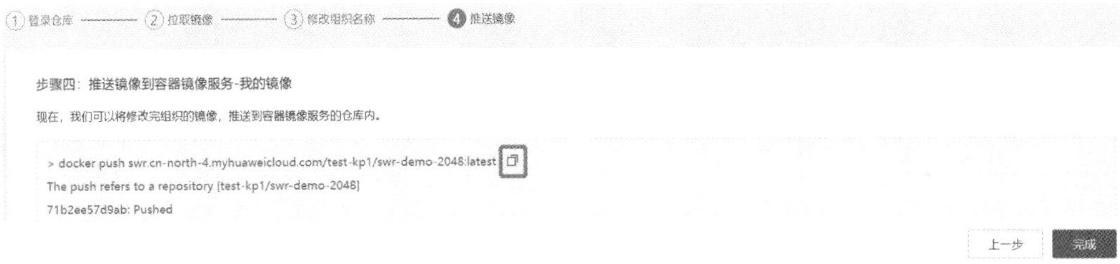

1 登录仓库
2 拉取镜像
3 修改组织名称
4 推送镜像
步骤四：推送镜像到容器镜像服务-我的镜像
现在，我们可以将修改完组织的镜像，推送到容器镜像服务的仓库内。
> docker push swr.cn-north-4.myhuaweicloud.com/test-kp1/swr-demo-2048:latest
The push refers to a repository [test-kp1/swr-demo-2048]
71b2ee57d9ab: Pushed
上一步
完成

图 6.27　“推送镜像”页签

（9）在 ECS 终端中粘贴执行“推送镜像”页签中的命令，结果如图 6.28 所示。

图 6.28 “推送镜像”命令执行情况

3. 验证推送结果

（1）在“容器镜像服务”页面中，选择“组织管理→test-kp”选项，如图 6.29 所示。

图 6.29 “组织管理”页面

（2）在打开的 test-kp 页面中，选择“镜像”页签，即可查看到刚才推送的镜像，如图 6.30 所示。

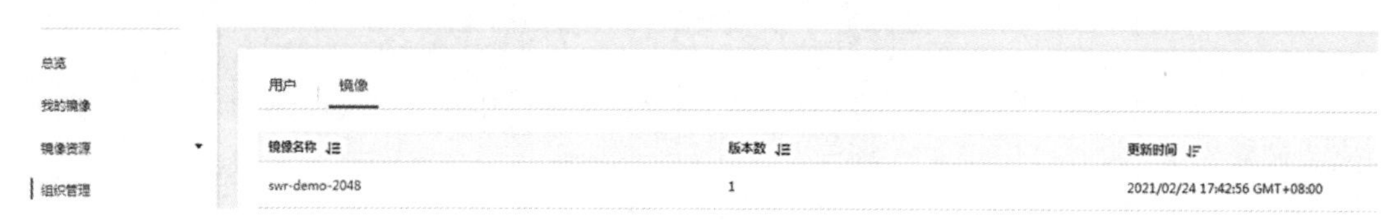

图 6.30 test-kp 页面

【任务小结】

本任务主要介绍了容器、Docker、容器集群的概念和应用，以及华为云容器全栈产品云容器引擎、云容器实例、镜像仓库服务等的概念、作用、优势和应用。通过创建 CCE 集群和无状态工作负载 nginx，来部署有依赖关系的 wordpress 和 MySQL，以及通过华为云容器镜像服务 SWR 制作 Docker 镜像。

【考核评价】

评价内容	评分项	自评得分	教师考评得分	备注
学习态度	课堂表现、学习活动态度（40 分）			
知识技能目标	容器技术基础（15 分）			
	华为云容器全栈产品（15 分）			
	部署云容器引擎（15 分）			
	部署容器镜像服务（15 分）			
总得分				

【任务拓展】

通过安装 Docker，构建基础镜像，根据基础镜像安装和验证 Redis，完成容器的迁移。

思考与练习

一、单选题

1. 下列关于容器优势的说法，不恰当的是（ ）。

   A．简化部署 B．快速启动

   C．迁移方便 D．安全可靠

2. 下列关于容器编排的说法，错误的是（ ）。

   A．支持容器应用的在线升级

   B．主要用于监控容器实例运行状况

   C．可通过 YAML、JSON 等方式来定义

   D．可用于指定容器启动的节点、参数、镜像

3. 下列关于 Dockerfile 的说法，错误的是（ ）。

   A．通过 FROM 指令制定父镜像

   B．通过 RUN 指令可安装软件包

   C．通过 PORT 指令可以指定对外输出的端口号

   D．通过 ADD 指令可以将本地数据添加到容器中

二、多选题

1. 关于容器与传统虚拟机的对比，下列说法正确的是（ ）。

   A．容器的安全性、隔离性比虚拟机更高

   B．通过容器启动应用，往往要比通过虚拟机启动应用更快

   C．容器实例共享宿主机的内核，通常不需要考虑 CPU 是否支持虚拟化

   D．容器是在操作系统层面上实现虚拟化，直接复用本地主机的操作系统的，而虚拟机则是在硬件层面上实现虚拟化的

2. 下列可以删除一个容器实例的命令是（ ）。

   A．docker rm -f 实例名 B．docker container rm -f 实例名

   C．docker container stop 实例名 D．docker container delete 实例名

3. 下列关于华为云 CCE 的说法正确的是（ ）。

   A．CCE 支持自动扩容

   B．CCE 支持单个或多个 Master 节点

   C．使用 CCE 服务时，需要用户创建集群和节点

   D．使用 CCE 服务时，需要用户安装 Kuberneters

4. 下列关于华为云容器镜像服务的说法正确的是（ ）。

   A．CCE 和 CCI 可以使用用户上传的镜像

   B．对于海外镜像，自动分配最近的主机节点进行镜像拉取

   C．支持将用户的镜像提交到华为官方镜像池中供所有用户下载

   D．支持镜像仓库触发器，在镜像版本更新时，自动更新使用该镜像部署的应用

三、判断题

1．华为云镜像服务支持自动分配最近的主机节点进行海外镜像拉取。 （ ）

2．容器与虚拟机之间的主要区别在于虚拟化层的位置和操作系统资源的使用方式。 （ ）

四、简答题

1．容器虚拟化与主机虚拟化之间的主要区别是什么？

2．什么是容器镜像服务？

任务7　部署云运维服务

【任务描述】

随着云平台技术的逐渐发展成熟，越来越多的企业开始将业务迁移到云端，实现了企业上云。因此，运维方式也从传统的 IT 运维转变成了云运维。云运维打破了传统运维需要大量人工干预、实时性差等缺点，为用户提供了一种快速部署和应用运维的系统方法，彻底改变了传统高成本运维的服务模式。那么什么是云运维？云运维又主要包含哪些内容呢？

本任务主要介绍了华为云应用运维管理（Application Operations Management，AOM）、应用性能管理（Application Performance Management，APM）、应用编排服务（Application Orchestration Service，AOS）的概念、特点和使用场景，以及应用管理与运维平台（ServiceStage）的概念、应用开发和微服务应用解决方案。通过创建对已经部署在华为云上的项目进行应用运维管理，实时监控并管理企业应用的性能、故障及云资源，采集各项指标、日志及事件等数据，分析应用健康状态和性能瓶颈，查看告警及数据可视化，改善用户体验。

【任务目标】

- 熟悉应用运维管理、应用性能管理、应用编排服务的概念、特点和使用场景。
- 了解应用管理与运维平台的概念、应用开发和微服务应用的解决方案。
- 能够搭建和使用基于鲲鹏架构的应用管理与运维系统。
- 能够使用华为云应用编排服务构建运维应用平台。
- 引导学生正确认识细节对成败的重要性，养成精益、专注的良好习惯。

【任务分析】

任务 7-任务分析

为保证××大学 BBS 论坛项目的可靠、稳定运行，以及出现问题后能够通过日志等信息定位问题，需要打造一个良好的运维系统。本任务主要通过华为云应用运维管理实现 Web 服务器的 CPU、内存、容器网络、RDS 数据库、OBS 存储日志，EVS 云盘等应用及相关云资源的运维。具体部署设计分析如下。

1. 总部署设计分析

本任务主要完成应用运维管理的任务部署。AOM 可以实现对基础设施集群中的主机、CPU、内存、网络等的监控，以及对应用中的 ECS、容器、容器实例性能等的监控。总部署拓扑如图 7.1 所示。

2. 运维服务部署设计分析

（1）警告规则。

1）警告列表。通过警告列表，用户查看历史告警事件，可以设置警告级别：紧急、重要、次要、提示。

2）通知规格。通过设置通知规格，监控 Web 服务的 CPU、内存的使用率和带宽的使用率。

3）阈值规则。通过设置阈值规则，监控云主机关键部件的运行状况。

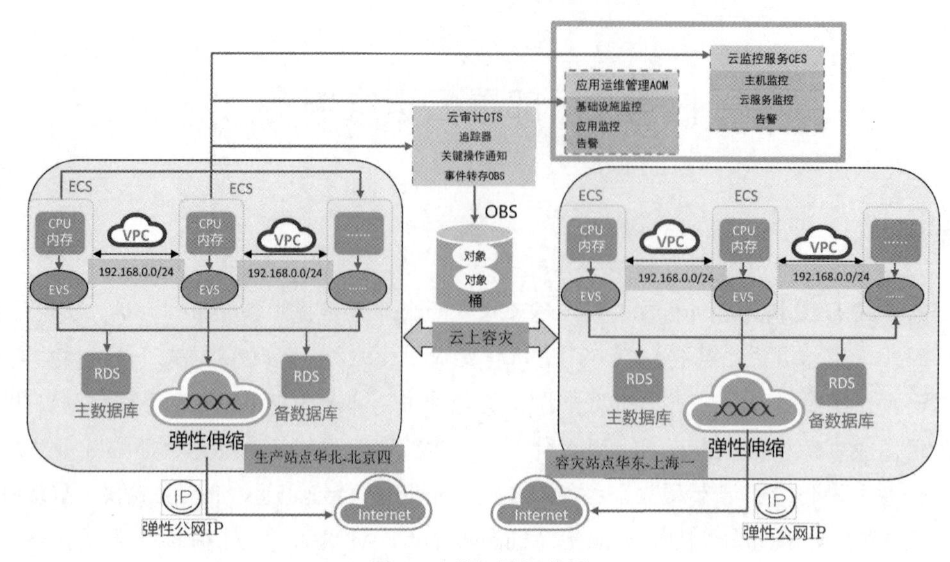

图 7.1　总部署拓扑图

（2）监控。

1）应用监控。应用监控可以完成对 BBS 项目 Web 服务器 httpd 的监控。

2）主机监控。主机监控可以对 Web 服务器的整体性能镜像进行浏览、监控。

3）容器监控。容器监控可以对 K8S（Kubernetes 的简称）集群容器的性能进行监控。

4）云服务器监控。云服务器监控可以对 BBS 项目的 VPC、RDS、EVS、OBS 等云服务进行监控。

（3）日志。

1）日志搜索。可以通过关键字对云主机的日志进行检索。

2）日志统计。通过设置统计规则，自动对桶日志进行统计。

3）日志转桶。对产生的日志数据进行 OBS 桶的转移。

（4）应用编排服务在 BBS 项目中进行批量部署 Web 服务的时候可以同用应用编排模板批量申请资源。

（5）本任务的部署依赖于前六个任务的部署。其中，必须部署好 ECS、RDS、VPC、安全组、CCE（含 MySQL、httpd）等服务。

3. *应用运维部署设计分析*

（1）第一次使用 AOM 时，需先开通 AOM。开通 AOM 前先确认是否已注册华为云账号并对账号进行了实名认证。

（2）开通 AOM 时，因为不同区域是互相隔离的，对于不同的区域（例如：华北-北京四、华南-广州等）需切换区域后分别进行开通操作。

（3）AOM 服务使用流程如下：

1）开通 AOM（必选）。

2）创建子账号并设置权限（可选）。

3）创建云主机（必选）。

4）安装 ICAgent（必选）。ICAgent 是 AOM 的采集器，用于实时采集指标、日志和应用性能数据。

5）配置应用发现规则（可选）。对于满足内置应用发现规则的应用，安装 ICAgent 后该应用会自动被发现；对于不满足内置应用发现规则的应用，则需配置应用发现规则。

6）配置日志采集路径（可选）。如果需使用 AOM 监控主机的日志，则需配置日志采集路径。

7）运维（可选）。用户可使用 AOM 的仪表盘、告警通知等功能进行日常运维。

【知识链接】

任务 7-知识链接

一、应用运维管理（AOM）

1. 应用运维管理的概念

应用运维管理是云上应用的一站式立体化运维管理平台，实时监控应用及云资源，采集各项指标、日志及事件等数据分析应用健康状态，提供告警及数据可视化功能，帮助用户及时发现故障，全面掌握应用、资源及业务的实时运行状况。

2. 应用运维管理的关键技术

（1）指标丰富。AOM 提供超过 200 种的多维度指标，同时支持 Promethues、Zippkin 等 CNCF 开源接口。

（2）关联分析。AOM 以应用为中心，用户通过应用、服务、实例、主机和事务等多视角分析关联指标和告警数据。

（3）智能异常检测。AOM 提供智能阈值规则，能够根据历史指标趋势自动检测异常并上报告警，无需设置或调整阈值，提升运维效率。

3. 应用运维管理的架构

（1）数据采集接入层。在数据采集接入层中，ICAgent 采集数据，给主机安装 ICAgent（插件式的数据采集器）并通过 ICAgent 上报相关的运维数据；API 接入数据，通过 AOM 提供的 OpenAPI 接口或者 Exporter 接口，将业务指标作为自定义指标接入到 AOM。

（2）存储传输层。存储传输层的工作内容为数据传输和数据存储。数据传输：AOM Access 是用来接收运维数据的代理服务，运维数据接收上来之后，会将数据投放到 Kafka 队列中，利用 Kafka 高吞吐的能力，实时将数据传输给业务计算层。数据存储：运维数据经过 AOM 后端服务的处理，将数据写入到数据库，其中 Cassandra 用来存储时序的指标数据，Redis 用来查询缓存，ETCD 用来存储 AOM 的配置数据，ElasticSearch 用来存储资源、日志、告警和事件。

（3）业务计算层。AOM 提供告警、日志、监控、指标等基础运维服务，同时也提供异常检测与分析等 AI 服务。

4. 应用运维管理的典型功能

（1）应用监控。应用监控是针对资源和应用的监控，通过应用监控可以及时了解应用的资源使用情况、趋势和告警，使用这些信息可以快速响应，保证应用流畅运行。应用监控是逐层下钻设计，应用的层次关系：应用列表→应用详情→组件详情→实例详情→容器详情→进程详情。即在应用监控中，将用组件、实例、容器、进程做了层层关联，在界面上就可以直接得知各层关系。

（2）主机监控。主机监控是针对主机的监控，通过主机监控可以及时了解主机的资源使用情况、趋势和告警，使用这些信息可以快速响应，保证主机流畅运行。主机监控的设计类似应用监控，主机的层级关系：主机列表→主机详情。详情页面包含了当前主机上所发现的所有实例、显卡、网卡、磁盘、文件系统。

（3）应用自动发现。在主机上部署应用后，主机上安装的 ICAgent 将自动收集应用信息，包括进程名称、组件名称、容器名称、Kubernetes Pod 名称等，自动发现的应用在界面上以图形化方式展示，支持自定义别名和分组对资源进行管理。

（4）仪表盘。用户通过仪表盘可将不同图表展示到同一个屏幕上，以不同的仪表形式来展示资源数据，例如曲线图、数字图、TopN 图等，进而全面、深入地掌握监控数据。例如，可将重要资源的关键指标添加到仪表盘中，从而实时地进行监控。还可将不同资源的同一指标展示到同一个图形界面上进行对比。另外，对于例行运维需要查看的指标，可将其添加到仪表盘中，以便再次打开 AOM 时无需重新选择指标就可执行例行检查任务。

（5）告警列表。告警列表是告警和事件的管理平台，支持自定义通知动作，即可通过邮件、短信等方式获得告警信息，可帮助用户在第一时间发现异常及其原因。对于重点资源的指标可以创建阈值规则，当指标数据满足阈值条件时，AOM 会产生阈值告警。

（6）日志管理。AOM 提供强大的日志管理功能。其中，日志检索功能可帮助用户快速在海量日志中查询到所需的日志；日志转储功能帮助用户实现长期存储；通过创建日志统计规则实现关键词周期性统计，并生成指标数据，用户可以实时了解系统性能及业务等信息；通过配置分词可将日志内容按照分词符切分为多个单词，在日志搜索时可使用切分后的单词进行搜索。

5. 应用运维管理的应用场景

（1）巡检与问题定界。日常运维中，对于遇到的异常难定位、日志难获取等问题，需要一个监控平台对资源、日志、应用性能进行全方位的监控。AOM 深度对接应用服务，一站式收集基础设施、中间件和应用实例的运维数据，其通过指标监控、日志分析、事件报警等功能，支持日常巡检资源、应用整体运行情况，及时发现并定界应用与资源的问题。

（2）立体化运维。AOM 可全方位掌控系统的运行状态，并快速响应各类问题。AOM 提供从云平台到资源，再到应用的监控和微服务调用链的立体化运维分析功能。

（3）海量日志管理。AOM 可实现高性能搜索和业务分析，深挖日志商业价值。ELK（Elasticsearch、Logstash 和 Kibana 开源软件的缩写）与大数据引擎相结合，支持全文索引，可按照应用、节点、文件名、实例实现实现快速过滤。

二、应用性能管理（APM）

1. 应用性能管理的概念

华为云应用性能管理是实时监控并管理企业应用性能和故障的云服务，帮助企业快速解决分布式架构下问题定位和性能瓶颈分析难题，改善用户体验。APM 作为云应用诊断服务，拥有强大的分析工具，通过拓扑图、调用链、事务分析可视化地展现应用状态、调用过程、用户对应用的各种操作，快速定位问题和改善性能瓶颈。

2. 应用性能管理的架构

（1）全链路拓扑。

1）可视化拓扑。APM 通过可视化拓扑展示应用间的调用关系和依赖关系。拓扑使用应用性能指数（Apdex）对应用性能满意度进行量化，并使用不同颜色对不同区间 Apdex 的值进行标识，方便快速地发现应用性能问题，并进行定位。

2）跨应用调用。拓扑图支持在不同应用服务间的调用关系，当不同应用之间有服务调用时，可实现跨应用调用关系的采集并展示应用的性能数据。

3）异常 SQL 分析。拓扑图可以统计并展示数据库或 SQL 语句的关键指标。APM 提供数据库、SQL 语句的调用次数、响应时间、错误次数等关键指标视图，通过这些指标视图，可以分析异常（运行慢或调用出错）SQL 语句导致的数据库性能问题。

4）Java 虚拟机（Java Virtual Machine，JVM）指标监控。拓扑图可以统计并展示实例的 JVM 指标数据。APM 实时监控 JVM 运行环境的内存和线程指标，快速发现内存泄漏、线程异常等问题。

（2）调用链追踪。

1）调用链。APM 能够针对应用的调用情况，对调用次数、响应时间和出错次数进行全方面的监控，可视化地还原业务的执行轨迹和状态，进一步定界问题产生的原因。

2）方法追踪。方法追踪是对某个类的某个方法进行动态埋点，当这个类的方法被调用时，APM 采集探针会按照配置的方法追踪规则，对方法的调用数据进行采集，并将调用数据展现在调用链页面中。方法追踪主要用来帮助应用的开发人员在线定位方法及性能问题。

（3）事务分析。APM 通过对服务端业务流实时分析，展示事务的吞吐率、错误率、时延等关键指标，使用性能指标 Apdex 对应用打分，直观体现用户对应用的满意度。当事务异常时，则上报告警；对于用户体验差的事务，通过拓扑和调用链完成事务问题定位。

3. 应用性能管理的应用场景

（1）应用异常诊断。APM 提供大型分布式应用异常诊断功能，当应用出现崩溃或请求失败时，通过应用拓扑和调用链下钻能力分钟级完成问题定位。

1）可视化拓扑。APM 可实现应用拓扑自发现，异常应用实例可视化。

2）调用链追踪。拓扑图中发现异常应用后，通过调用链一键下钻，代码问题的根本原因清晰可见。

3）慢 SQL 分析。APM 提供数据库、SQL 语句的调用次数、响应时间、错误次数等关键指标视图，支持异常 SQL 语句导致的数据库性能问题分析。

（2）应用体验管理。APM 提供应用体验管理功能，实时分析应用事务从用户请求、服务器到数据库，再到服务器、用户请求的完整过程，采用 Apdex 自动化打分，实时感知用户对应用的满意度，帮助全面了解用户体验状况。对于用户体验差的事务，通过拓扑和调用链完成事务问题定位。

1）应用关键绩效指标分析。APM 对吞吐量、时延、成功率指标进行分析，实时掌控用户体验健康状态，用户体验一览无余。

2）全链路性能追踪。APM 通过 Web 服务、缓存、数据库全栈跟踪等功能轻松掌握性能瓶颈。

（3）故障智能诊断。APM 提供故障智能诊断功能，基于机器学习算法自动检测应用故障。当事务出现异常时，APM 通过智能算法学习历史指标数据，多维度关联分析异常指标，提取业务正常与异常时上下文数据特征，如资源、参数、调用结构，通过聚类分析找到问题根本原因。APM 可以统计历史上体验好和体验差的数据并进行比对，同时记录可能导致应用出错的环境数据，包括出入参、调用链、资源数据、JVM 参数等，然后基于 EI（企业智能）引擎，对历史数据在线训练与警告预测。

三、应用编排服务（AOS）

1. 应用编排服务的概念

应用编排服务通过应用模板，提供华为云上以容器应用为核心的业务应用与资源的开通和部署，将复杂的业务应用与资源配置通过模板描述，从而实现一键式容器资源与应用的开通与复制。同时AOS提供示例的应用模板，其覆盖多种业务场景，方便直接使用或为设计个性化模板提供参考。

2. 应用编排服务的作用

（1）AOS为企业提供应用上云的自动化功能，支持编排华为云上的主流云服务，实现在华为云上一键式的应用创建及云服务资源开通，提供高效的一键式云上应用复制和迁移功能。

（2）使用AOS只需创建一个描述自己所需的云资源和应用的模板，在模板中自行定义云资源和应用的依赖关系、引用关系等，AOS将根据模板来创建和配置这些云资源和应用。例如，创建弹性云服务器（包括虚拟私有云和子网），只需要编写模板定义弹性云服务器、虚拟私有云和子网，并定义弹性云服务器与虚拟私有云、子网的依赖关系，以及子网与虚拟私有云的依赖关系，然后通过AOS使用该模板创建堆栈，虚拟私有云、子网和弹性云服务器就创建成功了。

（3）AOS模板是一种用户可读、易于编写的文本文件。可以直接编辑YAML或JSON格式文本。AOS在模板市场中提供了海量的免费应用模板，覆盖热点应用场景，方便直接使用或参考。

（4）AOS通过堆栈来统一管理云资源和应用。在创建堆栈过程中，AOS会自动配置在模板上指定的云资源和应用中。AOS可以查看堆栈内各云资源或应用的状态和告警等，对于云资源和应用的创建、删除、复制等操作，都可以以堆栈为单位来完成。

3. 应用编排服务的应用场景

（1）应用上云。应用上云时，很多工作需要重复操作，例如环境的销毁和重建、在扩容的场景下重复完成多个新实例的配置等；同时很多操作非常耗时，例如创建数据库、创建虚拟机等，都需等待分钟级别的时间。一旦需要串行创建多个耗时任务，就需要持续等待一段时间。而此时如果可以将整个流程自动化，就可以简化等待的过程，从而去完成其他更有价值的任务。

1）应用上云的价值。AOS使用应用编排服务，通过模板对应用及应用所需资源进行统一描述，一键式自动完成部署或销毁操作，可以同步进行资源规划、应用定义和业务部署，提升应用上云的效率。

2）应用上云的优势。

- 简单易用：通过编写模板，即可完成应用设计与资源的规划，使业务的组织和管理变得轻松。
- 高效执行：一键式自动完成部署或销毁操作，省去繁琐的人工操作。
- 快速复制：同一模板可以多次重复使用，自动化构建相同的应用与资源到不同的数据中心。

（2）批量创建。当创建一个包含10个不同规格的弹性云服务器实例的Web应用，或者一次创建10个数据库实例时，则必须一个个单独创建这些资源，然后必须将这些资源配置为结合使用，才能确保应用顺利启动，这增加了使用云资源的复杂性和时间成本。

1）批量创建的价值。应用编排服务将大批量的、不同服务、不同规格的资源实例，统一定义在模板中，一键完成创建，实现资源的快速部署和灵活配置。

2）批量创建的优势。

- 快速部署：通过应用编排服务自动化并发创建多个云服务资源，或不同规格的同一服务资源。

- 灵活配置：AOS 拥有丰富的模板语法，支持根据不同场景灵活配置创建资源的种类与规格。
- 自动回退：批量创建过程中如果失败，用户可选择自动回退，以节省资源成本。

四、应用管理与运维平台（ServiceStage）

1. 应用管理与运维平台的概念

应用管理与运维平台是一个应用托管和微服务管理平台，可以帮助企业简化部署、监控、运维和治理等应用生命周期管理工作。ServiceStage 面向企业提供微服务、移动和 Web 类应用开发的全栈解决方案，帮助企业数字化快速转型。

2. 应用管理与运维平台的应用开发

（1）生成云上工程。ServiceStage 基于模板创建一个新的工程，在绑定的源码仓库中生成开发框架；把工程代码上传到目标源码仓库，并基于目标源码仓库创建云上工程。

（2）生成本地工程。用户可以使用 ServiceStage 提供的 SDK 选择开发风格，生成本地工程，开发微服务应用。

3. 应用管理与运维平台的持续交付

应用完成开发后，可以使用 ServiceStage 绑定源码仓库，通过流水线功能就可以实现持续交付，自动生成持续交付环境，自动生成应用框架代码、构建、部署及测试环境。ServiceStage 支持多语言应用，如 Java、Go、Node.js、PHP、Python、Ruby、.NET 等，还支持多种源码仓库对接，如 DevCloud、GitHub、Gitee、GitLib、Bitbucket 等。

4. 应用管理与运维平台的微服务应用解决方案

随着企业业务的复杂度不断提升，传统单体架构模式越来越臃肿，难以适应灵活多变的业务需求，微服务应用可以完美解决上述问题。ServiceStage 提供了业内领先的微服务应用解决方案。

【任务实施】

子任务1　部署应用运维管理

子任务1　部署应用运维管理

1. 安装软件 httpd

（1）打开远程管理工具 PuTTY，在 ECS 登录窗口使用 root 用户进行登录（详见任务2），登录成功后执行以下命令，安装软件 httpd，回显信息如图 7.2 所示。

```
yum install httpd -y
```

图 7.2　回显信息

（2）执行以下命令，启动主程序 httpd，回显信息如图 7.3 所示。

```
service httpd start
```

```
[root@ecs-myserver ~]# service httpd start
Redirecting to /bin/systemctl start httpd.service
[root@ecs-myserver ~]#
```

图 7.3　回显信息 2

（3）执行以下命令，设置 httpd 开机自动启动，回显信息如图 7.4 所示。

```
chkconfig httpd on
```

```
[root@ecs-myserver ~]# chkconfig httpd on
Note: Forwarding request to 'systemctl enable httpd.service'.
Created symlink from /etc/systemd/system/multi-user.target.wants/httpd.service
o /usr/lib/systemd/system/httpd.service.
[root@ecs-myserver ~]#
```

图 7.4　回显信息 3

（4）执行以下命令，安装 php 编译器，回显信息如图 7.5 所示。

```
yum install php –y
```

```
[root@ecs-myserver ~]# yum install php -y
Loaded plugins: fastestmirror
Loading mirror speeds from cached hostfile
Is this ok [y/d/N]: y
Downloading packages:
(1/2): php-common-5.4.16-48.el7.aarch64.rpm                    | 550 kB   00:00
(2/2): php-cli-5.4.16-48.el7.aarch64.rpm                       | 2.5 MB   00:00
Dependency Installed:
  libzip.aarch64 0:0.10.1-8.el7            php-cli.aarch64 0:5.4.16-48.el7
  php-common.aarch64 0:5.4.16-48.el7

Complete!
[root@ecs-myserver ~]#
```

图 7.5　回显信息 4

（5）执行以下命令，安装 php-mysql 插件，回显信息如图 7.6 所示。

```
yum install php-mysql -y
```

```
[root@ecs-myserver ~]# yum install php-mysql -y
Loaded plugins: fastestmirror
Loading mirror speeds from cached hostfile
Dependency Installed:
  php-pdo.aarch64 0:5.4.16-48.el7

Complete!
[root@ecs-myserver ~]#
```

图 7.6　回显信息 5

2. 打开应用运维管理界面

（1）登录华为云，打开服务列表，选择“应用运维管理 AOM”选项，如图 7.7 所示。

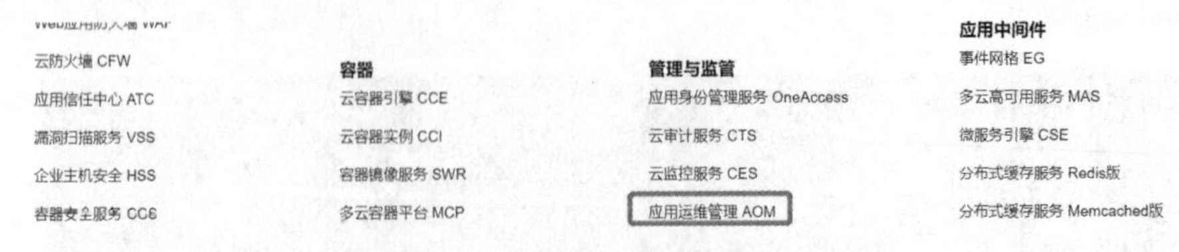

图 7.7　“应用运维管理 AOM”选项

（2）首次登录应用运维管理服务需要进行开通，开通后基础版可免费使用。在弹出的“免费开通应用运维管理服务”对话框中，单击“免费开通”按钮，开通后的“应用运维管理”界面如图 7.8 所示。

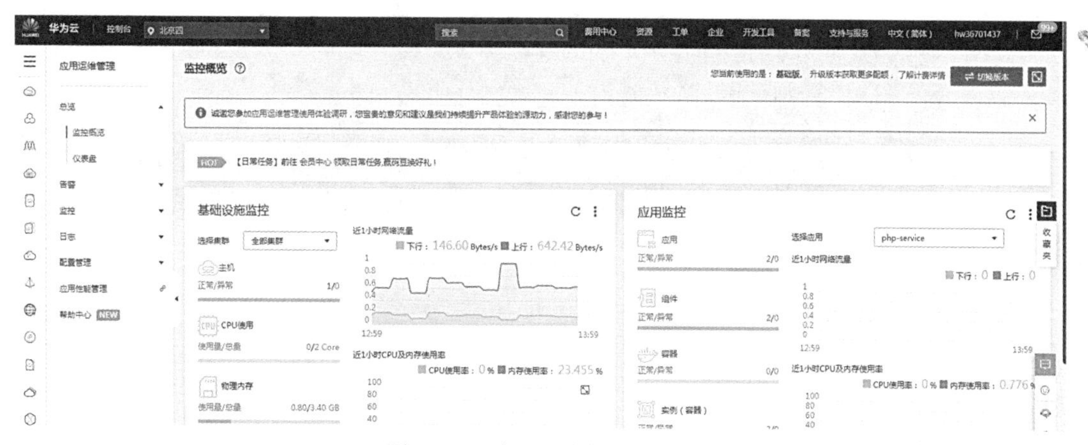

图 7.8　“应用运维管理”界面

3. 安装 ICAgent

（1）获取 AK 和 SK（详见任务 3）。

（2）在“应用运维管理”页面中，执行“配置管理→Agent 管理→安装 ICAgent”命令，如图 7.9 所示。

图 7.9　“Agent 管理”页面

（3）在右侧弹出的“ICAgent 安装”对话框中，输入 AK 和 SK 后，系统自动生成 ICAgent 安装命令，然后单击“复制命令”按钮进行复制，如图 7.10 所示。

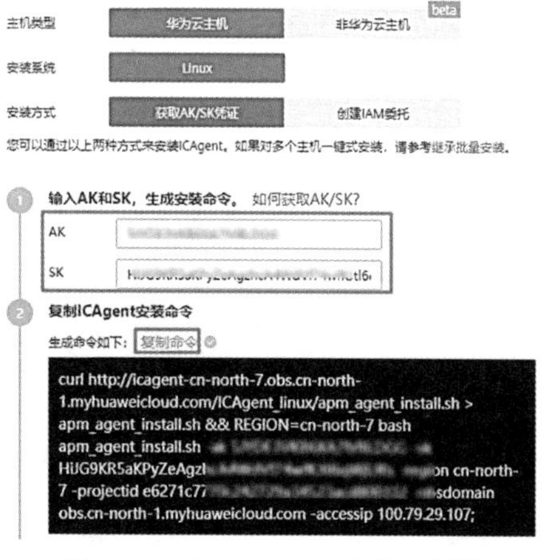

图 7.10　“ICAgent 安装”对话框

（4）使用 root 账号远程登录 ECS（详见任务 2 或任务 4），粘贴执行刚才复制的命令。当显示 ICAgent install success 时，表示安装成功，如图 7.11 所示。安装成功后，在左侧导航栏中选择“Agent 管理”选项，查看 ICAgent 状态，如图 7.12 所示。

```
[root@ecs-myserver ~]# set +o history;
[root@ecs-myserver ~]# curl http://icagent-cn-north-4.obs.cn-north-4.myhuaweiclo
ud.com/ICAgent_linux/apm_agent_install.sh > apm_agent_install.sh && REGION=cn-no
rth-4 bash apm_agent_install.sh -ak 5MHEGCSIPQ7PKRURGKJH -sk qNPw9Yx6Bh2x4MJQPP1
bEtWqfmzJUkFG7fTUVygt -region cn-north-4 -projectid 40801b19c84f4efba86f2aea0440
dc74 -obsdomain obs.cn-north-4.myhuaweicloud.com -accessip 100.125.12.110;
no crontab for root
starting ICAgent...
ICAgent install success.
[root@ecs-myserver ~]#
```

图 7.11　ICAgent 安装成功界面

主机名称	主机IP	ICAgent状态	ICAgent版本	版本号	java探针版本	更新时间
ecs-myserver-0001	192.168.0.103	运行	5.12.122	AOM1.0	1.0.47	2022/09/13 10:16:01 ...

图 7.12　ICAgent 状态

4. 在 AOM 界面监控 ECS

ICAgent 安装成功后等待 1～2 分钟，执行“总览→监控概览”命令，即可在“监控概览”界面对 ECS 进行监控，如图 7.13 所示。

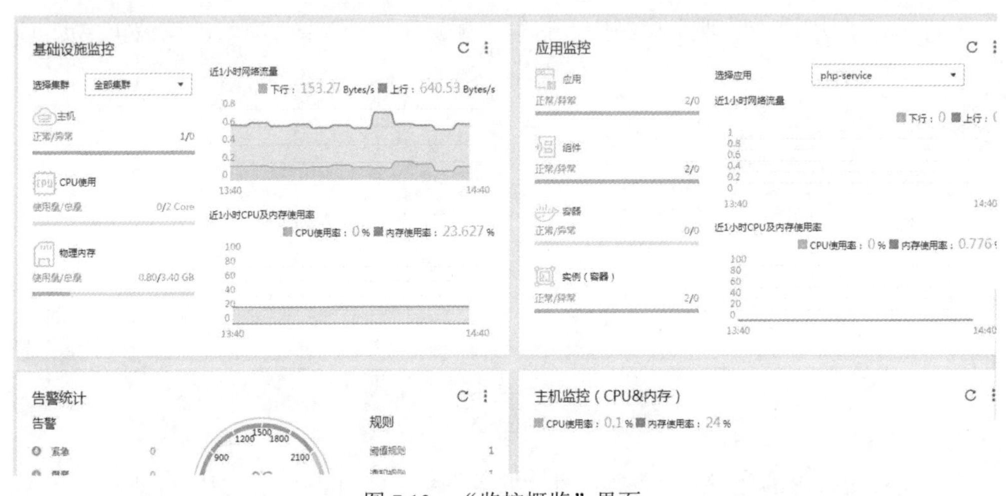

图 7.13　“监控概览”界面

子任务 2　部署应用编排服务

1. 预备环境

（1）配置 VPC、设置安全组、购买 ECS（详见任务 2）。

（2）登录华为云，打开服务列表，选择“弹性云服务器 ECS”选项，在打开的“弹性云服务器”页面中，选择左侧导航栏中的“密钥对”选项，如图 7.14 所示。

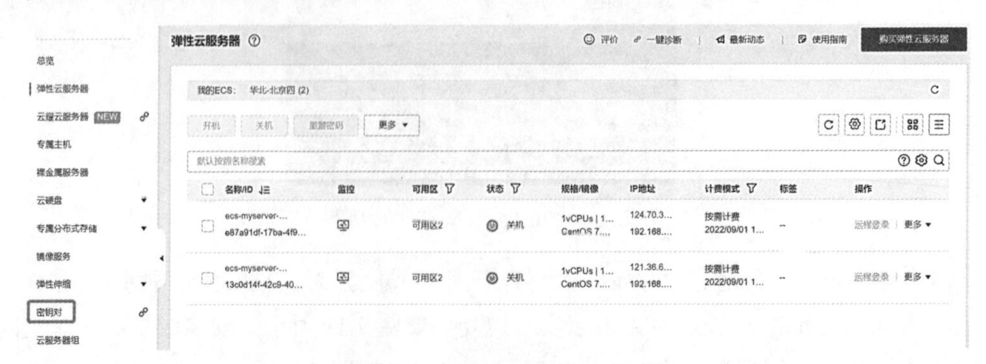

图 7.14　“弹性云服务器”页面

（3）在打开的“密钥对管理”页面中，单击“创建密钥对”按钮，如图 7.15 所示。

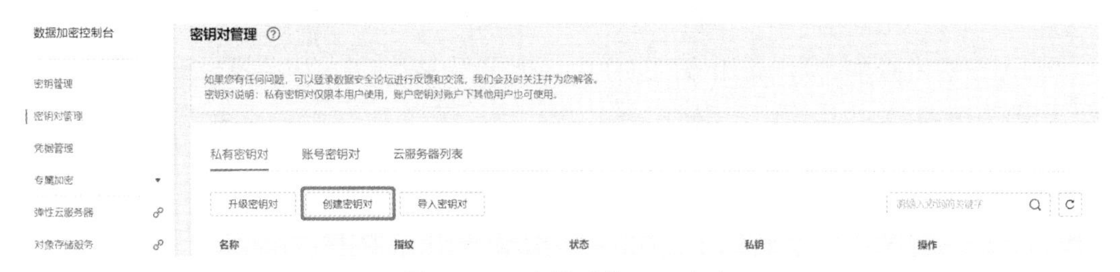

图 7.15　“密钥对管理”页面

（4）在弹出的“创建密钥对”对话框中，填写图 7.16 所示的配置信息，单击“确定”按钮。

图 7.16　“创建密钥对”对话框

2. 选择模板

（1）登录华为云，打开服务列表，选择“应用编排服务 AOS”选项，如图 7.17 所示。

图 7.17　“应用编排服务 AOS”选项

（2）在打开的“服务授权”页面中，单击“同意授权”按钮，进行授权，如图 7.18 所示。

图 7.18　“服务授权”页面

说明：首次使用 AOS，系统会自动弹出“服务授权”页面，需要进行授权后才能使用此功能。

（3）在返回的“应用编排服务”页面中，执行“模板市场→公共模板→创建堆栈”命令，如图 7.19 所示。

图 7.19 “模板市场”页面

3. 创建堆栈

（1）在打开的“创建堆栈”页面中，根据实际规划设置信息，然后单击“下一步”按钮，如图 7.20 所示。

图 7.20 “创建堆栈”页面

（2）在弹出的“购买信息确认”页面中，确认信息无误后，单击“创建堆栈”按钮，如图 7.21 所示。

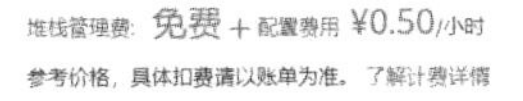

上一步　创建堆栈

图 7.21　“购买信息确认”页面

4. 监控堆栈创建进展

（1）单击“创建堆栈”按钮后，在堆栈详情页面的“事件”页签中查看创建的堆栈事件。当监控堆栈创建过程的待执行状态为 100%时，表示已创建成功，如图 7.22 所示。

堆栈元素　输出参数　输入参数　告警　事件

注：事件仅展示最近10条记录，且事件保存时间为48小时，48小时后自动清除数据　全部

事件名称	开始时间	结束时间	执行状态	操作
创建	2020/02/10 15:12:13 GMT+08:00	2020/02/10 15:12:14 GMT+08:00	33% 创建中	事件详情

元素ID	类型	事件	完成时间	出现次数	状态原因
myvpc	HuaweiCloud.VPC.VPC	启动	2020/02/10 15:12:14 GMT+08:00	1	元素(myvpc)开始执行(create)流程。
myvpc	HuaweiCloud.VPC.VPC	等待执行完成	2020/02/10 15:12:17 GMT+08:00	1	等待元素(myvpc)执行(create)完成。
mysubnet	HuaweiCloud.VPC.Subnet	启动	2020/02/10 15:12:20 GMT+08:00	1	元素(mysubnet)开始执行(create)流程。
myvpc	HuaweiCloud.VPC.VPC	执行成功	2020/02/10 15:12:20 GMT+08:00	1	元素(myvpc)执行create成功。
mysubnet	HuaweiCloud.VPC.Subnet	等待执行完成	2020/02/10 15:12:25 GMT+08:00	1	等待元素(mysubnet)执行(create)完成。
mycloudserver	HuaweiCloud.ECS.CloudServer	启动	2020/02/10 15:12:28 GMT+08:00	1	元素(mycloudserver)开始执行(create)流程。
mysubnet	HuaweiCloud.VPC.Subnet	执行成功	2020/02/10 15:12:28 GMT+08:00	1	元素(mysubnet)执行create成功。

图 7.22　堆栈创建进展

（2）待堆栈的执行状态为“创建成功”时，在“堆栈元素”页签的“云服务”选项中查看已创建的服务，如图 7.23 所示。说明：创建堆栈大约需要 5～10 分钟，请耐心等待。

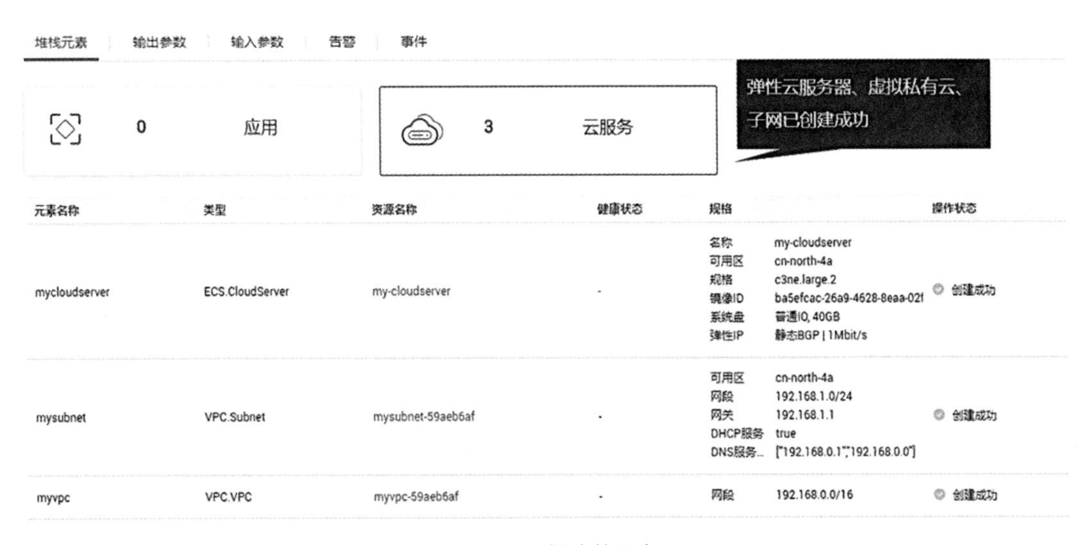

图 7.23　已创建的服务

5. 查看云服务

（1）登录华为云，打开服务列表，选择“弹性云服务器 ECS”选项，可查看到已创建成功的弹性云服务器，如图 7.24 所示。

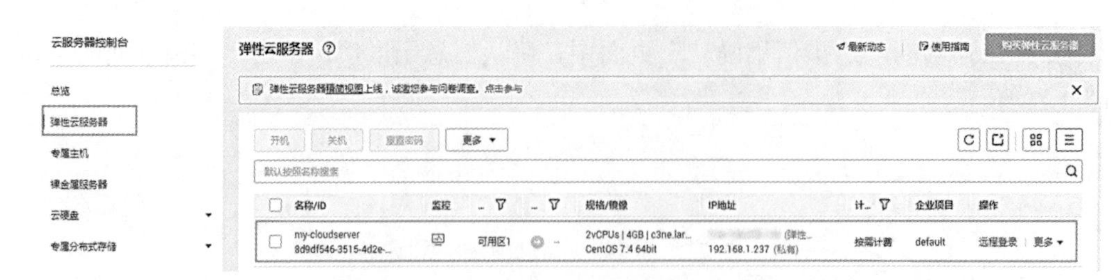

图 7.24　已创建成功的“弹性云服务器”

（2）打开服务列表，执行“网络→虚拟私有云 VPC→虚拟私有云”命令，可查看到已创建成功的“虚拟私有云”，如图 7.25 所示。

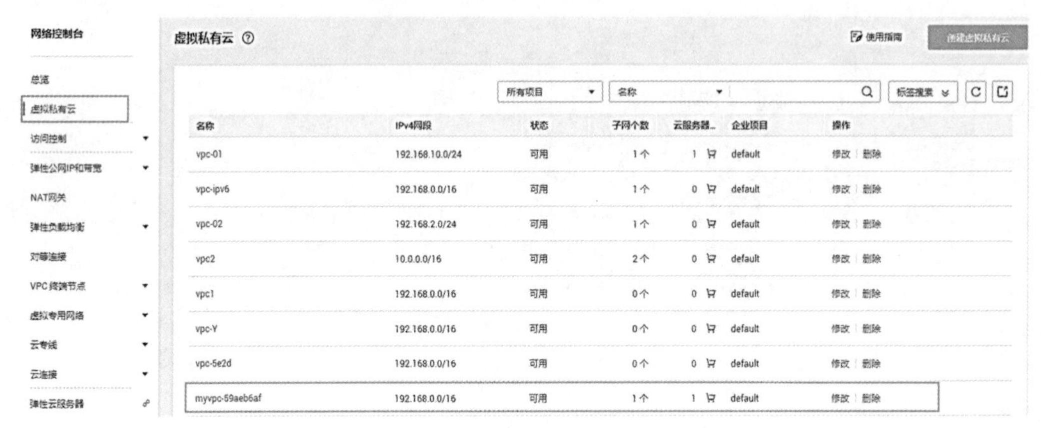

图 7.25　已创建成功的“虚拟私有云”

（3）单击已创建成功的“虚拟私有云”名称，进入详情页面，可查看到对应已创建成功的“子网”，如图 7.26 所示。

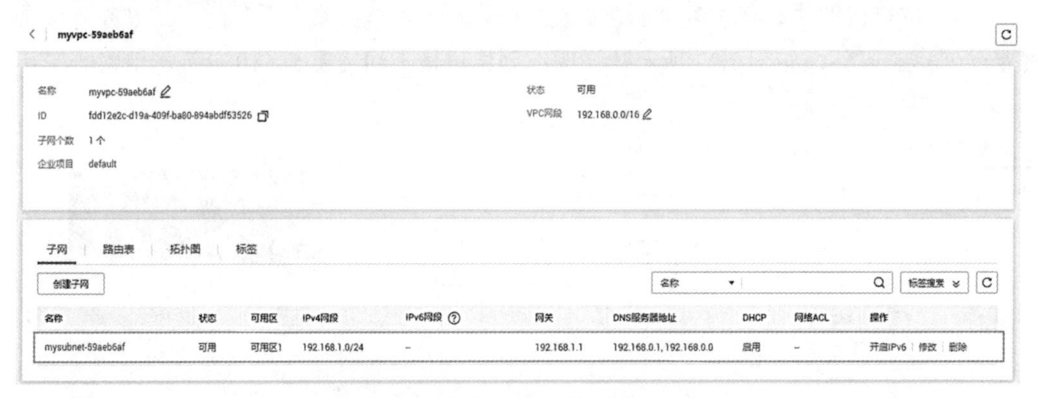

图 7.26　已创建成功的“子网”

【任务小结】

本任务主要介绍了华为云应用运维管理、应用性能管理、应用编排服务的概念、特点和使用场景，以及应用管理与运维平台的概念、应用开发和微服务应用解决方案。通过对已经部署在华为云上的项目进行应用运维管理，实时监控应用及云资源，采集各项指标、日志及事件等数据分析应用健康状态，查看告警及数据可视化功能。通过 AOS 内置的公共模板创建一个基础的资源堆栈，该资源堆栈包括一台弹性云服务器、一个虚拟私有云和一个子网，通过编写模板创建弹性云服务器（包括虚拟私有云和子网）。

【考核评价】

评价内容	评分项	自评得分	教师考评得分	备注
学习态度	课堂表现、学习活动态度（40分）			
知识技能目标	应用运维管理（10分）			
	应用性能管理（10分）			
	应用编排服务（10分）			
	应用管理与运维平台（10分）			
	部署应用运维管理（10分）			
	部署应用编排服务（10分）			
总得分				

【任务拓展】

通过对已经部署在华为云上的项目进行应用性能管理实时监控并管理企业应用性能和故障的云服务，快速解决分布式架构下问题定位和性能瓶颈分析难题，改善用户体验，要求如下：

（1）监控 php-fpm 和 httpd 服务。

（2）添加自定义发现规则。

（3）查看应用监控。

思考与练习

一、单选题

1. 华为云 APM 应用性能监控使用 Apdex 值来衡量应用的性能，当 Apdex 值在（　　）范围时，表示用户体验较差。

A. 0≤Apdex<0.3　　B. 0.3≤Apdex<0.75

C. 0.75≤Apdex≤1　　D. 1<Apdex≤2

2. 以下体现了轻量级通信的微服务设计原则的场景是（　　）。

A. 独立开发和部署电商平台中订单的功能模块

B. 提供者和消费者之间使用 RESTful 协议进行通信

C. 以微服务为模块划分组织，每个模块有对应的开发、设计、测试、运维人员

D. 使用 Nodes 开发电商网站服务的用户界面，使用 AVA 或 Go 语言实现业务通信

二、多选题

1. 在华为云应用运维管理的产品架构中，存储传输层可以支持（　　）数据存储。

A. MySQL　　B. Redis　　C. ETCD　　D. ElasticSeach

2．关于微服务的特征，以下描述正确的是（　　）。

A．服务之间通过接口进行调用

B．服务之间通过统一的企业服务总线进行交互

C．每个微服务相互独立、解耦

D．用统一的技术和语言去建构微服务

3．华为云应用运维管理可以对应用的关键指标进行监控，以反映应用的状态。以下关于应用监控指标的描述，正确的是（　　）。

A．应用的流量用来衡量组件和系统的繁忙程度

B．应用的时延是指接收响应所需的总时间

C．应用的错误率可以体现基础结构中的错误配置

D．应用的饱和度可以体现服务器资源的负载

三、判断题

华为云应用运维管理在管理日志时，可以在开启实时查看后进行关键词过滤。（　　）

四、简答题

1．简述华为云应用性能管理。

2．华为云应用运维管理可以提供的监控有哪些？

3．华为云应用运维管理的定义是什么？

任务 8　部署云监控服务

【任务描述】

随着网站、软件系统应用的不断深入，业务开展对网站、软件系统的依赖和要求越来越高，特别是在基于系统监控的系统优化及安全控制方面，为此用户建设了监控系统。可是，传统的监控系统只能实现对网络、服务器、存储操作系统、数据库、中间件等基础软硬件的监控，不能在系统、功能、数据层面为系统优化和安全控制提供依据。于是，“云”监控的概念以及应用开始普及。

本任务主要介绍了云监控服务（Cloud Eye Service，CES）、消息通知服务（Simple Message Notification，SMN）、云审计服务（Cloud Trace Service，CTS）和统一身份认证（Identity and Access Management，IAM）的概念、架构图、应用场景、产品优势以及功能。通过安装 Agent 监控插件，创建告警规则，创建主题并添加消息通知，以及用华为云云审计服务创建追踪器，来实现对弹性云服务器运行状态的监控。

【任务目标】

- 了解 CES、SMN、CTS 和 IAM 的概念、架构图、应用场景、产品优势以及功能。
- 掌握 Agent 监控插件的安装和告警规则的创建方法。
- 掌握主题创建和消息通知添加的方法。
- 掌握华为云 CTS 追踪器的创建和追踪事件的查看方法。
- 培养学生对各种新知识、新技能的学习能力与创新能力。

【任务分析】

任务 8-任务分析

××大学 BBS 论坛项目的主要功能部署好以后，为了方便运维人员及时掌握弹性云服务器、带宽等的运行状况，还需要部署云监控服务。云监控服务可以监控弹性云服务器中的基础指标，包括弹性伸缩、云硬盘、对象存储服务、弹性公网 IP、带宽、弹性负载均衡等 BBS 项目的云服务。为保证 BBS 论坛项目警告及时发布通知消息，还需要部署消息通知服务。消息通知服务大大简化了系统的耦合，能够根据用户的需求向订阅者主动推送消息，订阅的形式可以是电子邮件、短信、HTTP 或 HTTPS 等。同时，还需要开通云审计服务。云审计服务可以记录账户对资源的操作，实现安全分析、资源变更、合规审计和问题定位等功能。具体部署设计分析如下。

1. 总部署设计分析

本任务主要完成云监控服务和云审计服务的任务部署，总部署拓扑如图 8.1 所示。

2. 消息通知服务部署设计分析

消息通知服务是消息发布或客户端订阅通知的特定事件类型。它作为发送消息和订阅通知的信道，为发布者和订阅者提供一个可以相互交流的通道。其配置参数说明见表 8.1。

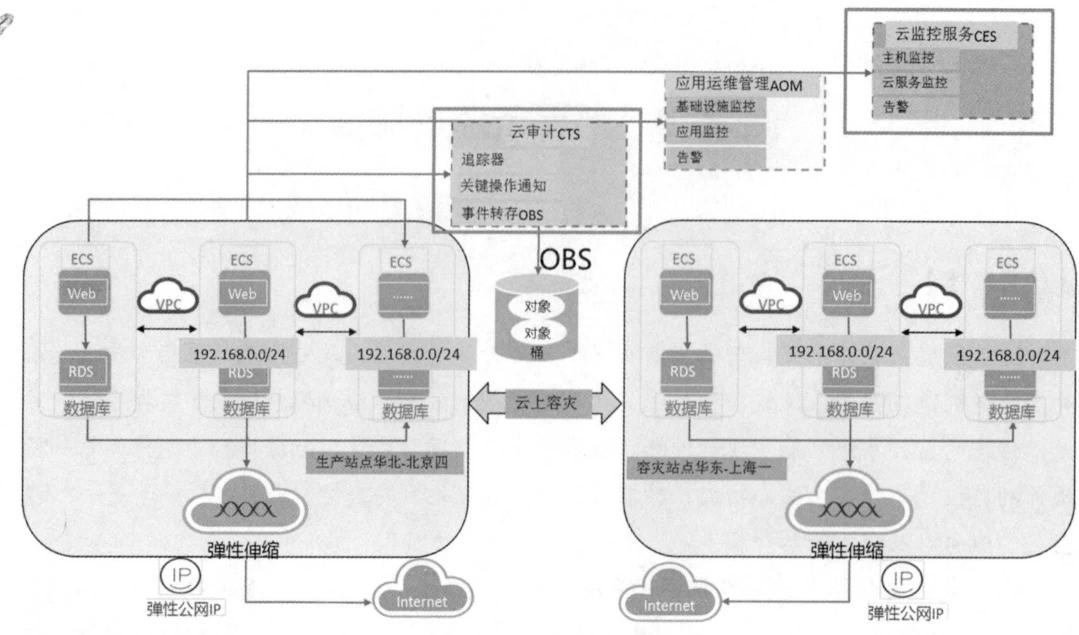

图 8.1 总部署拓扑图

表 8.1 SMN 的配置参数说明

参数	说明
主题名称	用户可自定义创建的主题名称，规范如下： （1）只能包含字母、数字、短横线（-）和下划线（_），且必须由大写字母、小写字母或数字开头； （2）名称长度限制在 1～255 字符之间； （3）主题名称为主题的唯一标识，一旦创建后不能再修改主题名称
显示名	显示名的长度限制在 192 字节或 64 个中文字
标签	标签由标签“键”和标签“值”组成，用于标识云资源，可对云资源进行分类和搜索，规范如下： （1）键的长度最大 36 字符，值的长度最大 43 字符。不能包含“=”“*”“<”“>”“\”“,”“|”“/”，且首尾字符不能为空格； （2）每个主题最多可创建 10 个标签

3. 云审计服务部署设计分析

云审计服务开通后系统会自动创建一个管理事件的追踪器，其用来关联系统记录的所有操作。目前，一个云账户在一个 Region 下仅支持创建一个追踪器。云审计服务支持在管理控制台查询近 7 天内的操作记录，如需保存更长时间的操作记录，可以在创建追踪器之后通过对象存储服务将操作记录实时保存至 OBS 桶中。

任务 8-知识链接

【知识链接】

一、云监控服务（CES）

1. 云监控服务概述

（1）云监控服务简介。云监控服务为用户提供一个针对弹性云服务器、带宽等资源的立体化监控平台。使用户全面了解华为云上的资源使用情况和业务的运行状况，并及时对收到的异常报警作出反应，保证业务顺畅运行。

目前可以监控弹性云服务器、裸金属服务器、弹性伸缩、云硬盘、虚拟私有云、关系型数据库、分布式缓存服务、分布式消息服务、弹性负载均衡、弹性伸缩服务、Web 应用防火墙、云桌面等云服务的相关指标。

（2）云监控服务架构。云监控服务接收来自不同云服务上报的所有监控指标数据，如 ECS、EVS、VPC、ELB 等。云监控服务对上报的监控指标分析汇总成监控数据，并展示在云监控控制台上。用户可以对这些监控指标创建告警规则，当监控指标触发设置的告警规则时，系统会告警并通过消息通知服务通知用户及时处理。云监控服务与 AS 配合，告警可触发弹性伸缩实例及伸缩带宽。云监控服务架构如图 8.2 所示。

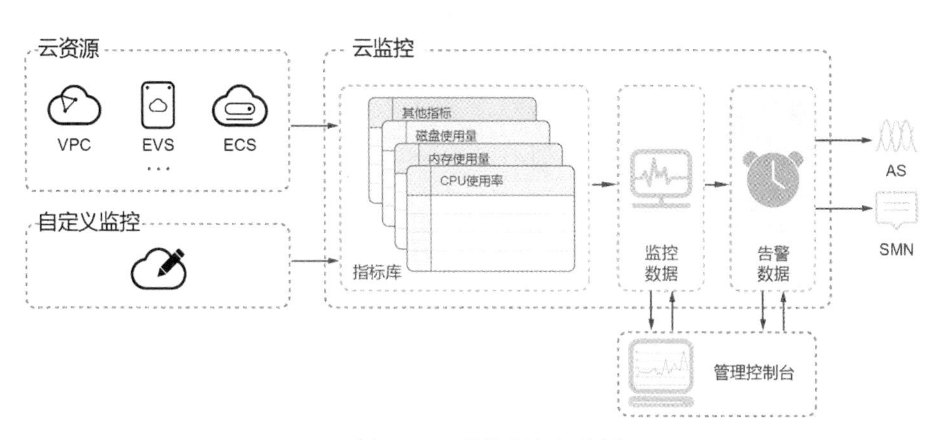

图 8.2　云监控服务架构图

（3）云监控服务应用场景。

1）日常管理。云监控服务提供了完备的监控项目，包括 CPU、磁盘 I/O、内存等，全方位为业务保驾护航。云监控服务在社交平台、视频直播平台、电商网站、服务众包平台等都有应用。

2）问题通知。当告警规则的状态（告警、恢复正常）变化时，系统会及时通过邮件或短信方式通知用户，以便用户及时查询问题，还可以通过 HTTP/HTTPS 形式发送消息至服务器地址，供用户使用。

3）容量调整。云监控与弹性伸缩结合，针对 ECS 相关监控指标（如 CPU 使用率、内存使用率等）设置告警规则，当指标达到设置的阈值时，可自动扩容，防止业务受到影响。

（4）云监控服务产品优势。

1）自动开通。用户在云平台上注册完成后，云监控会自动开通。同时方便客户在购买和使用云服务后直接到云监控控制台查看该服务运行状态并设置告警规则。

2）实时可靠。云监控实时采样监控指标，提供及时有效的资源信息监控告警，实时触发产生告警并通知用户。

3）免费。云监控免费开通，实时查看监控图表。

4）监控可视化。云监控通过监控概览与监控面板为用户提供丰富的图表展现形式，支持数据自动刷新以及指标对比查看，满足用户多场景下的监控数据可视化需求。

5）多种通知模式。云监控提供邮件和短信通知方式，用户可第一时间知悉业务运行状况，还可以通过 HTTP/HTTPS 将告警信息发送至服务器，便于用户构建智能化的程序处理告警。

2. 云监控服务功能介绍

（1）自动监控。云监控会根据用户创建的云服务器资源或者弹性伸缩服务等自动启动，用户无需手动干预，也无需安装任何插件。用户申请资源后就可以在云监控的主机监控或云服务监控中查看到具体资源的监控数据，由于监控数据的获取和聚合会花费一定的时间，用户申请资源后一般需等待 5～10 分钟后再查看监控数据。聚合指标数据是指将原始指标数据经过聚合处理后的指标数据，云监控支持的聚合方法有以下五种：

1）平均值：在聚合周期内指标数据的平均值。选择平均值作为聚合方式时，用户切换查看数据范围时，可能会出现峰值不一致的情况。

2）最大值：在聚合周期内指标数据的最大值。

3）最小值：在聚合周期内指标数据的最小值。

4）求和值：在聚合周期内指标数据的求和值。

5）方差：在聚合周期内指标数据的方差。

聚合指标数据保留时间根据聚合周期不同而不同，具体如下：

1）聚合周期为 5 分钟的指标数据，指标保留 10 天。

2）聚合周期为 20 分钟的指标数据，指标保留 20 天。

3）聚合周期为 1 小时的指标数据，指标保留 155 天。

4）聚合周期为 4 小时的指标数据，指标保留 300 天。

5）聚合周期为 1 天的指标数据，指标保留 5 年。

（2）灵活告警。通过对监控指标设置告警策略，云监控服务实现告警的灵活配置，具体如下：

1）创建告警规则有通过告警模板与自定义创建两种方式。通过告警模板可批量创建告警规则；通过自定义创建可独立设置连续周期、统计周期、阈值条件等告警条件参数。

2）告警规则的告警策略等参数可随时修改，修改后的告警规则会在下一个监控周期内生效。

3）当暂不使用告警规则对应的云服务资源时，可停止该告警规则；当云服务资源恢复后，可再启动该告警规则。用户最多可以创建 1000 条告警规则。

4）当告警规则对应的云服务资源不再使用或已被删除时，可手动删除告警规则。

（3）监控面板。

1）监控面板提供了自定义查看监控数据的功能，将核心服务监控指标集中呈现在一张监控面板里，为客户定制一个立体化的监控平台。

2）监控面板还支持在一个监控项内对不同服务、不同维度的数据进行对比查看，实现对比查看不同云服务间的性能数据。

3）当前云监控支持每个用户最多创建 20 个监控面板，每个监控面板支持创建 24 个监控视图，单个视图最多添加 20 个监控项。

（4）主机监控。

1）主机监控分为基础监控和操作系统监控，基础监控为 ECS 自动上报的监控指标；操作系统监控通过在弹性云服务器或裸金属服务器中安装 Agent 插件，为用户提供服务器的系统级、主动式、细颗粒度（间隔 10 秒）监控服务。

2）云监控会提供 CPU、内存、磁盘、网络等 40 余种监控指标，满足服务器的基本监控运维需求。

3）Agent 占用的系统资源很小，ECS 中 CPU 使用率<0.5%、内存<50MB；BMS 中 CPU 使用率<1.5%、内存<50MB。

（5）资源分组。资源分组支持用户从业务角度集中管理其业务涉及的弹性云服务器、云硬盘、弹性 IP、带宽、数据库等资源，从而按业务来管理不同类型的资源、告警规则、告警历史，可以迅速提升运维效率。一个用户最多可创建 10 个资源分组，一个资源分组最多可添加 200 个云服务资源，一个资源分组对不同类型资源有如下限制：

1）弹性云服务器：200 台。

2）裸金属服务器：100 台。

3）云硬盘：200 块。

4）虚拟私有云：弹性 IP 和带宽各 50 个。

5）关系型数据库：不同类型数据库各 50 个。

二、消息通知服务（SMN）

1. 消息通知服务概述

（1）消息通知服务简介。消息通知服务是可靠的、可扩展的、海量的消息处理服务。它可以依据用户的需求主动推送通知消息，最终用户可以通过短信、电子邮件、应用等方式接收。用户也可以在应用之间通过 SMN 实现应用的功能集成，降低系统的复杂性。

（2）消息通知服务架构。SMN 采用主题订阅模型，旨在提供一对多的消息订阅以及通知功能，能够实现一站式集成多种推送通知方式。在 SMN 中有两种类型的客户端，即发布者和订阅者。发布者通过主题发布消息，由 SMN 将消息推送给主题订阅者；订阅者可以为邮箱地址、手机号码、消息队列、函数、函数工作流及 URL 地址。消息通知服务架构如图 8.3 所示。

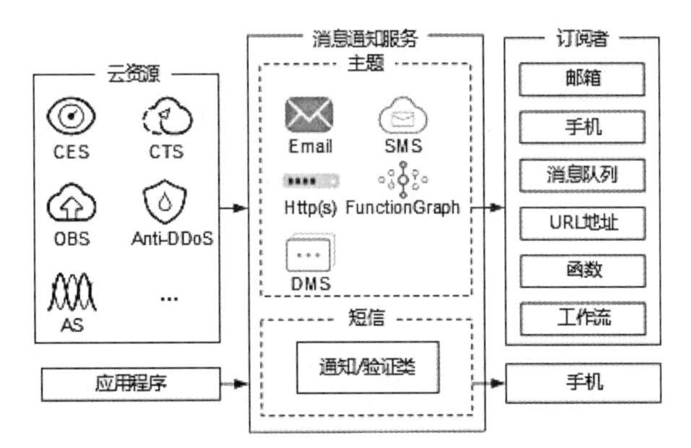

图 8.3 消息通知服务架构图

主题作为消息的集合是一个逻辑访问点和通信渠道，其拥有唯一的主题名称。主题创建者可以设置主题策略，授权其他云服务或者用户操作该主题，例如查询主题订阅者列表、发布消息等。

（3）消息通知服务应用场景。

1）系统告警。系统告警是由预定义阈值触发的通知，通过邮件、短信、HTTP 和 HTTPS 等多种通知方式发送给特定用户。举例来说，很多云服务都使用 SMN，从而可使用户在事件发生（如云审计服务检测到云服务资源发生关键操作）时能立即接收到通知。

2）与云服务的集成。将 SMN 作为消息连接不同的云服务，可降低系统复杂度，提升服务使用效率。例如将消息从云服务（如 CES）通知到其他服务（如 OBS），实现服务解耦。即便一个服务出现故障，也不会影响到其他服务。

3）错峰流控。上下游系统处理能力有差异时，可以使用 SMN 转储系统间的通信数据，提供消息堆积缓冲功能，减少下游系统的压力，可减少系统崩溃等问题，提高系统可用性，降低系统实现的复杂性。

（4）消息通知服务产品优势。消息通知服务与传统消息中间件的对比情况见表 8.2。

表 8.2 消息通知服务与传统消息中间件的对比情况

核心优势	消息通知服务	传统消息中间件
服务便捷	直接使用消息通知服务，只需要使用三个简单的 API（创建 Topic、订阅 Topic、发送消息），就能够快速高效地发送消息，使用门槛极低，能快速融入业务使用	自建消息通知服务成本高，接口使用复杂，学习曲线高，融入业务时间周期长
稳定可靠	消息在多数据中心冗余，Topic 支持透明迁移。消息推送失败时，可以设置消息推送到 SMN 进行持久化。服务单节点故障时，请求会自动迁移到可用节点 注：持久化（Persistence），即把数据（如内存中的对象）保存到可永久保存的存储设备中（如磁盘）。	关键业务使用对消息通知服务的稳定性和可靠性要求很高，需要解决消息不丢问题，并能提供多种措施保障业务的连续性
多协议通知	使用消息通知服务，只需要通过一次发布请求，就能向各种协议的订阅者推送消息	业务需要发送电子邮件，或者发送短信，或者进行 HTTP 推送，需要开发多种协议的消息收发系统，周期长
安全	消息通知服务数据安全是基于 Topic 进行安全隔离，用户未经授权不能访问队列消息，有效保护用户业务安全	业务数据访问需要有安全保护措施，没有认证授权的系统随意获取消息会导致严重的数据安全和隐私风险

2. 消息通知服务功能介绍

消息通知服务提供的主要功能包括计费说明、主题管理、订阅管理、消息模板管理、发布主题消息、接收消息。

（1）计费说明。华为云消息通知服务对消息通知和外网下行流量计费。

（2）主题管理。主题创建成功后，系统会自动生成主题 URN（Uniform Resource Name，统一资源名称），主题 URN 是主题的唯一资源标识，不可修改。新创建的主题将显示在主题列表中。

（3）订阅管理。订阅是将订阅者注册到主题的操作。用户要接收发布至主题的消息，必须订阅一个订阅终端到该主题。终端节点可以是手机号码、邮箱地址、函数或 HTTP(S) 终端。为终端节点订阅主题且确认订阅后，终端节点能够接收到向该主题发布的所有消息。管理者可以拥有多个主题，每个主题有多个订阅者。添加订阅后，消息通知服务会向订阅终端发送订阅确认信息，其中包含订阅确认的链接。订阅确认的链接在 48 小时内有效，用户需要及时在手机端、邮箱或其他协议终端确认订阅。

（4）消息模板管理。消息模板指消息的固定格式，发布消息时可以使用已创建的消息模板向订阅者发送消息。若使用模板发送消息，发送时会自动替换模板变量为对应的参数值。消息模板通过消息名称进行分组，消息名称下面可以根据不同的协议创建不同的模板。每个模板名称下面都必须要创建一个 Default 模板。当按照模板格式推送消息时，不同协议订阅者优先会选择模板名称下面对应的协议模板，如果对应的协议模板不存在，则采用默认 Default 的模板。如果没有预置的 Default 协议的模板，将不允许发送该模板。

（5）发布主题消息。一旦发布一条新的消息，消息通知服务会试图将消息发布至每个已经向主题确认订阅的终端节点。如果使用短信协议接收消息，则短信长度限制为 490 字，超出部分将被系统自动截断。向短信终端发送消息时消息内容不能包含“[]”或者“【】”符号。如果使用 HTTP 或 HTTPS 协议接收消息，则终端节点的 HTTP(S)要开通防火墙策略，允许 SMN 访问，SMN 通过公网发送消息到 HTTP(S)终端节点。消息通知服务会自动组装消息，用户接收到的整条消息由消息头和消息体组成。

（6）接收消息。在订阅主题时，选择不同的订阅协议，订阅终端接收到的信息是不一样的。邮件协议：订阅终端为邮箱，接收到的消息包含消息内容和取消订阅的链接。短信协议：订阅终端为手机，接收到的消息只包含消息内容。

三、云审计服务（CTS）

1. 云审计服务概述

（1）云审计服务简介。云审计服务帮助客户监控并记录华为云账号的活动，包括通过控制台、API、开发者工具对云上产品和服务的访问和使用行为，提供对各种云资源操作记录的收集、存储和查询功能，可用于支撑安全分析、合规审计、资源跟踪和问题定位等常见应用场景。

（2）云审计服务架构。云审计服务直接对接华为云上的其他服务，记录用户的云服务资源的操作信息，实现用户操作云服务资源动作和结果的实时记录功能，并将记录内容以事件文件形式实时保存至 OBS 桶中。开通云审计服务时关联的追踪器可以跟踪记录事件文件。如已配置 OBS 服务，事件文件将保存在对象存储服务中创建的 OBS 桶中。云审计服务架构如图 8.4 所示。

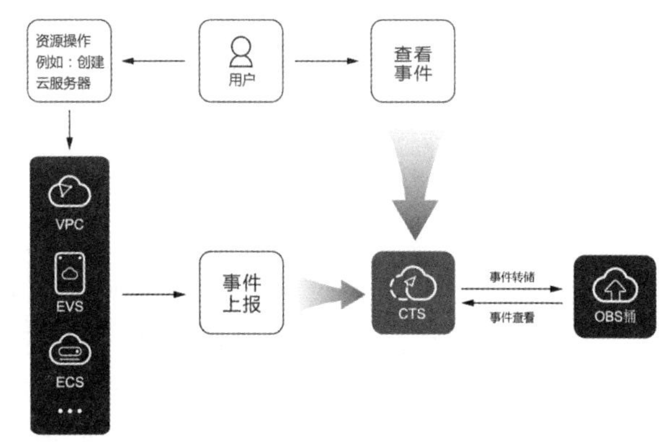

图 8.4　云审计服务架构图

（3）云审计服务应用场景。

1）合规审计。云审计服务提供的日志审计功能以及与之配套的安全功能可助力客户轻松通过常见信息系统安全设计、标准体系建设等合规性审核（如金融云、可信云等）。

2）资源变更。资源维度检索功能可跟踪任意云资源从产生到注销过程中的所有操作、变更及其详情，是资源生命周期管理的重要组成部分。

3）故障定位。云资源故障时可指定时间、用户等条件快速检索事发时的可疑操作，极大程度地降低问题发现、定位和解决的时间、人力成本。

4）安全分析。云资源生成的每条审计日志均会记录哪个用户在什么时间从哪个 IP 发起了操作请求，用于越权分析、关键资源变更分析等，并支持实时短信、邮件通知。

（4）云审计服务产品优势。

1）实时记录。CTS 可迅速收集操作事件，资源变更完成后在管理控制台查阅。

2）完整记录。CTS 可记录管理控制台、开放 API 执行的操作以及系统内部触发的操作。

3）低成本。CTS 支持将操作记录合并，周期性地生成事件文件，实时同步转存至 OBS 存储桶，帮助用户实现操作记录高可用、低成本的长久保存。

2. 云审计服务功能介绍

（1）审计日志管理。CTS 实时跟踪并记录当前租户下所有云资源的操作、变更详情，跟踪范围覆盖控制台、API 及系统内调用三个维度。

（2）追踪器管理。CTS 通过创建追踪器来开通服务，并可通过配置追踪器，实现转储保存、加密存储和关键操作通知等功能。

（3）审计日志检索。CTS 支持日志来源、操作类型、资源信息及时间等多个维度的组合检索，并支持调用云日志服务自由检索。

（4）关键操作通知。CTS 支持对接消息通知服务，对创建、删除弹性云服务器等关键操作进行邮件、短信通知。

（5）审计日志加密存储。CTS 支持通过数据加密服务中所创建的密钥，加密被转储到 OBS 桶的事件文件，以降低越权访问风险。

（6）审计日志校验。CTS 支持一键校验已转储事件文件的完整性，核查审计日志是否被删除或篡改，确保审计日志准确、可靠。

四、统一身份认证（IAM）

1. 统一身份认证概述

（1）统一身份认证简介。统一身份认证是华为云提供权限管理、访问控制和身份认证的基础服务。用户可以使用 IAM 创建和管理用户、用户组，通过授权来允许或拒绝用户对云服务和资源的访问，通过设置安全策略提高账号和资源的安全性，同时 IAM 提供多种安全的访问凭证。

（2）统一身份认证应用场景。

1）用户访问权限管理。企业业务量大、员工需要各司其职，企业管理员可以按照职责将华为云服务资源使用权限分配给各个员工。企业管理员为不同部门创建用户组，将员工对应的 IAM 用户加入用户组，按照部门职能为用户组分配所需权限。员工可以通过 IAM 用户账号登录华为云，按照权限使用资源。

2）合作伙伴授权管理。企业可以使用 IAM 的委托功能，将部分业务委托其他更专业的企业来完成，从而高效、高质量地完成业务。例如，账号 A 创建委托并授权，被委托账号 B 可以登录华为云后切换角色，按照权限以委托账号 A 的角色使用资源、完成业务。

3）身份管理系统集成。企业已有身份管理系统时，企业管理员通过 IAM 可以实现使用企业管理系统登录华为云，无需为用户重新创建账号，无需管理多个身份系统。企业管理员配置身份提供商，企业员工即可使用企业管理系统账号登录华为云，根据权限使用云服务资源。

（3）统一身份认证产品优势。

1）IAM 可实现对华为云资源进行精细访问控制。

2）IAM 可实现跨账号的资源操作与授权，例如在华为云购买了多种资源，其中一种资源希望由其他账号管理，可以使用 IAM 提供的委托功能。

3）使用企业已有账号登录华为云，员工可以使用企业内部的认证系统登录华为云，而不需要在华为云中重新创建对应的 IAM 用户。员工可以使用 IAM 的身份提供商功能建立所在企业与华为云的信任关系，通过联合认证使员工使用企业已有账号直接登录华为云，实现单点登录。

2. 统一身份认证功能介绍

IAM 提供的主要功能包括精细的权限管理、安全访问、敏感操作、通过用户组批量管理用户权限、区域内资源隔离、联合身份认证。

（1）精细的权限管理。使用 IAM 可以将账号内不同的资源按需分配给创建的 IAM 用户，实现精细的权限管理。例如：控制用户 A 能管理项目 B 的 VPC，而让用户 B 只能查看项目 B 中 VPC 的数据。

（2）安全访问。系统可以使用 IAM 为用户或者应用程序生成身份凭证，不必与其他人员共享账号密码。系统会通过身份凭证中携带的权限信息允许用户安全地访问账号中的资源。

（3）敏感操作。IAM 提供敏感操作保护功能，包括登录保护和操作保护，在登录控制台或者进行敏感操作时，系统将要求进行邮箱、手机、虚拟 MFA（Multi-Factor Authentication，多因素认证）验证码的第二次认证，为账号和资源提供更高的安全保护。

（4）通过用户组批量管理用户权限。管理员不需要为每个用户进行单独的授权，只需规划用户组，并将对应权限授予用户组，然后将用户添加至用户组中，用户就继承了用户组的权限。如果用户权限变更，只需在用户组中删除用户或将用户添加进其他用户组，实现快捷的用户授权。

（5）区域内资源隔离。用户可以通过在区域中创建子项目的功能，使得同区域下的各项目之间的资源相互隔离。

（6）联合身份认证。如果已经有自己的身份认证系统，不需要在华为云中重新创建用户，可以通过身份提供商功能直接访问华为云，实现单点登录。

【任务实施】

子任务 1　部署云监控服务与消息通知服务

子任务 1　部署云监控服务与消息通知服务

1. 安装 Agent 监控插件

（1）登录华为云，打开服务列表，选择“云监控服务 CES”选项，如图 8.5 所示。

	容器	管理与监管	
应用信任中心 ATC	云容器引擎 CCE	应用身份管理服务 OneAccess	多云高可用服务 MAS
漏洞扫描服务 VSS	云容器实例 CCI	云审计服务 CTS	微服务引擎 CSE
企业主机安全 HSS	容器镜像服务 SWR	云监控服务 CES	分布式缓存服务 Redis版
容器安全服务 CGS	多云容器平台 MCP	应用运维管理 AOM	分布式缓存服务 Memcached版
数据安全中心 DSC	CCE敏捷版	应用性能管理 APM	分布式消息服务 DMS

图 8.5　“云监控服务 CES”选项

（2）在打开的“云监控服务”页面中，选择左侧导航栏中的“主机监控”选项，进入“主机监控”页面。

（3）在打开的“主机监控”页面中，单击下方的“学习安装插件”按钮，页面右侧会自动弹出一个“使用指南”对话框，然后根据其中的内容提示，单击 图标复制安装命令，如图 8.6 所示。

图 8.6 “主机监控”页面

（4）使用 root 账号远程登录 ECS（详见任务 2 或任务 4），粘贴执行刚才复制的命令。当显示 Telescope process starts successfully 时，表示安装成功，如图 8.7 所示。等待 3～5 分钟后，刷新“主机监控”页面，即可查看监控中的主机，如图 8.8 所示。

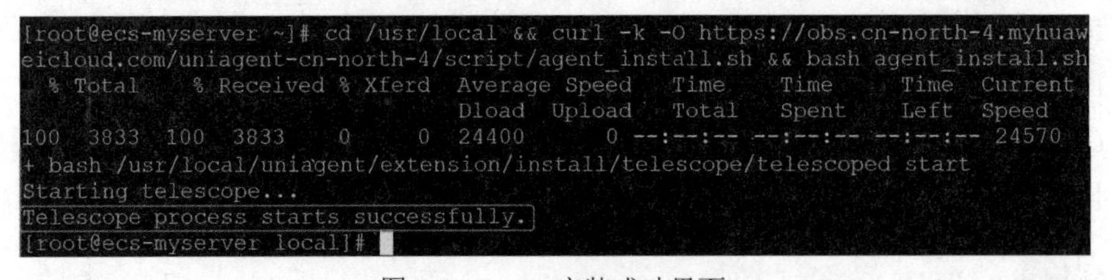

图 8.7 Agent 安装成功界面

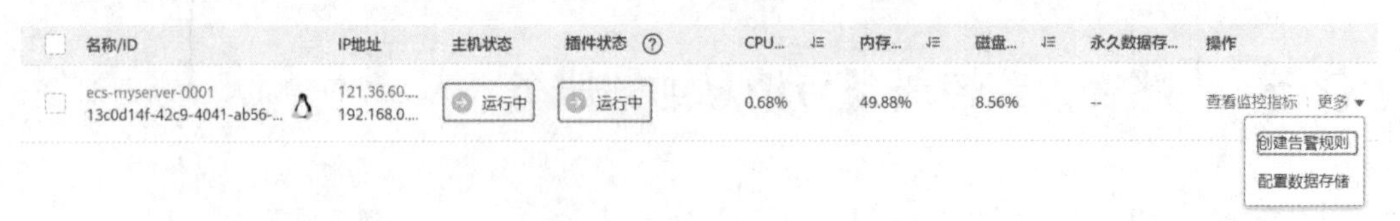

图 8.8 监控中的主机

说明：安装 Agent 前请确保 DNS 与安全组配置正确。

2. 创建告警规则

（1）在“主机监控”页面中，在 ECS 主机所在栏右侧执行“更多→创建告警规则”命令，如图 8.8 所示。

（2）在打开的“创建告警规则”页面（图 8.8）中，根据提示设置图 8.9 所示的配置信息，然后单击“立即创建”按钮。告警规则创建成功后的页面如图 8.10 所示。

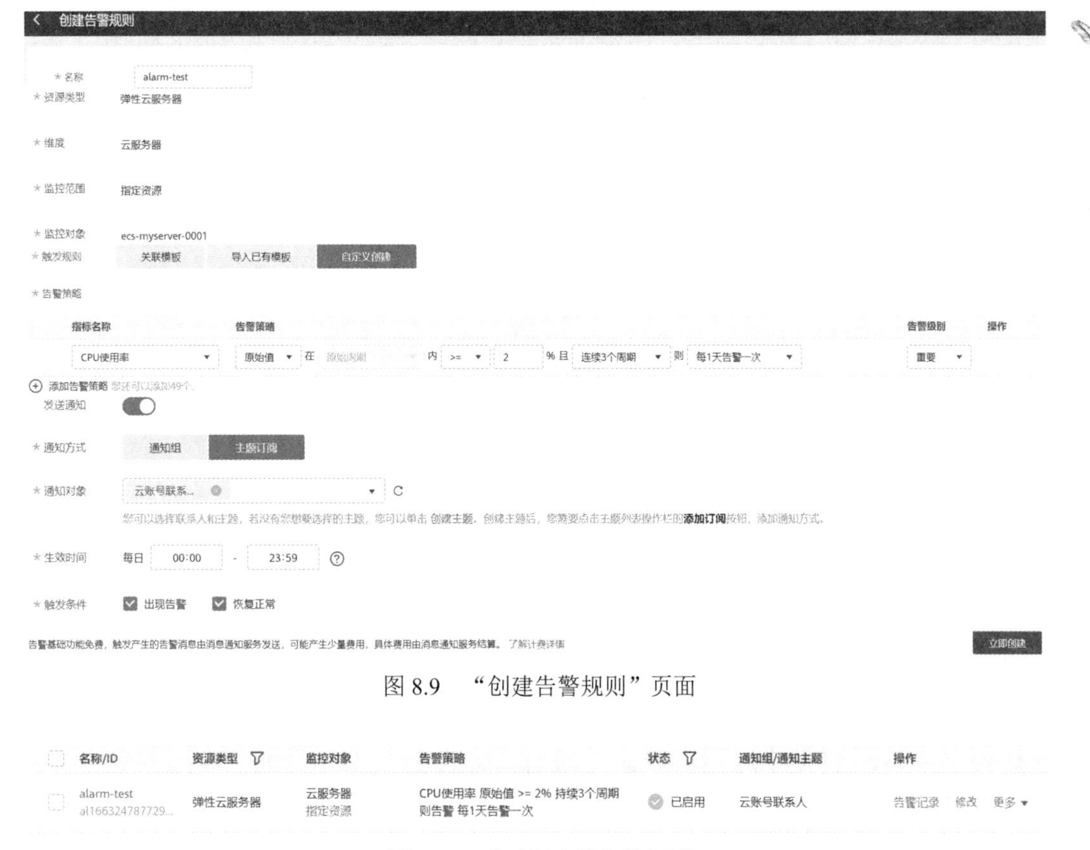

图 8.9　“创建告警规则”页面

名称/ID	资源类型	监控对象	告警策略	状态	通知组/通知主题	操作
alarm-test al166324787729...	弹性云服务器	云服务器 指定资源	CPU使用率 原始值 >= 2% 持续3个周期 则告警 每1天告警一次	已启用	云账号联系人	告警记录　修改　更多

图 8.10　成功创建的告警规则

说明：告警规则添加完成后，当监控指标触发设定的阈值时，云监控会在第一时间通过消息通知服务实时告知客户云上资源异常，以免因此造成业务损失。

3. 创建主题并添加消息通知

（1）登录华为云，打开服务列表，选择“消息通知服务 SMN”选项，如图 8.11 所示。

图 8.11　“消息通知服务 SMN”选项

（2）在打开的“消息通知服务”页面中，在左侧导航栏中执行“主题管理→主题”命令，然后单击“创建主题”按钮，如图 8.12 所示。

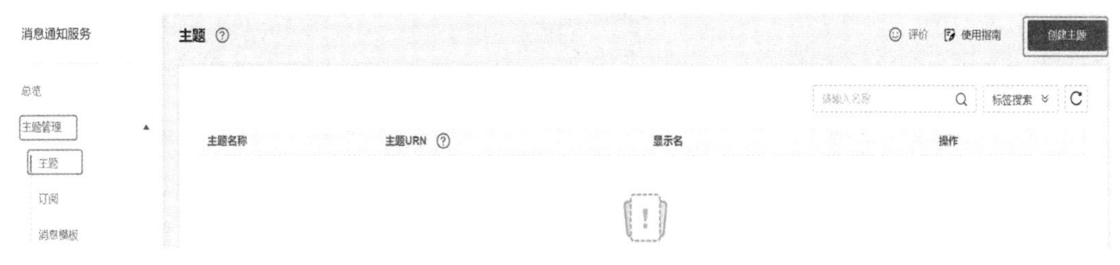

图 8.12　“消息通知服务”页面

（3）在弹出的“创建主题”对话框中，根据提示设置图 8.13 所示的配置信息，然后单击“确定”按钮，主题创建成功，如图 8.14 所示。

创建主题

* 主题名称　notification

主题创建后，不允许修改主题名称。

显示名　notification

标签　如果您需要使用同一标签标识多种云资源，即所有服务均可在标签输入框下拉选择同一标签，建议在TMS中创建预定义标签。查看预定义标签

在下方键/值输入框输入内容后单击'添加'，即可将标签加入此处

请输入标签键　请输入标签值　添加

您还可以添加10个标签。

确定　取消

图 8.13　“创建主题”对话框

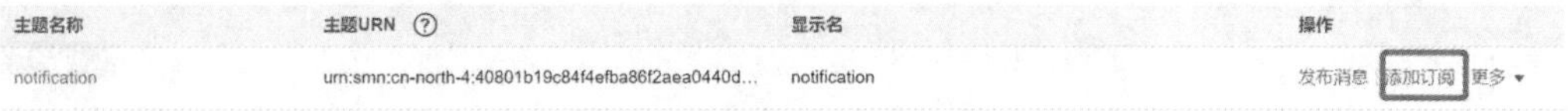

主题名称	主题URN	显示名	操作
notification	urn:smn:cn-north-4:40801b19c84f4efba86f2aea0440d…	notification	发布消息 添加订阅 更多

图 8.14　主题创建成功页面

（4）在主题列表中，选择要向其添加订阅者的主题右侧“操作”栏中的“添加订阅”选项，如图 8.14 所示。

（5）在弹出的“添加订阅”对话框“协议”下拉框中选择需要的协议，在“订阅终端”输入框中输入对应的订阅终端，如图 8.15 所示。批量添加终端时，每个终端地址占一行，最多可输入 10 个终端。

添加订阅

主题名称　notification

* 协议　邮件

* 订阅终端　终端　备注

sha@163.com

添加订阅终端

批量添加订阅终端

确定　取消

图 8.15　“添加订阅”对话框

（6）被添加的邮箱地址会收到由系统发送的“订阅请求”邮件，该邮件在 48 小时内有效。确认订阅请求后，该邮箱地址可收到通过该主题发布的所有消息。订阅成功页面如图 8.16 所示。

图 8.16　订阅成功页面

4. 查看弹性云服务器的运行状态

（1）登录华为云，打开服务列表，选择“云监控服务 CES”选项，如图 8.5 所示。

（2）在打开的“云监控服务”页面中，选择左侧导航栏中的“主机监控”选项，如图 8.6 所示。

（3）在“主机监控”页面中，选择 ECS 主机所在栏右侧的“查看监控指标”选项，如图 8.8 所示。

（4）在打开的“操作系统监控”页签中，如图 8.17 所示，如要查看 ECS 自带的监控指标，可以选择“操作系统监控”右侧的“基础监控”选项，如图 8.18 所示。

图 8.17　“操作系统监控”页面

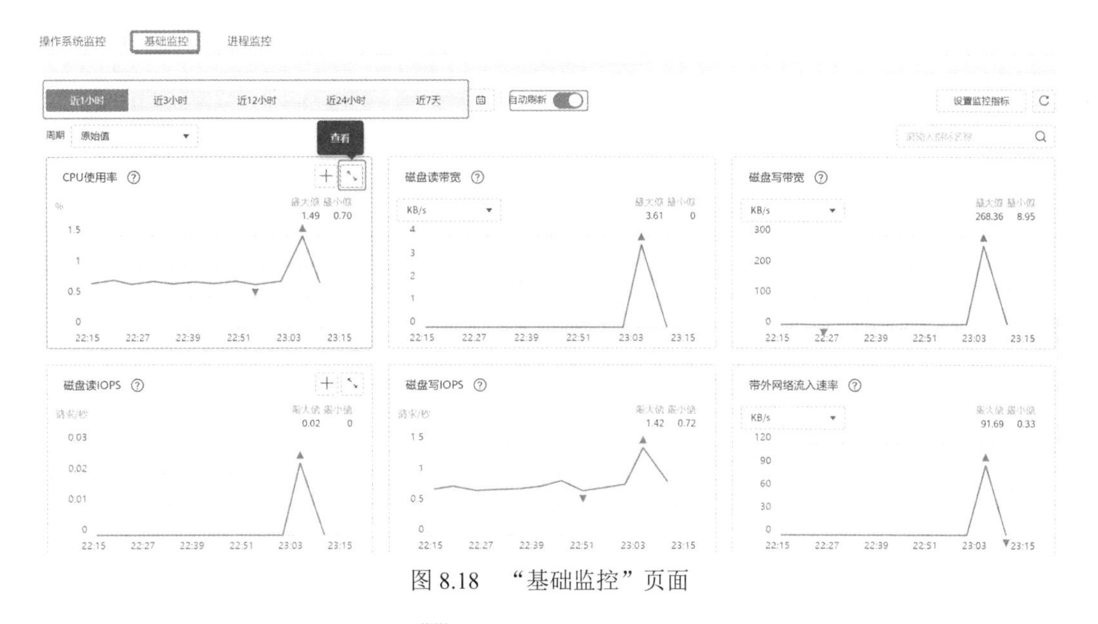

图 8.18　“基础监控”页面

说明：在监控指标视图，单击 按钮可查看监控指标视图详情。页面左上方提供“近 1 小时”“近 3 小时”“近 12 小时”“近 24 小时”“近 7 天”5 个固定时长的监控周期供用户查看，同时也支持通过“自定义时间段”选择查看近六个月内任意时间段的历史监控数据。单击页面右上方的“设置监控指标”按钮进入“聚合”设置页面，对监控数据的聚合方法进行更改。

子任务 2　部署云审计服务

子任务 2　部署云审计服务

1. 开通云审计服务

（1）登录华为云，打开服务列表，选择“云审计服务 CTS”选项，如图 8.19 所示。

图 8.19 “云审计服务 CTS”选项

（2）在打开的“服务授权”页面中，单击“同意授权并开通”按钮，如图 8.20 所示。成为开通云审计服务后，系统会自动分配一个追踪器。

图 8.20 “服务授权”页面

说明：首次使用 CTS 系统会自动弹出“服务授权”页面，需要进行授权并开通后才能使用此功能。

2. 查看追踪事件

（1）返回到“云审计服务”页面中，选择左侧导航栏中的“事件列表”选项，进入“事件列表”页面，如图 8.21 所示。

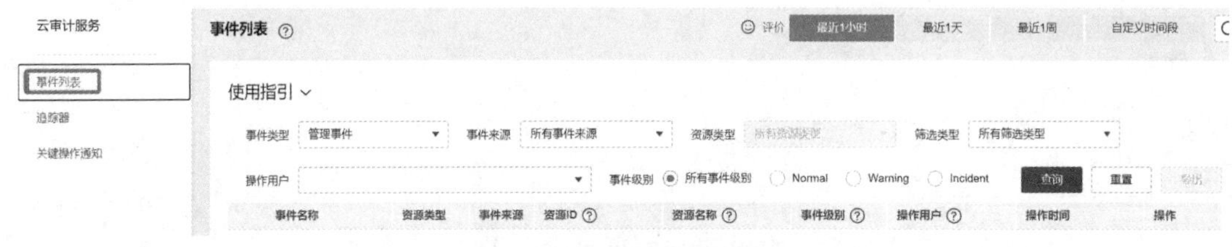

图 8.21 “事件列表”页面

说明：事件列表支持通过高级搜索来查询对应的操作事件，具体如下。

- 事件类型、事件来源、资源类型和筛选类型：在下拉框中选择相应的查询条件，其中当筛选类型选择“按资源 ID”时，还需选择或者手动输入某个具体的资源 ID。
- 操作用户：在下拉框中选择某一具体的操作用户。
- 事件级别：可选项为“所有事件级别”“normal”“warning”“incident”，只可选择其中一项。
- 时间范围：可在页面右上角选择查询最近 1 小时、最近 1 天、最近 1 周及自定义时间段的操作事件。

（2）在“事件列表”页面选择好查询条件后，单击“查询”按钮，结果如图 8.22 所示。

使用指引

事件类型：管理事件　事件来源：所有事件来源　资源类型：所有资源类型　筛选类型：所有筛选类型

操作用户：所有操作用户　事件级别：所有事件级别　Normal　Warning　Incident　查询　重置　导出

事件名称	资源类型	事件来源	资源ID	资源名称	事件级别	操作用户	操作时间	操作
updateTracker	tracker	CTS	--	system	normal	hw36701437	2021/04/02 17:04:20 GMT+08:00	查看事件
updateTracker	tracker	CTS	--	system	normal	hw36701437	2021/04/02 17:03:52 GMT+08:00	查看事件
updateTracker	tracker	CTS	--	system	normal	hw36701437	2021/04/02 17:02:09 GMT+08:00	查看事件
updateTracker	tracker	CTS	--	system	warning	hw36701437	2021/04/02 17:01:53 GMT+08:00	查看事件
createTracker	tracker	CTS	--	system	normal	hw36701437	2021/04/02 17:00:54 GMT+08:00	查看事件

图 8.22　事件查询结果

（3）单击“事件列表”页面右侧的“导出”按钮，云审计服务会将查询结果以 CSV 格式的文件导出，该 CSV 文件包含了云审计服务记录的最近 1 周的操作事件的所有信息，如图 8.23 所示。

事件名称	事件ID	源IP地址	事件类型	事件记录时	资源类型	事件来源	资源ID	资源名称	事件级别	操作用户	操作时间	事件详情
updateTra	698627de-	114.240.16	ConsoleAc	2021/04/0	tracker	CTS		system	normal	hw367014:	2021/04/0	{request:{status:enabled},code:200,source_ip:114.240.166.177,trace_type:ConsoleAction,event_type:syste
updateTra	5860a942-	114.240.16	ConsoleAc	2021/04/0	tracker	CTS		system	normal	hw367014:	2021/04/0	{request:{bucket_name:data-a,file_prefix_name:,status:disabled},code:200,source_ip:114.240.166.177,trac
updateTra	1b15e4f2-	114.240.16	ConsoleAc	2021/04/0	tracker	CTS		system	normal	hw367014:	2021/04/0	{request:{obs_info:{file_prefix_name:,bucket_name:data-a,is_obs_created:true},status:enabled,is_support_
updateTra	118f3cad-	114.240.16	ConsoleAc	2021/04/0	tracker	CTS		system	warning	hw367014:	2021/04/0	{request:{obs_info:{file_prefix_name:,bucket_name:cfm-1,is_obs_created:true},status:enabled,is_support_v
createTrac	ee60bc67-	114.240.16	ConsoleAc	2021/04/0	tracker	CTS		system	normal	hw367014:	2021/04/0	{request:{status:enabled,tracker_name:system,tracker_type:system,is_support_trace_files_encryption:false

图 8.23　CSV 文件

【任务小结】

本任务主要介绍了云监控服务、消息通知服务、云审计服务和统一身份认证的概念、架构图、应用场景、产品优势以及功能。通过安装 Agent 监控插件和创建告警规则，以及创建主题并添加消息通知，来实现对弹性云服务器运行状态的监控。通过开通华为云云审计服务创建追踪器，查看追踪云账户下资源的操作记录事件，从而实现安全分析、资源变更、合规审计、问题定位等场景。

【考核评价】

评价内容	评分项	自评得分	教师考评得分	备注
学习态度	课堂表现、学习活动态度（40 分）			
知识技能目标	云监控服务（10 分）			
	消息通知服务（10 分）			
	云审计服务（10 分）			
	统一身份认证（10 分）			
	部署云监控服务与消息通知服务（10 分）			
	部署云审计服务（10 分）			
总得分				

【任务拓展】

完成云运维架构设计，要求如下：

（1）云上立体化运维。

（2）云上应用性能调优。

思考与练习

一、单选题

1. 如果用户要查询最近 7 天内的历史告警服务，需要开通（　　）。

A. 云审计服务　　B. 消息通知服务

C. 弹性云主机服务　　D. 关系型数据库服务

2. 监控数据聚合是指云监控在指定周期内对原始采样指标进行最大值、最小值、平均值、求和或方差值的计算，并把结果持久化的过程，这个计算周期为（　　）。

A. 1 小时　　B. 4 小时　　C. 1 天　　D. 7 天

二、多选题

1. 在云监控服务中，实例监控支持（　　）聚合方式。

A. 最大值　　B. 方差值　　C. 标准差　　D. 平均值

2. 在云监控服务中，告警状态包括（　　）。

A. 告警　　B. 正常　　C. 数据不足　　D. 关闭

三、判断题

1. 云监控服务是一个针对弹性云服务器带宽等资源的立体化监控平台，可提供实时监控告警、通知以及个性化报表视图，精准掌握产品资源状态。（　　）

2. 用户可在云监控总览首页添加或删除重点关注的实例资源的监控图表。重点关注实例的对象可支持多指标对比功能，方便用户每次登录云监控平台都可以及时查看。（　　）

3. 用户使用华为云云监控服务监控基础资源时，不需要安装 CES Agent 也可以使用完整的监控功能。（　　）

四、简答题

1. 简述云审计的四种主要使用场景。

2. 云监控可以监控哪些服务资源指标？

任务 9　部署云安全服务

【任务描述】

云安全（Cloud Security）作为我国企业创造的概念，在国际云计算领域独树一帜。云安全融合了并行处理、网格计算、未知病毒行为判断等新兴技术和概念，通过大量的网状客户端对网络中软件行为的异常监测，获取互联网中木马、恶意程序的最新信息，将其传送到 Server 端进行自动分析和处理，再把病毒和木马的解决方案分发到每一个客户端。

本任务主要介绍了云安全概念和华为云安全服务，以及 DDoS 攻击和防护的相关知识。然后，通过了解 Web 应用防火墙（Web Application Firewall，WAF）、漏洞扫描服务（Vulnerability Scan Service，VSS）、企业主机安全（Host Security Service，HSS）的工作原理、功能特性和应用场景以及三者之间的区别，来实现 Anti-DDoS 流量清洗服务和漏洞扫描服务的使用。

【任务目标】

- 了解云安全问题、云安全事件、云安全风险、安全诉求以及华为云安全服务。
- 了解常见 DDoS 攻击类型、华为云黑洞策略、DDoS 防护服务以及应用场景。
- 了解 WAF、VSS、HSS 的工作原理、功能特性和应用场景以及三者之间的区别。
- 学会使用 Anti-DDoS 流量清洗服务。
- 学会使用 VSS。
- 培养学生的科学观、价值观，树牢国家安全意识，激发学生科技强国的时代担当精神。

【任务分析】

任务 9-任务分析

××大学 BBS 论坛项目主体功能部署完成后，为保证项目的稳定运行需要部署项目的云安全服务。具体部署设计分析如下：

1. 总部署设计分析

（1）Anti-DDoS 流量清洗。用户购买公网 IP 后，系统会自动开启 Anti-DDoS 默认防护。开启 Anti-DDoS 防护后，即可对开启防护的 IP 地址提供 DDoS 攻击保护，当检测到报文总流量达到 120Mbit/s 时，触发流量清洗功能。

（2）漏洞扫描服务。本任务主要完成 BBS 项目 Web 服务器的跨站脚本攻击（Cross Site Script Attack，XSS）、SQL 注入等 30 种常见漏洞扫描、端口扫描等工作。

（3）Web 应用防火墙。保护 BBS 项目的域名、业务带宽、QPS 业务请求、Webshell、常用 Web 攻击检测等。

总部署拓扑如图 9.1 所示。

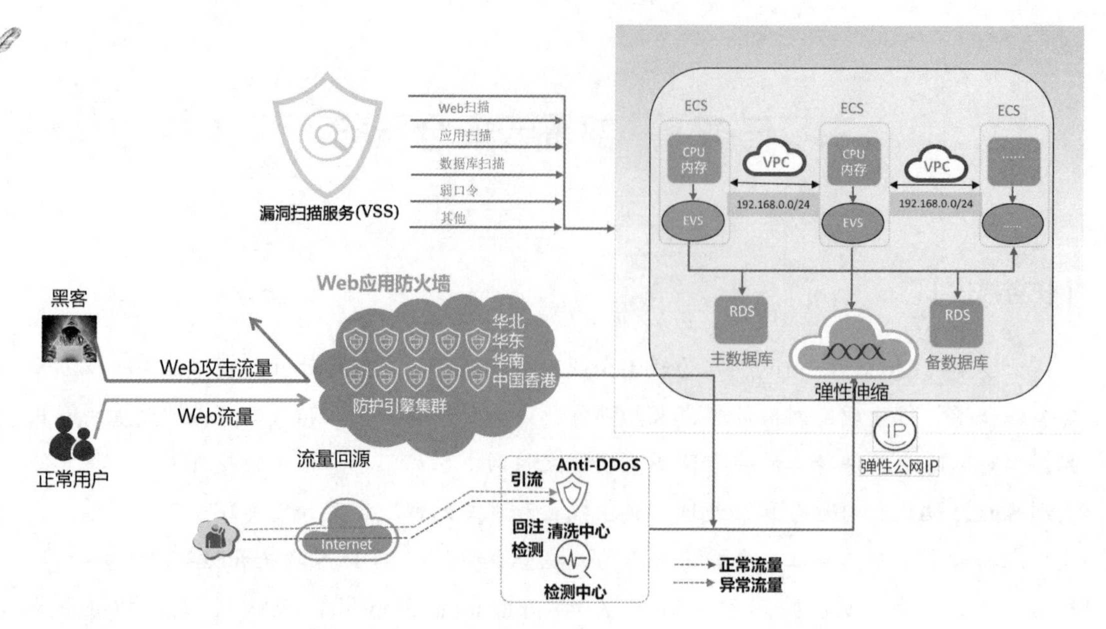

图 9.1 总部署拓扑图

2. Anti-DDoS 流量清洗部署设计分析

Anti-DDoS 流量清洗服务为公网 IP 提供四到七层的 DDoS 攻击防护和攻击实时告警通知。同时，Anti-DDoS 可以提升用户带宽利用率，确保用户业务稳定运行。Anti-DDoS 通过对互联网访问公网 IP 的业务流量进行实时监测，及时发现异常 DDoS 攻击流量。在不影响正常业务的前提下，根据用户配置的防护策略清洗攻击流量。同时，Anti-DDoS 为用户生成监控报表，清晰地展示网络流量的安全状况。Anti-DDoS 流量清洗服务部署拓扑如图 9.2 所示。

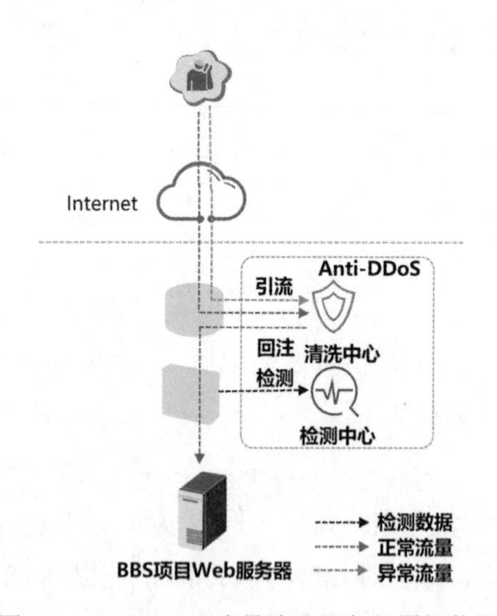

图 9.2 Anti-DDoS 流量清洗服务部署拓扑图

3. Web 应用防火墙部署设计分析

Web 应用防火墙通过对 HTTP(S)请求进行检测，识别并阻断 SQL 注入、跨站脚本攻击、网页木马上传、命令/代码注入、文件包含、敏感文件访问、第三方应用漏洞攻击、挑战黑洞（Challenge Collapsar，CC）攻击、恶意爬虫扫描、跨站请求伪造等攻击，保护 Web 服务安全稳定。Web 应用防火墙部署拓扑如图 9.3 所示。

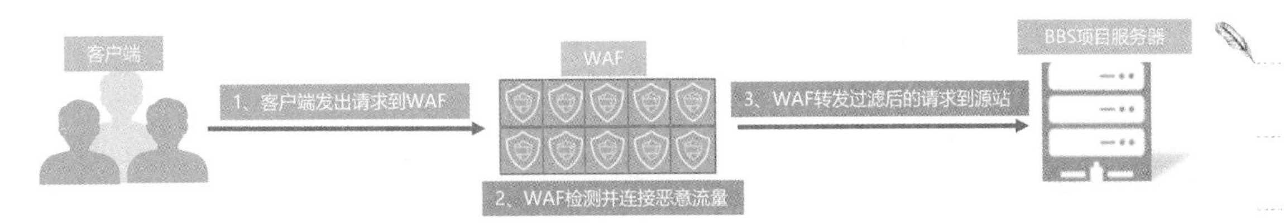

图 9.3　Web 应用防火墙部署拓扑图

BBS 项目 Web 应用防火墙使用云模式、检测版，具体设置参数见表 9.1。

表 9.1　Web 应用防火墙 WAF 的详细配置参数

规格	参数
模式	云模式
计费模式	包年/包月
区域	华北-北京四
规格选择	检测版；10 个防护域名；业务带宽：10Mbit/s；100 QPS 业务请求；XSS 攻击、SQL 注入、Webshell 等；常见 Web 攻击检测
购买时长	1 个月

4. 漏洞扫描服务部署设计分析

漏洞扫描服务使用“基础版”就可以满足 BBS 项目的需求。在新增域名中，将域名或 IP 地址设置为 BBS 网站的 IP 地址，域名别称设置为 BBS 网站的别名。

【知识链接】

任务 9-知识链接

一、云安全风险

1. 云安全概述

（1）常见的安全问题。常见的网络安全问题包括电脑/手机中病毒、账号/密码等被盗、被钓鱼网站或钓鱼邮件欺骗、误操作导致数据丢失、网站被黑等。

（2）业界典型的云安全事件。

1）信息泄露事件。

2017 年 2 月，HTML 解析器的一处内存泄露 Bug 导致访问 Cloudflare CDN 服务的用户的敏感信息被泄露到其他不相关的用户页面上，并有可能被搜索引擎缓存。

2017 年 10 月，雅虎公司证实，其 30 亿个用户可能全部受到了黑客攻击的影响。

2018 年 12 月，问答网站 Quora 遭到第三方的恶意未授权访问，大约有 1 亿用户的账户及私人信息可能已经泄露。

2）数据丢失事件。

2017 年 5 月，永恒之蓝（WannaCry）勒索病毒事件全球爆发，它以类似于蠕虫病毒的方式传播，攻击主机并加密主机上存储的文件，然后要求以比特币的形式支付赎金。

2018 年某客户云端发生故障，云端运维人员在数据迁移过程中的两次不规范的操作导致云盘的三副本安全机制失效，并最终导致客户数据完整性受损，数据无法恢复，损失超千万。

2020 年 2 月，某上市公司业务数据系统（包括主备）中的数据遭遇内部运维人员恶意删除，给客户造成重大损失。

3）业务中断事件。

2018年3月，Memcached（一个分布式的高速缓存系统）的一个UDP漏洞导致Github遭受每秒1.269亿个数据包、1.35TB大小的DDoS攻击，从而导致服务器断断续续，无法访问。

2019年3月，某云平台疑似出现大规模宕机故障，最终确认此次故障影响了众多华北地区的互联网公司。

（3）云安全联盟（Cloud Security Alliance，CSA）定义的云安全风险。2016年，CSA定义了数据安全、平台安全、网络安全、运维安全、租户安全5类安全风险，包括数据泄露、数据丢失、账户劫持、系统漏洞、高级长期威胁（Advanced Persistent Threat，APT）攻击、DDos攻击、云服务滥用等12种威胁类型。

（4）云上客户的安全诉求。

1）业务连续不中断。该诉求包括防网络攻击，防黑客入侵，法律遵从、合规。

2）运维全程可管控。该诉求包括配置安全策略，风险识别和处置，操作可审计、追溯。

3）数据保密不扩散。该诉求包括防外部窃取，内部非授权员工不可见，云服务商不可见。

2. 华为云安全

（1）数据安全。数据安全涉及的服务及服务的主要功能和应用场景见表9.2。

表9.2 数据安全产品列表

安全服务	概念	主要功能	典型应用场景
数据加密服务	数据加密服务（Data Encryption Workshop，DEW）是一个综合的云上数据加密服务。它可以提供专属加密、密钥管理、密钥对管理等功能。其密钥由硬件安全模块（Hardware Security Module，HSM）保护，并与许多华为云服务集成。用户也可以借此服务开发自己的加密应用	1. 密钥与密钥对管理：安全、可靠、简单易用的密钥和SSH密钥对托管服务，帮助用户集中管理密钥和SSH密钥对，保护密钥和SSH密钥对的安全。 2. 专属加密：专属加密服务为用户提供经国家密码管理局检测认证的专属加密实例，帮助用户保护弹性云服务器上数据的安全性和隐私性要求，满足监管合规要求。同时，用户能够对专属加密实例生成的密钥进行安全可靠的管理，也能使用多种加密算法来对数据进行可靠的加解密运算	适用于政府公共事业、互联网企业、电商等支付系统、交通、制造、医疗等。例如：小数据加密、大量数据加密、OBS/EVS/IMS/SFS/RDS服务端加密、登录Linux云服务器、获取Windows云服务器的登录密码、用户业务系统使用专属加密实例加密
数据库安全服务	数据库安全服务（Database Security Service，DBSS），是一种基于反向代理及机器学习机制，提供数据脱敏、数据库审计、敏感数据发现和防注入攻击等功能，保障云上数据库安全的数据库安全防护服务	1. 数据库防火墙：基于角色的访问控制，最小权限分配；SQL注入攻击防御；用户行为自学习，生成数据库防火墙策略。 2. 敏感数据发现与脱敏：内置PCI-DSS/HIPAA/SOX等合规知识库，自动发现敏感数据；细粒度脱敏，行、列、表、视图级脱敏。 3. 数据库审计：提供行为、数据、性能的异常监控；本地和远程日志的记录和存储；实时告警	适用于金融、政务、教育、医疗、保险、游戏行业等。例如：帮助用户满足等保合规《中华人民共和国网络安全法》中网络攻击和入侵防范条款，以及网络运行状态和安全事件监测防范条款；还可用于敏感数据泄露防护

（2）主机安全。主机安全涉及的服务及服务的主要功能和应用场景见表 9.3。

表 9.3　主机安全产品列表

安全服务	概念	主要功能	典型应用场景
企业主机安全	企业主机安全是提升主机整体安全性的服务，为用户提供资产管理、漏洞管理、入侵检测、基线检查等功能，降低主机被入侵的风险	账户破解防护、口令复杂度策略与经典弱口令检测、恶意程序检测、异地登录检测、关键文件变更检测、开放端口检测、软件漏洞检测、账号和软件信息管理、Web 目录管理、进程信息检测、网站后门检测、配置检测	适用于政府、事业单位，在游戏、对等网络、医疗等行业应用较广。例如：帮助用户满足《中华人民共和国网络安全法》中主机入侵防范条款和主机恶性代码防范条款；通过事前预防、事中防御、事后检测，三位一体保护主机安全
容器安全服务	容器安全服务（Container Guard Service，CGS）能够扫描镜像中的漏洞与配置信息，帮助企业解决传统安全软件无法感知容器环境的问题；同时提供容器进程白名单、文件只读保护和容器逃逸检测功能，有效防止容器运行时安全风险事件的发生	1．镜像漏洞管理：扫描节点中所有正在运行的镜像，发现镜像中的漏洞并给出修复建议，帮助用户得到一个安全的镜像。 2．容器安全策略管理：通过配置安全策略，帮助企业制定容器进程白名单和文件保护列表，从而提高容器运行时系统和应用的安全性。 3．容器逃逸检测：扫描所有正在运行的容器，发现容器中的异常（包括逃逸漏洞攻击、逃逸文件访问等）并给出解决方案	适用于大企业，在游戏、生物基因、科学计算、金融、媒资、能源、旅游等行业应用较广

（3）应用安全。应用安全涉及的服务及服务的主要功能和应用场景见表 9.4。

表 9.4　应用安全产品列表

安全服务	概念	主要功能	典型应用场景
Web 应用防火墙	Web 应用防火墙对网站业务流量进行全方位检测和防护，智能识别恶意请求特征和防御未知威胁，避免源站被黑客恶意攻击和入侵，防止核心资产遭窃取，为网站业务提供安全保障	Web 应用攻击防护和 CC 攻击防护	常规防护、电商抢购秒杀防护、0 Day 漏洞爆发防范、防数据泄露、防网页篡改
漏洞扫描服务	漏洞扫描服务是针对服务器或网站进行漏洞扫描的一种安全检测服务，目前提供通用漏洞检测、漏洞生命周期管理、自定义扫描多项服务	网站漏洞扫描、一站式漏洞管理、弱密码扫描、自定义扫描	Web 漏洞扫描、弱密码扫描、中间件扫描、内容合规检测

（4）网络安全。网络安全涉及的服务及服务的主要功能和应用场景见表 9.5。

表 9.5　网络安全产品列表

安全服务	概念	主要功能	典型应用场景
Anti-DDoS 流量清洗	Anti-DDoS 流量清洗服务为华为云内资源（弹性云服务器、弹性负载均衡和裸金属服务器），提供网络层和应用层的 DDoS 攻击防护和攻击	DDoS 攻击防护、为单个弹性 IP 地址提供监控记录、为保护的弹性 IP 地址提供拦截报告	1．网站类应用场景：网站类业务属于 DDoS 攻击的重灾区，攻击者可通过大流量攻击或应用层 CC 攻击，导致网站访问缓慢甚至瘫痪；Anti-DDoS 可抵御 4～7 层攻击，提升网站访问体验。

续表

安全服务	概念	主要功能	典型应用场景
Anti-DDoS 流量清洗	实时告警通知。同时，Anti-DDoS 可以提升用户带宽利用率，确保用户业务稳定运行		2．游戏类应用场景：游戏行业恶意攻击频发，DDoS 清洗服务防御各种基于在线游戏的 DDoS 攻击，如空连接、慢连接、CC 攻击及针对游戏网关和战斗服务器的攻击
DDoS 高防	DDoS 高防（Advanced Anti-DDoS，AAD）是基于 Anti-DDoS 清洗设备和大数据运营平台构建的 DDoS 防护服务，通过流量转发方式对用户源站进行隐藏保护	防护大流量 DDoS 攻击，提供配置转发规则功能，提供域名接入方式，设置告警通知，提供查看 DDoS 高防线路（目前支持电信、联通、移动、BGP 线路）的流量防护、网站防护以及安全统计信息，提供查看 DDoS 高防线路的防护报表	适用于游戏、金融、电商等用户防御大流量的 DDoS 攻击

（5）安全管理。安全管理涉及的服务及服务的主要功能和应用场景见表 9.6。

表 9.6　安全管理产品列表

安全服务	概念	主要功能	典型应用场景
安全专家服务	安全专家服务（Security Expert Service，SES）是华为与第三方权威机构一起为客户提供的“专家式”人工服务，帮助客户预防、监测、发现主机、站点及系统的安全风险，给出解决方案及权威报告，并及时修复被攻击系统，降低损失。此外，还可以提供等保安全等一站式服务	提供以下三类安全专家服务： 1．标准版：提供网站安全体检、主机安全体检、安全加固、安全监测和应急响应 5 种服务类型。 2．企业版：提供安全咨询、安全体检、安全加固、安全巡检、应急响应和安全产品托管一站式的安全专业服务。 3．等保安全：为客户量身定制等保合规整改建议，指导客户进行安全服务的选型和部署，对网络、主机、数据库、安全管理制度等进行整改，优选具有资质的权威等保测评机构，提供专业的测评服务	适用于政府、大企业，在财税、教育、电信、能源、交通、游戏、金融行业应用广泛。例如：帮助用户满足《中华人民共和国网络安全法》中网络安全等保条款；通过事前预防（安全体检、安全监测）、事中应急响应、事后安全加固的专家式服务，三位一体保护企业的安全
态势感知	态势感知（Situation Awareness，SA）为用户提供统一的威胁检测和风险处置平台，帮助用户检测云上资产遭受到的各种典型安全风险，还原攻击历史，感知攻击现状，预测攻击态势，并为用户提供强大的事前、事中、事后安全管理功能	1．数据采集：在华为云出入口部署流探针和入侵检测系统采集网络流量，同时收集 DDoS、Web 防火墙、主机安全等安全设备的日志到安全威胁分析平台。 2．威胁发现：建立不同的威胁模型，通过大数据进行学习分析，可以识别约 30 种主要安全威胁。 3．集中呈现：集中呈现租户资产的安全状态。 4．威胁分析：提供基于被攻击资产视角的威胁分析和基于攻击源视角的威胁分析，及时调整安全策略。 5．安全编排：针对已检测出来的安全威胁，一键式生成和下发安全策略，与安全防御产品形成安全联动	适用于金融、政务、教育、医疗、保险、游戏等行业。例如：总览安全态势、定期审视资产安全状况、详细查看威胁事件细节、多维度了解主机安全态势、使用大屏投屏，实时展示安全情报、安全编排、威胁事件发生后及时获得通知

续表

安全服务	概念	主要功能	典型应用场景
SSL 证书管理	SSL 证书管理（SSL Certificate Manager，SCM）是一个 SSL 证书管理平台，可供用户购买SSL证书及上传本地的外部 SSL 证书到平台，实现内外部 SSL 证书集中管理	提供 3 种类型的 SSL 证书	适用于网站、App 等，提升网站安全性、网站品牌好感度、SEO 搜索排名。 SSL 证书有：企业型（OV）：中小型企业；增强型（EV）：有严格安全要求的企业；域名型（DV）：个人网站企业测试

二、分布式拒绝服务（DDoS）

1. DDoS 攻击

（1）常见 DDoS 攻击类型。拒绝服务（Denial of Service，DoS）攻击也称洪水攻击，是一种网络攻击手法，其目的在于使目标电脑的网络或系统资源耗尽，服务暂时中断或停止，导致合法用户不能够访问正常网络服务的行为。当攻击者使用网络上多个被攻陷的电脑作为攻击机器向特定的目标发动 DoS 攻击时，称为分布式拒绝服务攻击。常见 DDoS 攻击类型见表 9.7。

表 9.7 常见 DDoS 攻击类型

攻击类型	说明	举例
网络层攻击	通过大流量拥塞被攻击者的网络带宽，导致被攻击者的业务无法正常响应客户访问	NTP Flood 攻击
传输层攻击	通过占用服务器的连接池资源达到拒绝服务的目的	SYN Flood 攻击、ACK Flood 攻击、ICMP Flood 攻击
会话层攻击	通过占用服务器的 SSL 会话资源达到拒绝服务的目的	SSL 连接攻击
应用层攻击	通过占用服务器的应用处理资源，极大消耗服务器处理性能，达到拒绝服务的目的	HTTP Get Flood 攻击、HTTP Post Flood 攻击

（2）华为云黑洞策略。当服务器（云主机）遭受超出防御范围的流量攻击时，华为云对其采用黑洞策略，即屏蔽该服务器（云主机）的外网访问，避免对华为云中其他用户造成影响，保障华为云网络整体的可用性和稳定性。

1）黑洞阈值。黑洞阈值指华为云为客户提供的基础攻击防御范围，当攻击超过限定的阈值时，华为云会采取黑洞策略封堵 IP。Anti-DDoS 流量清洗免费防护的黑洞触发阈值，为普通用户免费提供 2Gbit/s 的 DDoS 攻击防护，最高可达 5Gbit/s（视华为云可用带宽情况而定）。

2）清洗原理。系统对业务攻击流量进行实时监测，一旦发现针对云主机的攻击行为，将把业务流量从原始网络路径中引流到华为云 DDoS 清洗系统，通过华为云 DDoS 清洗系统对该 IP 的流量进行识别，丢弃攻击流量，将正常流量转发至目标 IP，减缓攻击对服务器造成的损害。

2. DDoS 防护

（1）华为云 DDoS 防护服务介绍。针对 DDoS 攻击，华为云提供多种安全防护方案，客户可以根据实际业务选择合适的防护方案。华为云 DDoS 防护服务（Anti-DDoS Service，ADS）提供了 DDoS 原生基础防护（Anti-DDoS 流量清洗）、DDoS 原生专业防护和 DDoS 高防三个子服务，具体见表 9.8。

表 9.8 华为云 DDoS 防护服务

子服务	应用场景	防御能力
DDoS 原生基础防护	可以满足华为云内的公网 IP 较低安全防护需求	可以防护 Web 服务器类攻击、游戏类攻击、HTTPS 服务器类攻击、DNS 服务器类攻击
DDoS 原生专业防护	1．业务部署在华为云服务上，且云服务能提供公网 IP 资源。 2．业务带宽或 QPS 较大，如在线视频、直播等对业务带宽要求比较高的领域。 3．IPv6 类型业务防护需求。 4．华为云上公网 IP 资源较多业务中大量端口、域名、IP 需要 DDoS 攻击防护	支持全力防护、联动防护、IPv4/IPv6 双协议防护、流量清洗、IP 黑白名单、协议封禁
DDoS 高防	支持华为云、非华为云及 IDC 的互联网主机	5TB 以上 DDoS 高防总体防御能力，单 IP 最高 600GB 防御能力，抵御各类网络层、应用层的 DDoS 攻击

1）DDoS 原生基础防护。DDoS 原生基础防护（Anti-DDoS 流量清洗）服务（以下简称 Anti-DDoS）为华为云内公网 IP 资源（弹性云服务器、弹性负载均衡）提供网络层和应用层的 DDoS 攻击防护（如泛洪流量型攻击防护、资源消耗型攻击防护），并提供攻击拦截实时告警，有效提升用户带宽利用率，保障业务稳定可靠。

2）DDoS 原生专业防护。DDoS 原生专业防护（Cloud Native Anti-DDoS，CNAD）是华为云推出的针对华为云 ECS、ELB、WAF、EIP 等云服务直接提升其 DDoS 防御能力的安全服务。DDoS 原生专业防护对华为云上的 IP 生效，无需更换 IP 地址，通过简单的配置，DDoS 原生专业防护提供的安全功能就可以直接加载到云服务上，提升云服务的安全防护能力，确保云服务上的业务安全、可靠。

3）DDoS 高防。DDoS 高防（Advanced Anti-DDoS，AAD）是企业重要业务连续性的有力保障。当服务器遭受大流量 DDoS 攻击时，DDoS 高防可以保护用户业务持续可用。DDoS 高防通过高防 IP 代理源站 IP 对外提供服务，将恶意攻击流量引流到高防 IP 清洗，确保重要业务不被攻击中断。DDoS 高防可服务于华为云、非华为云及 IDC 的互联网主机。DDoS 高防为用户提供 DDoS 防护服务，可以防护 SYN Flood、UDP Flood、ACK Flood、ICMP Flood、DNS Query Flood、NTP reply Flood、CC 攻击等各类网络层、应用层的 DDoS 攻击。

（2）DDoS 防护应用场景。

1）娱乐（游戏）。娱乐（游戏）行业是 DDoS 攻击的重灾区，高防 IP 能保证游戏的可用性和持续性，提高用户体验，在商家活动、节日等旺季时段提供防护。

2）金融。DDoS 防护满足金融行业的合规性要求，保证线上交易的实时性、安全稳定性。

3）政府。DDoS 防护满足国家政务云建设标准的安全需求，为重大会议、活动、敏感时期提供安全保障，确保民生服务正常可用，维护政府公信力。

4）电商。DDoS 防护为用户访问互联网提供防护，使业务正常不中断，在电商大促等活动时段提供防护功能。

5）企业。DDoS 防护保证企业站点服务持续可用，避免 DDoS 攻击造成经济和企业形象损失问题，降低维护费用，节省安全成本。

三、Web 应用防火墙（WAF）

1. 防护原理

购买 WAF 后，在 WAF 管理控制台将网站添加并接入 WAF。网站成功接入 WAF 后，所有网站访问请求将先流转到 WAF 进行监控，恶意攻击流量在 WAF 上被检测过滤，而正常流量返回给源站，从而确保源站安全、稳定、可用。

流量经 WAF 返回源站的过程称为回源。WAF 通过回源 IP 代替客户端发送请求到源站服务器，在源站服务器看来，接入 WAF 后所有源 IP 都会变成 WAF 的回源 IP，进而隐藏源站。

2. 功能特性

（1）Web 应用攻击防护。WAF 覆盖 OWASP 排名前十中常见的安全威胁（OWASP 全称为 Open Web Application Security Project，OWASP TOP 10 是根据开放式 Web 应用程序安全项目公开共享的 10 个最关键的 Web 应用程序安全漏洞列表），通过预置丰富的信誉库，对恶意扫描器、IP、网马等威胁进行检测和拦截。

（2）CC 攻击防护。支持通过限制单个 IP/Cookie/Referer 访问者对防护网站上特定路径（URL）的访问频率，精准识别 CC 攻击以及有效缓解 CC 攻击，阻挡暴力破解、探测和统计弱密码撞库等高频攻击。

3. 应用场景

（1）常规防护。WAF 帮助用户防护常见的 Web 安全问题，比如命令注入、敏感文件访问等高危攻击。

（2）电商抢购秒杀防护。当业务举办定时抢购秒杀活动时，业务接口可能在短时间承担大量的恶意请求。Web 应用防火墙可以灵活设置 CC 攻击防护的限速策略，能够保证业务服务不会因大量的并发访问而崩溃，同时尽可能地给正常用户提供业务服务。

（3）0 Day 漏洞爆发防范。当第三方 Web 框架、插件爆出高危漏洞，业务无法快速升级修复时，Web 应用防火墙会第一时间升级预置防护规则，保障业务安全稳定。WAF 相当于在第三方网络架构加了一层保护膜，和直接修复第三方架构的漏洞相比，WAF 创建的规则能更快地遏制住风险。

（4）防数据泄露。恶意访问者通过 SQL 注入网页木马等攻击手段，入侵网站数据库，窃取业务数据或其他敏感信息。用户可通过 Web 应用防火墙配置防数据泄露规则。

（5）防网页篡改。攻击者利用黑客技术，在网站服务器上留下后门或篡改网页内容，这会造成经济损失或带来负面影响。用户可通过 Web 应用防火墙配置网页防篡改规则。

四、漏洞扫描服务（VSS）

1. 工作原理

漏洞扫描服务具有 Web 网站扫描能力。Web 网站扫描采用网页爬虫的方式全面深入地爬取网站 URL，基于多种不同能力的漏洞扫描插件，模拟用户真实浏览场景，逐个深度分析网站细节，帮助用户发现网站潜在的安全隐患。同时 VSS 内置了丰富的无害化扫描规则，以及扫描速率动态调整能力，可有效避免用户网站业务受到影响。

2. 功能特性

（1）网站漏洞扫描。

1）VSS 具有 OWASP TOP10 和 Web 应用安全联盟（Web Application Security Consortium，WASC）的漏洞检测能力，支持扫描 22 种类型以上的漏洞。

2）VSS 扫描规则云端自动更新，全网生效，及时涵盖最新爆发的漏洞。

3）VSS 支持 HTTPS 扫描。

（2）一站式漏洞管理。

1）VSS 支持任务完成后短信通知用户。如果希望在扫描任务执行完成后收到短信通知，需购买专业版、高级版或者企业版。

2）VSS 提供漏洞修复建议。如果需要查看修复建议，需购买专业版、高级版或者企业版。

3）VSS 支持下载扫描报告。用户可以离线查看漏洞信息，报告格式为 PDF。如果需要下载扫描报告，需购买专业版、高级版或者企业版。

4）VSS 支持重新扫描。

（3）弱密码扫描。

1）多场景可用。VSS 支持全方位的 OS 连接，涵盖 90%的中间件，支持标准 Web 业务弱密码检测、操作系统、数据库等弱口令检测。

2）VSS 有丰富的弱密码库丰富的弱密码匹配库，模拟黑客对各场景进行弱口令探测。

3）VSS 支持端口扫描。VSS 扫描服务器端口的开放状态，检测出容易被黑客发现的“入侵通道”。

（4）自定义扫描。

VSS 支持任务定时扫描、自定义登录方式、Web 2.0 高级爬虫扫描、自定义 Header 扫描。

3. 应用场景

（1）Web 漏洞扫描。网站的漏洞与弱点易于被黑客利用，从而形成攻击，给用户带来不良影响，造成经济损失。

1）常规漏洞扫描。丰富的漏洞规则库可针对各种类型的网站进行全面深入的漏洞扫描，提供专业全面的扫描报告。

2）最新紧急漏洞扫描。针对最新紧急爆发的公共漏洞披露（Common Vulnerabilities and Exposures，CVE）漏洞，安全专家第一时间分析漏洞、更新规则，提供快速专业的 CVE 漏洞扫描。

（2）弱密码扫描。主机或中间件等资产一般使用密码进行远程登录，攻击者通常使用扫描技术来探测其用户名和弱口令。

1）多场景可用。全方位的 OS 连接，涵盖 90%的中间件，支持标准 Web 业务弱密码检测、操作系统、数据库等弱口令检测。

2）丰富的弱密码库。VSS 拥有丰富的弱密码匹配库，模拟黑客对各场景进行弱口令探测。

（3）中间件扫描。中间件可帮助用户灵活、高效地开发和集成复杂的应用软件，一旦被黑客发现漏洞并利用，将影响上下层安全。

1）丰富的扫描场景。VSS 支持主流 Web 容器、前台开发框架、后台微服务技术栈的版本漏洞和配置合规扫描。

2）多扫描方式可选。VSS 支持通过标准包或者自定义安装等多种方式识别服务器的中间件及其版本，方便发现服务器的漏洞风险。

（4）内容合规检测。当网站被发现有不合规言论时，会给企业造成品牌和经济上的多重损失。

1）精准识别。同步更新时政热点和舆情事件的样本数据，准确定位各种涉黄、涉暴涉恐、涉政等敏感内容。

2）智能高效。系统对文本、图片内容进行上下文语义分析，智能识别复杂变种文本。

五、企业主机安全（HSS）

1. 工作原理

客户在主机中安装 Agent 后，主机将受到 HSS 云端防护中心全方位的安全保障，在安全控制台可视化界面上，可以统一查看并管理同一区域内所有主机的防护状态和主机安全风险。

2. 组件功能

企业主机安全组件功能见表 9.9。

表 9.9　企业主机安全组件功能

组件	说明
管理控制台	可视化的管理平台，便于集中下发配置信息，查看在同一区域内主机的防护状态和检测结果
HSS 云端防护中心	使用 AI、机器学习和深度算法等技术分析主机中的各项安全风险： 1．集成多种杀毒引擎，深度查杀主机中的恶意程序； 2．接收在控制台下发的配置信息和检测任务，并转发给安装在服务器上的 Agent； 3．接收 Agent 上报的主机信息，分析主机中存在的安全风险和异常信息，将分析后的信息以检测报告的形式呈现在控制台界面
Agent	Agent 通过 HTTPS 和 WSS 协议与 HSS 云端防护中心进行连接通信，默认端口为 443。每日凌晨定时执行检测任务，全量扫描主机；实时监测主机的安全状态；并将收集的主机信息（包含不合规配置、不安全配置、入侵痕迹、软件列表、端口列表、进程列表等信息）上报给云端防护中心。根据配置的安全策略，阻止攻击者对主机的攻击行为

3. HSS 与 VSS、WAF 的区别

HSS、VSS、WAF 的区别见表 9.10。

表 9.10　HSS、VSS、WAF 的区别

服务名称	所属分类	防护对象	功能差异
HSS	主机安全	提升主机整体安全性	资产管理、漏洞管理、入侵检测、基线检查、网页防篡改
VSS	应用安全	提升网站整体安全性	多元漏洞检测、网页内容检测、网站健康检测、基线合规检测

续表

服务名称	所属分类	防护对象	功能差异
WAF	应用安全	保护 Web 应用程序的可用性、安全性	Web 基础防护、CC 攻击防护、精准访问防护

【任务实施】

子任务 1 部署 DDoS 防护

子任务 1 部署 DDoS 防护

1. 查看公网 IP

（1）登录华为云，打开服务列表，选择“DDoS 防护”选项，如图 9.4 所示。

图 9.4 “DDoS 防护”选项

（2）在打开的“Anti-DDoS 流量清洗”页面中的“公网 IP”页签下面，可以查看到已开启 Anti-DDoS 防护的公网 IP，如图 9.5 所示。

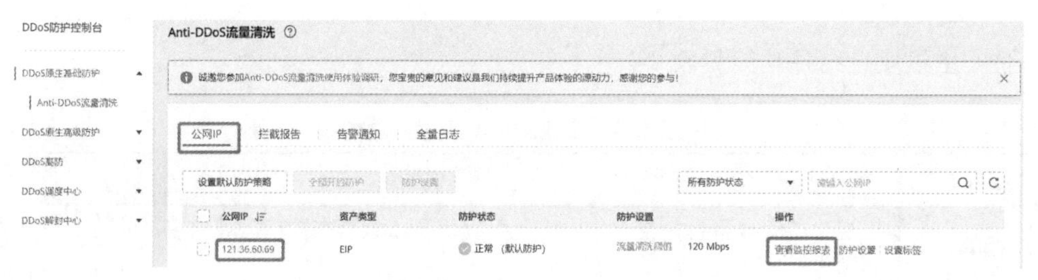

图 9.5 “公网 IP”页签

（3）在“公网 IP”页签中，选择公网 IP 列表选项右侧操作栏下面的“查看监控报表”选项，在打开的“监控报表”页面中查看监控情况，如图 9.6 所示。

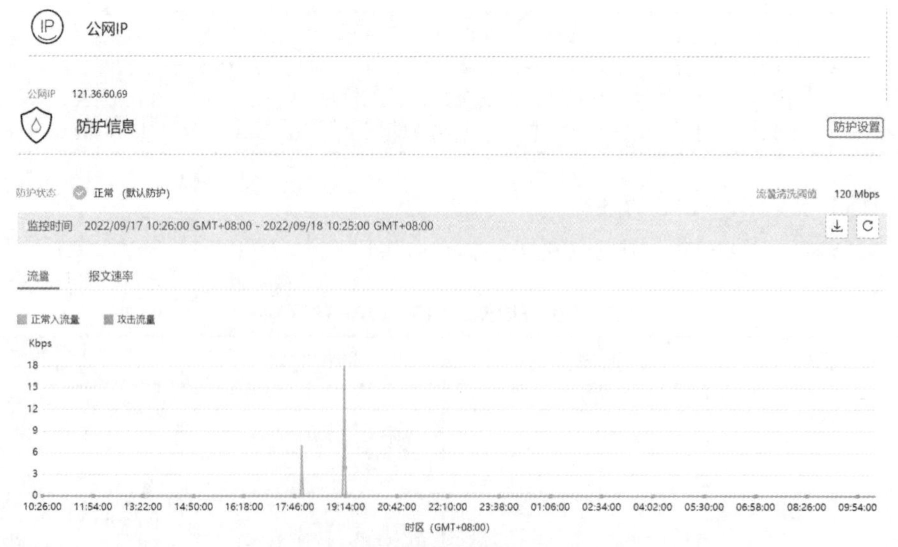

图 9.6 “监控报表”页面

2. 配置 Anti-DDoS 防护策略

在“监控报表”页面中，选择防护信息右侧的“防护设置”选项，在打开的“防护设置”对话框中配置相应的参数，然后单击“确定”按钮，如图 9.7 所示。

3. 开启告警通知

在“Anti-DDoS 流量清洗”页面中，选择“告警通知”页签，打开“告警通知开关”，单击“应用”按钮，如图 9.8 所示。

图 9.7 “防护设置”对话框　　图 9.8 “告警通知”页签

子任务 2 部署漏洞扫描服务

子任务 2 部署漏洞扫描服务

1. 添加资产

（1）登录华为云，打开服务列表，选择“漏洞扫描服务 VSS”选项，如图 9.9 所示。

图 9.9 “漏洞扫描服务 VSS”选项

（2）首次使用漏洞扫描服务时，需要先开通该服务。在弹出的“漏洞扫描服务”页面中单击“免费开通”按钮，如图 9.10 所示。

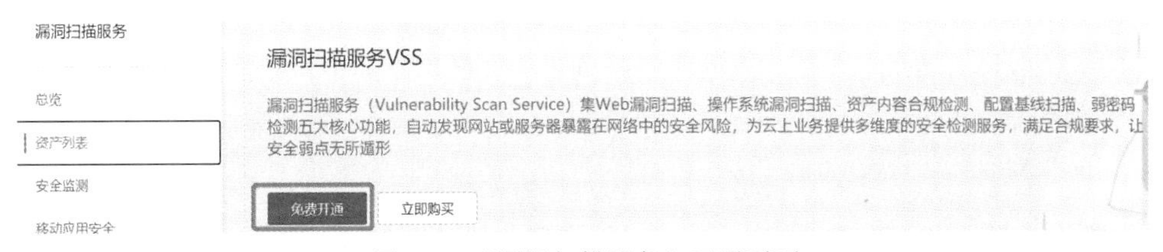

图 9.10 “漏洞扫描服务”开通页面

（3）开通 VSS 服务后，在“资产列表”页面中单击“新增域名”按钮，如图 9.11 所示。

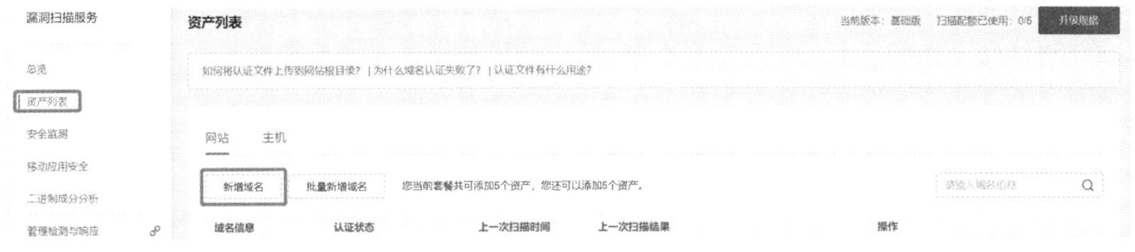

图 9.11 “资产列表”页面

（4）在弹出的“新增域名”对话框中，根据提示填写域名信息，然后单击“确认”按钮，如图 9.12 所示。

图 9.12 “新增域名”对话框

（5）在“域名所有权认证”页签中根据提示完成域名认证。域名认证成功后，单击“完成认证”按钮，完成域名所有权认证，如图 9.13 所示。

（6）在“网站设置”页签中根据提示填写登录信息，完网站登录验证，然后单击“确认”按钮，如图 9.14 所示。

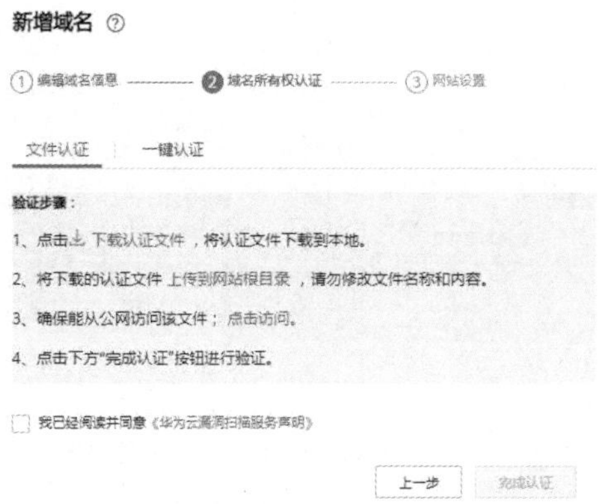

新增域名
1 编辑域名信息
2 域名所有权认证
3 网站设置
文件认证
一键认证
验证步骤：
1、点击 下载认证文件，将认证文件下载到本地。
2、将下载的认证文件 上传到网站根目录，请勿修改文件名称和内容。
3、确保能从公网访问该文件；点击访问。
4、点击下方“完成认证”按钮进行验证。
我已经阅读并同意《华为云漏洞扫描服务声明》
上一步
完成认证

图 9.13 “域名所有权认证”页签

新增域名
1 编辑域名信息
2 域名所有权认证
3 网站设置
登录方式一：账号密码登录
登录页面
用户名
密码
确认密码
登录方式二：cookie登录
cookie值
网站登录验证
验证登录网址
确认
取消

图 9.14 “网站设置”页签

（7）完成“新增域名”后，返回“资产列表”页面，在其中可以查看到已新增的域名，如图 9.15 所示。

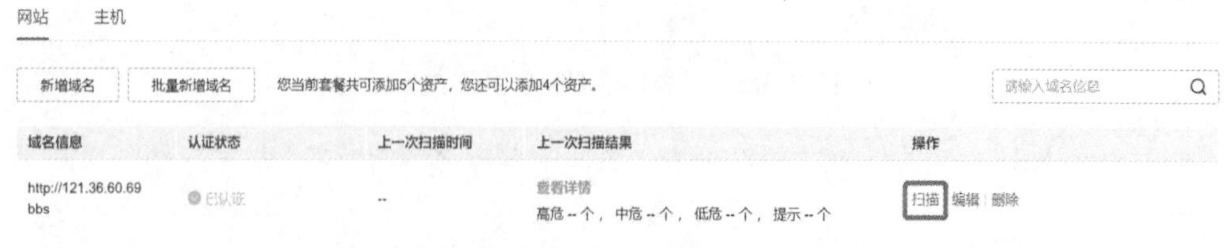

图 9.15 成功新增的域名

2. 创建扫描任务

（1）域名认证成功后，在目标域名的“操作”列选择“扫描”选项（图 9.15）。

（2）在打开的“创建任务”页面中，根据提示填写扫描信息和扫描项设置，然后单击“开始扫描”按钮，如图 9.16 所示。

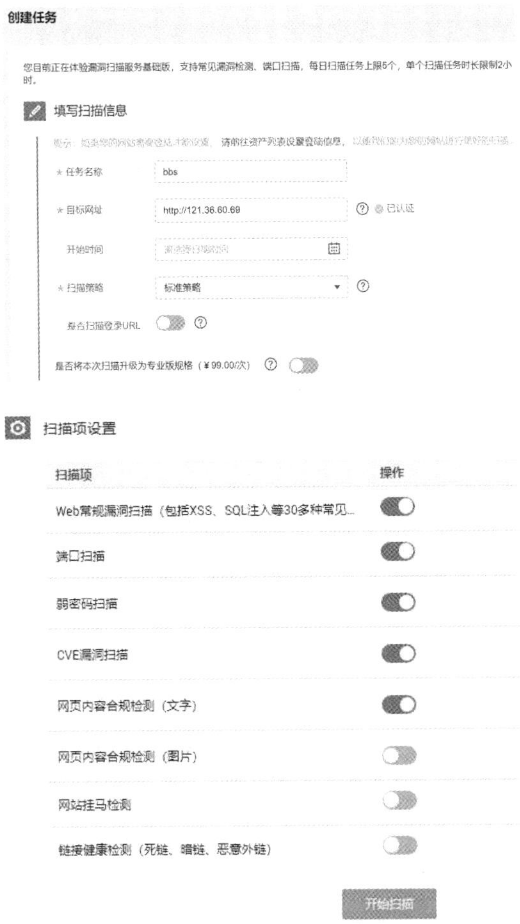

创建任务
您目前正在体验漏洞扫描服务基础版，支持常见漏洞检测、端口扫描，每日扫描任务上限5个，单个扫描任务时长限制2小时。
填写扫描信息
* 任务名称
bbs
* 目标网址
http://121.36.60.69
已认证
开始时间
* 扫描策略
标准策略
是否扫描登录URL
是否将本次扫描升级为专业版规格（¥99.00/次）
扫描项设置
扫描项
操作
Web常规漏洞扫描（包括XSS、SQL注入等30多种常见...
端口扫描
弱密码扫描
CVE漏洞扫描
网页内容合规检测（文字）
网页内容合规检测（图片）
网站挂马检测
链接健康检测（死链、暗链、恶意外链）
开始扫描

图 9.16　“创建任务”页面

3. 查看扫描结果

（1）在“资产列表”页面的域名信息列表中，单击目标域名所在行的“上一次扫描结果”列的分数，进入“扫描结果”页面，如图 9.17 所示。

网站
主机
新增域名
批量新增域名
您当前套餐共可添加5个资产，您还可以添加4个资产。
域名信息
认证状态
上一次扫描时间
上一次扫描结果
操作
http://121.36.60.69
bbs
已认证
2022/09/18 12:33:2...
100 分
已完成
高危 0 个，中危 0 个，低危 0 个，提示 0 个
扫描
编辑
删除

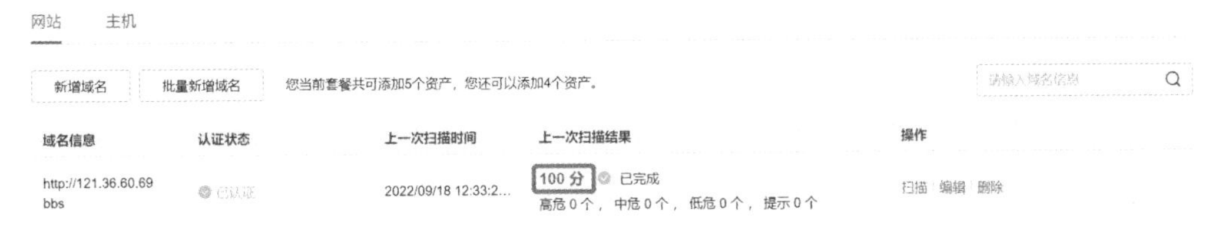

图 9.17　“扫描结果”页面

（2）在扫描结果页面中单击右上角的“生成报告”按钮，可查看详细的检测报告，如图 9.18 所示。

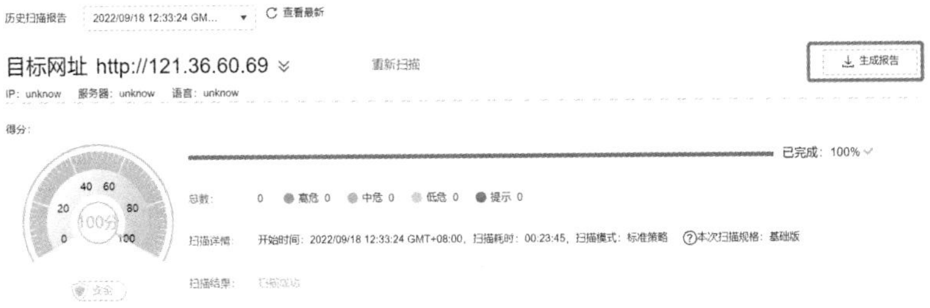

历史扫描报告
2022/09/18 12:33:24 GM...
查看最新
目标网址 http://121.36.60.69
重新扫描
生成报告
IP：unknow　服务器：unknow　语言：unknow
得分：
已完成：100%
100分
总数：
0
高危 0
中危 0
低危 0
提示 0
扫描详情
开始时间：2022/09/18 12:33:24 GMT+08:00，扫描耗时：00:23:45，扫描模式：标准策略
本次扫描规格：基础版
扫描结果：

图 9.18　“生成报告”按钮

（3）在扫描结果页面中，可分别选择“扫描项总览”“漏洞列表”“业务风险列表”“端口列表”“站点结构”等选项，查看相应的扫描结果信息，如图 9.19 所示。

扫描项总览　漏洞列表　业务风险列表　端口列表　站点结构

检测类型	检测项目	检测结果
预扫描	信息泄露	安全
	HTTP安全头检查	安全
	传输层保护不足	安全
	SSL安全配置检查	安全
网站安全漏洞	跨站请求伪造	安全
	信息泄露	安全
	注入攻击	安全
	其它	安全
	路径遍历	安全

图 9.19　扫描结果选项

【任务小结】

本任务主要介绍了云安全概念、华为云安全服务、DDoS 攻击和防护等相关知识，以及 Web 应用防火墙、漏洞扫描服务、企业主机安全的工作原理、功能特性、应用场景和三者之间的区别。通过查看公网 IP，配置 Anti-DDoS 流量清洗服务并开启告警通知，来实现 Anti-DDoS 流量清洗。通过新建任务，检测出网站的漏洞并给出漏洞修复建议。

【考核评价】

评价内容	评分项	自评得分	教师考评得分	备注
学习态度	课堂表现、学习活动态度（40 分）			
知识技能目标	云安全风险（10 分）			
	分布式拒绝服务（DDoS）（7 分）			
	Web 应用防火墙（8 分）			
	漏洞扫描服务（8 分）			
	企业主机安全（7 分）			
	部署 DDoS 防护（10 分）			
	部署漏洞扫描服务（10 分）			
总得分				

【任务拓展】

部署 Web 应用防火墙，要求如下：

（1）规格限制。

1）一个域名包支持防护 10 个域名，限制仅支持 1 个一级域名和与一级域名相关的子域名或泛域名。

2）一个带宽扩展包包含 20Mbit/s、50Mbit/s（华为云外/华为云内）或者 1000QPS（Query Per Second，即每秒钟的请求量，例如一个 HTTP GET 请求就是一个 Query）。

3）一个规则扩展包包含 10 条 IP 黑白名单防护规则。

（2）约束条件。

1）同一账号在同一个大区域（例如华东区域）里只能选择一个服务版本。

2）WAF 不支持降低购买版本的规格。如果需要降低购买的 WAF 规格，可以先退订当前的 WAF，再重新购买较低版本的 WAF。

3）扩展包与 WAF 版本绑定，不能单独续费或退订。

思考与练习

一、单选题

1．下面云产品属于数据安全类型的是（　　）。

A．KMS（密钥管理服务）　　B．HVD（主机漏洞检测）

C．HID（主机入侵检测）　　D．SCS（证书管理服务）

2．关于华为云安全服务的描述，以下说法错误的是（　　）。

A．主机安全检测到的安全事件应尽快响应处理

B．WAF 服务可以对华为云的业务资源进行防护

C．DDoS 高防服务不可以对华为云以外的业务资源进行防护

D．租户为提高数据安全性，在创建配置存储服务时可以开启加密功能

二、多选题

1．WAF 的关键特性包括（　　）。

A．防 SQL 注入　　B．防 Webshell 上传

C．防盗链　　D．防流量过大

2．Anti-DDos 的主要防护类型包括（　　）。

A．抗流量攻击　　B．抗数据攻击

C．抗暴力攻击　　D．抗应用攻击

3．关于华为云安全服务的使用操作的描述，以下说法正确的是（　　）。

A．无可用的系统主机安全配额会导致主机安全防护无法使用

B．漏洞扫描服务检测到漏洞后，需要根据业务实际情况尽快分析处理

C．WAF 中检测到正常的业务请求被误阻断，可以配置例外规则进行处理

D．主机安全检测到主机系统存在弱口令账号后，管理员应当及时修改口令

三、判断题

安全作为云安全的重要组成，实现网络隔离，应对网络攻击，保障网络安全。（　　）

四、简答题

1．Anti-DDos 的主要功能包括哪些？

2．华为云 Web 应用防火墙支持哪些特性？

3．简述华为云安全服务。

4．华为云主机安全服务支持哪些特性？

任务 10　部署云容灾备份服务

【任务描述】

面对越来越高的行业数据存储规范标准，传统保存模式已显得越来越力不从心，传统方式的数据管理已不能满足许多企业的数据恢复和保护的需要。随着 IT 技术的发展，使用现代化的管理手段和高效的数据备份以及恢复技术来替代传统的方式，已经被越来越多企业们所期待。而云容灾备份服务是这场浪潮中涌现出来的一股清流，正被越来越多的企业所接受并使用。

本任务主要介绍了容灾与备份的基本概念和区别，以及存储容灾服务（Storage Disaster Recovery Service，SDRS）和云备份服务（Cloud Backup and Recovery，CBR）的概述、应用场景和约束。通过了解存储容灾服务和云服务器备份服务（Cloud Server Backup Service，CSBS）的原理，掌握保护组、保护实例、容灾演练和策略的创建，以及云服务器备份存储库的购买方法，来进一步学会使用存储容灾服务进行跨可用区灾备服务和使用云服务器备份进行云服务器备份服务。

【任务目标】

- 了解容灾与备份的基本概念和区别。
- 了解 SDRS 和 CBR 的概念、应用场景和约束。
- 了解 SDRS 和 CBR 的原理。
- 学会使用 SDRS 进行跨可用区灾备和使用 CBR 进行云服务器备份服务。
- 培养学生的危机感，教导学生在以后的学习、生活和工作中做事要准备充分，才能抢得先机，赢得主动，目标实现才会更加顺畅。

【任务分析】

任务 10-任务分析

××大学 BBS 论坛项目部署完成以后，为了防止因停电、水灾、火灾等不可控因素导致服务器宕机，我们还需要部署灾备的解决方案。华为云提供了很多云上灾备服务，根据项目的实际需求，本任务主要部署存储器容灾服务、云服务器备份、数据库 RDS 灾备。具体部署设计分析如下。

1. 总部署设计分析

本任务需要对 BBS 项目的 Web 服务器进行 SDRS 容灾部署，同时还需要进行跨区的 CSBS 部署，采用的是两地三中心的部署灾备模式。数据库 RDS 采用跨区的数据库实时容灾的部署方式。总部署拓扑如图 10.1 所示。

2. Web 服务器存储容灾服务部署设计分析

存储容灾服务是跨可用区的灾备方式，BBS 项目的 Web 服务器可以采用这种方式。该方式需要创建“保护组”“保护实例”“容灾演练”，详细配置参数分别见表 10.1 至表 10.3。

3. 云服务器备份部署设计分析

云服务器备份可以完成 BBS 项目的 Web 服务器的跨区备份需求。跨可用区的 SDRS

加上跨区的云服务器备份，构成了云上两地三中心方案。

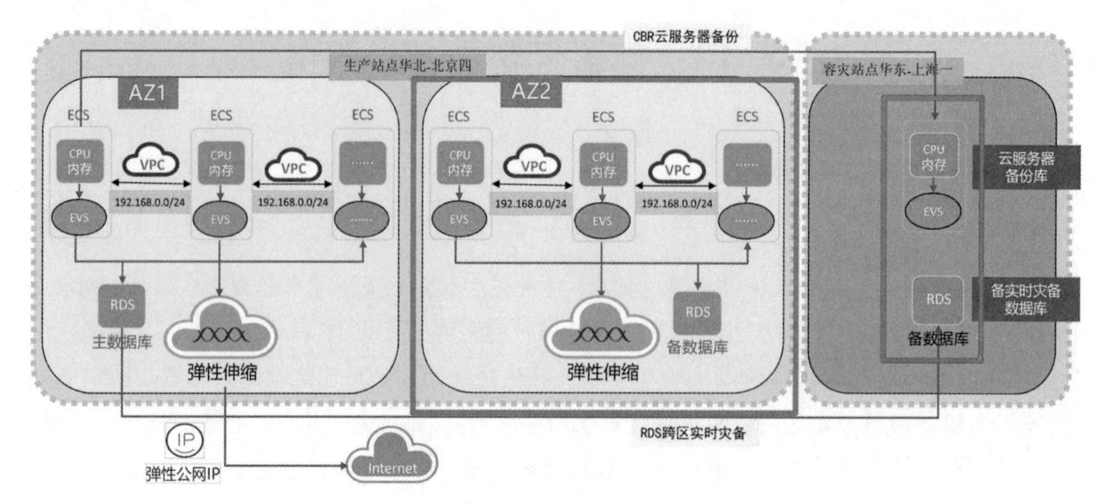

图 10.1　总部署拓扑图

表 10.1　创建“保护组”的详细配置参数

规格	参数	规格	参数
区域	华北-北京四	所属 VPC	myvpc
容灾方向	可用区 2》可用区 1	名称	Protection-Group-BBS
部署模式	VPC 内迁移		

表 10.2　创建“保护实例”的详细配置参数

规格	参数	规格	参数
生产站点服务器	bbsweb-01	容灾站点磁盘	云硬盘
容灾站点主机	云服务器	保护实例名称	Protection-Instance-web

表 10.3　创建“容灾演练”的详细配置参数

规格	参数	规格	参数
名称	Drill-bbs	演练 VPC	自动创建

云上两地三中心方案需要购买两个云服务器备份存储库，一个设在本地可用区，另外一个设在跨区，详细配置参数分别见表 10.4 和表 10.5。另外，还需要创建两个备份策略，一个是本地备份的策略，另一个是跨区复制的策略，详细配置参数分别见表 10.6 和表 10.7。

表 10.4　本地可用区云服务器备份存储库的详细配置参数

规格	参数	规格	参数
计费模式	按需计费	自动备份	立即配置
区域	华北-北京四	备份策略	按周
保护类型	备份	自动绑定	暂不配置
选择服务器	立即配置	自动扩容	立即配置
服务器列表	bbsweb-01	存储库名称	vault-bbs
容量	80		

表 10.5　跨区云服务器备份存储库的详细配置参数

规格	参数	规格	参数
计费模式	按需计费	自动备份	暂不配置
区域	华东-上海一	自动绑定	暂不配置
保护类型	复制	自动扩容	暂不配置
选择服务器	暂不配置	存储库名称	vault-bbs-上海
容量	80		

表 10.6　本地备份策略的详细配置参数

规格	参数	规格	参数
类型	备份策略	备份周期	按周
名称	policy_bbs-备份	保留规则	按数量（2）
备份时间	23:00		

表 10.7　跨区复制策略的详细配置参数

规格	参数	规格	参数
类型	复制策略	备份周期	按周
名称	policy_bbs-复制	保留规则	按数量（2）
备份时间	23:00	目标区域	华东-上海一（需先购买存储库）

4. 数据库 RDS 部署设计分析

为保证数据库 RDS 的数据安全，采用跨区实时灾备的方案，主数据库设在华北-北京四，实时灾备数据库设在华东-上海一。

该方案需要在华东-上海一购买一个数据库实例，规格型号与 BBS 项目的 RDS 相同，并且要给创建好的数据库实例绑定 EIP（如果没有 EIP 需另行购买），详细配置参数见表 10.8。另外，还需要在生产站点（华北-北京四）创建 RDS 灾备任务，详细配置参数见表 10.9，灾备源库和目标库详细配置参数见表 10.10。

表 10.8　华东-上海一数据库实例的详细配置参数

规格	参数	规格	参数
计费模式	按需计费	存储空间	40GB
区域	华东-上海一	磁盘加密	不加密
实例名称	rds-bbs-shanghai	虚拟私有云	default_vpc
数据库引擎	MySQL	安全组	default_securitygroup
数据库版本	5.7	数据库端口	3306
实例类型	单机	设置密码	现在设置
存储类型	SSD 云盘	管理员账号名	root
可用区	可用区 1	参数模板	Default-MySQL-5.7
性能规格	通用		

表 10.9 生产站点 RDS 灾备的详细配置参数

规格	参数	规格	参数
区域	华北-北京四	灾备数据库引擎	MySQL
任务名称	rds-bbs	网络类型	公网网络
任务异常	14	灾备数据库实例	rds-bbs
灾备关系	本云为主	灾备实例子网	subnet-myvpc
业务数据库引擎	MySQL	模板库实例	只读

表 10.10 灾备源库和目标库的详细配置参数

规格	参数	规格	参数
数据库实例名称	rds-bbs	测试连接	测试成功
数据库用户名	root	IP 地址或域名	xxx.xxx.xxx.xxx（华东-上海一绑定到 RDS 库的 EIP）
数据库密码	******	端口	3306

【知识链接】

任务 10-知识链接

一、容灾与备份概述

1. 容灾与备份的基本概念

容灾是指在相隔较远的异地建立两套或多套功能相同的 IT 系统，系统互相之间可以进行健康状态监视和功能切换，当一处系统因意外（如火灾、地震等）停止工作时，整个应用系统可以切换到另一处，使得该系统功能可以继续正常工作。

备份是指应付文件、数据丢失或损坏等可能出现的意外情况，将电子计算机存储设备中的数据复制到磁盘等大容量存储设备中。

2. 容灾与备份的区别

（1）容灾主要针对火灾、地震等重大自然灾害，因此生产站点和容灾站点之间必须保证一定的安全距离；备份主要针对人为误操作、病毒感染、逻辑错误等因素，用于业务系统的数据恢复，数据备份一般是在同一数据中心进行。

（2）容灾系统不仅保护数据，更重要的目的在于保证业务的连续性；而数据备份系统只保护不同时间点版本数据的可恢复性。一般首次备份为全量备份，所需的备份时间会比较长，而后续增量备份则在较短时间内就可完成。

（3）容灾的最高等级可实现 RPO（恢复点目标）=0；备份最多可设置一天 24 个不同时间点的自动备份策略，后续可将数据恢复至不同的备份点。

（4）故障情况下（如火灾、地震等），容灾系统的切换时间可降低至几分钟；而备份系统的恢复时间可能需要几小时到几十小时。

二、存储容灾服务（SDRS）

1. 存储容灾服务的概述

存储容灾服务是一种为弹性云服务器、云硬盘和专属分布式存储（Dedicated Distributed

Storage Service，DDSS）等服务提供容灾的服务。其通过存储复制、数据冗余和缓存加速等多项技术，提供给用户高级别的数据可靠性以及业务连续性，简称为存储容灾。

存储容灾服务有助于保护业务应用，将弹性云服务器的数据、配置信息复制到容灾站点，并允许业务应用所在的服务器在停机期间从另外的位置启动并正常运行，从而提升业务连续性。

2. 存储容灾服务的应用场景

（1）跨可用区容灾。当生产站点因为不可抗力因素（如火灾、地震等）或者设备故障（如软、硬件破坏等）导致应用在短时间内无法恢复时，存储容灾服务可提供跨可用区RPO=0 的服务器级容灾保护。采用存储层同步复制技术提供可用区间的容灾保护，满足数据崩溃一致性，当生产站点故障时，用户通过简单的配置，即可在容灾站点迅速恢复业务。

对于有状态的应用，例如使用 Microsoft Office 365 的用户，用户在云服务器上部署 Microsoft Office 365 时，需要在该服务器的云硬盘上存储用户的数据，此场景更适合使用存储容灾服务。

（2）容灾演练。在不影响业务的情况下，通过容灾演练模拟真实故障恢复场景，制定应急恢复预案，检验容灾方案的适用性、有效性。当真实故障发生时，系统通过预案快速恢复，提高业务连续性。

存储容灾服务提供的容灾演练功能，在演练 VPC（该 VPC 不能与容灾站点服务器所属 VPC 相同）内执行容灾演练，通过容灾站点服务器的磁盘快照，快速创建与容灾站点服务器规格、磁盘类型一致的容灾演练服务器。

为保证在灾难发生时，容灾切换能够正常进行，建议定期做容灾演练，检查生产站点与容灾站点的数据能否在创建容灾演练那一刻实现实时同步，以及执行切换操作后容灾站点的业务是否可以正常运行。

3. 云备份服务的约束

（1）计算。GPU 加速型、FPGA 加速型云服务器以及 C6 系列云服务器不支持使用存储容灾服务。

（2）复制场景。存储容灾服务仅支持同一地区不同可用区之间的服务器复制；仅在北京四区域支持“通用型 SSD”类型的云硬盘创建复制对，组成复制对的云硬盘不支持删除、快照回滚数据操作。

（3）存储。存储容灾服务仅使用云硬盘或仅使用专属分布式存储提供存储功能的弹性云服务器。

（4）应用。基于存储的同步复制能力可以保证磁盘数据的一致性，但不能保证应用一致性。如应用可以支持崩溃一致性，则可以在支持复制的设备上运行并复制。

（5）部署模式。存储容灾服务仅支持 VPC 内迁移，生产站点可用区内的服务器与容灾站点的服务器必须位于相同的 VPC，服务器支持主网卡和多网卡迁移。

（6）周边服务对接。存储容灾服务中，仅 API 接口方式支持标签管理服务，控制台方式暂不支持标签管理服务。

（7）备份恢复。存储容灾服务仅支持对生产站点的云服务器进行备份和恢复，容灾站点的云服务器只支持备份不支持恢复。

4. 存储容灾服务的优势

（1）便捷的业务恢复方案。存储容灾服务提供集中的控制台，用户可以通过管理控制台配置和管理服务器复制，执行切换和故障切换等操作。

（2）支持服务器复制。用户可以创建从生产站点至容灾站点的复制。

（3）按需复制。用户可以将服务器按需复制至另一个可用区，免除维护另一个数据中心的成本和复杂度。

（4）不感知应用。运行在服务器上的任何应用都支持被复制。

（5）RTO 与 RPO 目标。恢复时间目标（RTO）为从生产站点发起切换或故障切换操作起，至容灾站点的服务器开始运行为止的一段时间，不包括手动操作 DNS 配置、安全组配置或执行客户脚本等任何时间，RTO 小于 30 分钟。存储容灾服务为服务器提供持续且同步的复制，保证恢复点目标（RPO）为 0。

（6）保持崩溃一致性。基于存储的实时同步，保证数据在两个可用区中时刻处于崩溃一致性。

（7）灵活的故障切换。可针对生产站点预期会出现的中断执行切换操作，确保不丢失任何数据；或者针对意外灾难执行故障切换操作，尽快恢复业务。

（8）高效的网络切换。简化切换过程中程序资源的管理，具体包括保留 IP 地址和保留 Mac 地址，从而实现高效的网络切换。

（9）高性价比。在业务正常的情况下，容灾站点的服务器处于关机状态，不产生计算资源消耗，可大幅降低容灾 TCO。

（10）部署简单。服务器无需安装容灾 Agent 插件，部署简单快捷。

三、云备份服务（CBR）

1. 云备份服务的基本概念

（1）云备份。云备份为云内的弹性云服务器、超弹性云服务器（Hyper Elastic Cloud Server，HECS）、裸金属服务器（Bare Metal Server，BMS）、云硬盘、SFS Turbo 文件系统、云下 VMware 虚拟化环境提供简单易用的备份服务。当发生病毒入侵、人为误删除、软硬件故障等事件时，可将数据恢复到任意备份点。云备份保障用户数据的安全性和正确性，确保业务安全。

云备份服务融合了云服务器备份（CSBS），云服务器备份对于首次备份的服务器，系统默认执行全量备份；对于已经执行过备份并生成可用备份的服务器，系统默认执行增量备份。无论是全量还是增量备份都可以快速、方便地将服务器的数据恢复至备份所在时刻的状态。云服务器备份通过服务器与对象存储服务的结合，将服务器的数据备份到对象存储中，高度保障用户的备份数据安全。

（2）存储库。云备份使用存储库来存放备份，存储库分为备份存储库和复制存储库两种。备份存储库是存放服务器和磁盘产生的备份副本的容器，备份存储库同时又分为以下几种：

1）云服务器备份存储库。云服务器备份存储库分为两种规格，一种为仅存放普通备份的服务器备份存储库；另一种为仅存放含有数据库的服务器产生的数据库备份的存储库。用户可以将服务器绑定至存储库并绑定自动备份或复制策略，支持将存储库中的备份复制至其他区域的复制存储库中，支持利用备份数据恢复服务器数据。

2）云硬盘备份存储库。云硬盘备份存储库仅存放磁盘备份，可以将磁盘绑定至存储库并绑定备份策略。

3）SFS Turbo备份存储库。SFS Turbo备份存储库仅存放SFS Turbo文件系统备份，可以将文件系统绑定至存储库并绑定备份策略。

4）混合云备份存储库。混合云备份存储库仅存放线下备份存储OceanStor Dorado阵列中以及VMware虚拟机同步至云备份的备份数据，可以将备份复制至其他区域的复制存储库中，将备份数据恢复至其他服务器中。

5）应用备份。应用备份提供对用户数据中心虚拟机或服务器中的单个或多个文件和数据库应用的数据保护，无需再以整机或整盘的形式进行备份。

6）复制存储库。复制存储库只能存放复制操作产生的备份，且由复制操作产生的备份不允许再次复制。云服务器备份的复制存储库也分为服务器备份和数据库备份两种规格。

（3）备份。备份即一个备份对象执行一次备份任务产生的备份数据，包括备份对象恢复所需要的全部数据。常用的数据备份方式有完全备份、差异备份以及增量备份。完全备份是指对某一个时间点上的所有数据或应用进行的一个完全拷贝；差异备份是指在一次全备份后到进行差异备份的这段时间内，对那些增加或者修改文件的备份；增量备份是指在一次全备份或上一次增量备份后，以后每次的备份只需备份与前一次相比增加和者被修改的文件。

（4）备份策略。备份策略指的是对备份对象执行备份操作时，预先设置的策略，包括备份策略的名称、开关、备份任务执行的时间、周期以及备份数据的保留规则，其中备份数据的保留规则包括保存时间或保存数量。云备份服务通过将备份存储库绑定到备份策略，可以为存储库执行自动备份。

（5）复制。复制是指将一个区域已经生成的备份数据复制到另一个区域，后续可在另一个区域使用复制的备份数据创建镜像，并发放新的云服务器。云服务器备份和混合云备份支持对单个备份执行手动复制操作，同时也支持在备份策略中配置对应的复制策略，周期性地对策略产生的未向目标区域进行过复制或复制失败的备份执行复制操作。

（6）即时恢复。即时恢复特性支持备份快速恢复云服务器数据和备份快速创建镜像，恢复云服务器数据和备份创建镜像的时间相较于特性启用之前将大大缩短。支持即时恢复的备份与普通备份只有恢复速度的区别。云备份目前系统默认创建的备份均为增强备份，备份类型为普通备份的备份不支持即时恢复；备份类型为增强备份的备份支持即时恢复。增强备份相较于普通备份恢复云服务器数据和创建镜像所需的时间要大大缩短。

（7）数据库备份。云服务器备份同时支持崩溃一致性备份和应用一致性备份（即数据库备份）。启用数据库备份前，需要先安装客户端，否则会导致数据库备份失败。

2. 云备份服务的应用场景

（1）数据备份和恢复。

1）受黑客攻击或病毒入侵。通过云备份，系统可立即恢复到最近一次没有受黑客攻击或病毒入侵的备份时间点的状态。

2）数据被误删。通过云备份，系统可立即恢复到删除前的备份时间点的状态，找回被删除的数据。

3）应用程序更新出错。通过云备份，系统可立即恢复到应用程序更新前的备份时间点的状态，使系统正常运行。

4）云服务器宕机。通过云备份，服务器可立即恢复到宕机之前的备份时间点的状态，使服务器能再次正常启动。

（2）业务快速迁移和部署。为云服务器创建备份，用户使用备份创建镜像可快速创建与现有云服务器相同配置的新云服务器，实现业务的快速部署。

3. 云备份服务的约束

（1）公共。

1）一个存储库只可以绑定一个备份策略。

2）一个存储库只可以绑定一个复制策略。

3）一个存储库最多可以绑定 256 个资源。

4）每个用户最多只能创建 32 个备份策略和 32 个复制策略。

5）只有“可用”或“锁定”状态的存储库中的备份可以进行数据恢复。

6）“正在删除”状态的存储库中的备份不能执行删除操作。

7）使用 SDRS 部署容灾的云服务器，在开启容灾保护后，容灾站点的云服务器、云硬盘不支持恢复；停止容灾保护后，才能执行恢复操作。

8）不支持将备份下载至本地或上传至对象存储服务中。

9）存储库和备份的服务器或磁盘需在同一区域。

（2）云硬盘备份。

1）云硬盘处于“可用”或“正在使用”状态才可进行备份。

2）从备份创建云硬盘时，不支持批量创建。

3）创建的云硬盘容量不能小于备份数据所属原云硬盘容量。

4）云硬盘备份不支持复制到其他区域。

（3）云服务器备份。

1）CBR 支持备份服务器中的共享云硬盘，且支持备份最多挂载 10 个共享盘的云服务器。

2）只有“可用”或“锁定”状态的存储库中的云服务器备份才能创建镜像和复制。

3）CBR 支持服务器下多个云硬盘数据的崩溃一致性备份和数据库备份。

4）CBR 支持对选择服务器中的部分云硬盘进行备份，但必须将备份的云硬盘作为整体进行恢复，且不支持文件或者目录级别的恢复。

5）如果云服务器备份存储库绑定的资源已经超过配额限制，则无法进行备份创建镜像操作。

6）CBR 仅支持使用弹性云服务器的备份创建镜像，不支持使用裸金属服务器的备份创建镜像。

7）不建议对容量超过 4TB 的云服务器进行备份。

（4）SFS Turbo 备份。

1）文件系统处于“可用”状态才可进行备份。

2）暂不支持使用 SFS Turbo 备份恢复至原文件系统。

3）混合云备份：

- 同步至云端的备份无法创建服务器。
- 存储备份只能用于恢复其他的云服务器，且只能恢复至数据盘。

4）应用备份：

- 目标数据库名称支持包含特殊字符（_:~`!@$%^*()=-+",.）。

- 目标文件或文件目录名称支持包含特殊字符（_~`!@$%^()=-+,）。
- 目标数据库名称不能大于 100 字节。
- 目标文件的文件或文件目录路径不能大于 4096 字节。

【任务实施】

子任务 1　部署存储容灾服务

1. 创建保护组

（1）登录华为云，打开服务列表，选择“存储容灾服务 SDRS”选项，如图 10.2 所示。

图 10.2　“存储容灾服务 SDRS”选项

（2）在打开的“存储容灾服务”页面中，单击右上角的“创建保护组”按钮，如图 10.3 所示。

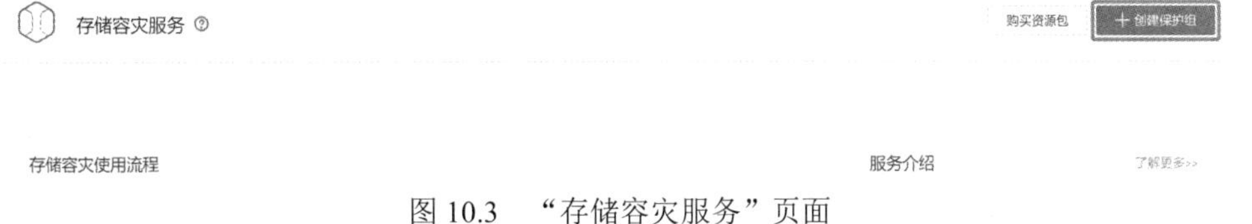

图 10.3　“存储容灾服务”页面

（3）在打开的“创建保护组”页面中，按要求设置图 10.4 所示的信息，然后单击“立即申请”按钮。

图 10.4　“创建保护组”页面

（4）在返回的“存储容灾服务”页面中，可以查看到该保护组的状态，待页面中出现创建的保护组且保护组的状态为“可用”时，表示创建成功，如图 10.5 所示。

2. 创建保护实例

（1）在创建成功的保护组选项中，选择右边的“保护实例”选项。

图 10.5 保护组的状态

（2）在打开的保护组详情页面的“保护实例”页签中，单击“创建”按钮，如图 10.6 所示。

图 10.6 “保护实例”页签

（3）在打开的“创建保护实例”页面中，按设置填写图 10.7 所示的信息，然后单击“立即申请”按钮。

图 10.7 “创建保护实例”页面

（4）在“规格确认”页面中，再次核对保护实例信息，确认无误后，单击“提交”按钮，如图 10.8 所示，开始添加保护实例。如果需要修改，可单击“上一步”按钮进行修改。

图 10.8　“规格确认”页面

（5）在返回的保护组详情页面中，可查看该保护组下的保护实例列表，待添加的保护实例的状态变为“可用”或者“保护中”时，表示创建成功，如图 10.9 所示。

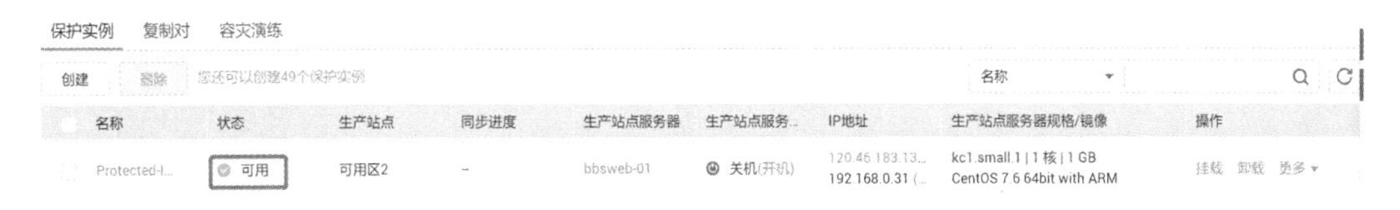

图 10.9　保护实例列表

3. 创建容灾演练

（1）在保护组详情页面中，选择“容灾演练”选项卡，在打开的“容灾演练”页签中，单击“创建容灾演练”按钮，如图 10.10 所示。

图 10.10　“容灾演练”页签

（2）在弹出的“创建容灾演练”对话框中，按要求设置图 10.11 所示的信息，然后单击“确定”按钮。

图 10.11　“创建容灾演练”对话框

4. 开启保护

（1）在保护组详情页面中，单击右上角的“开启保护”按钮，如图 10.12 所示。

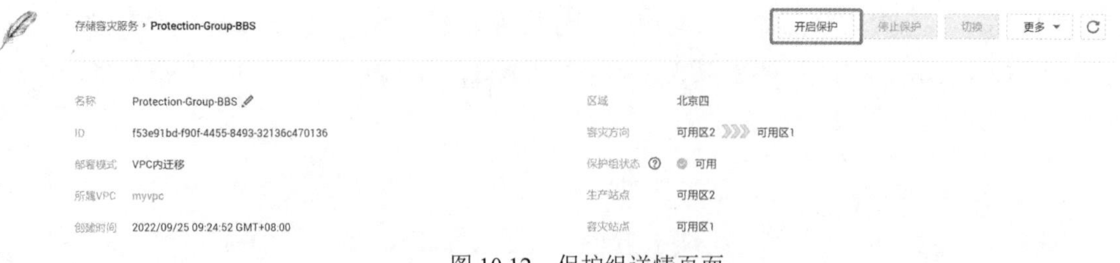

图 10.12 保护组详情页面

（2）在弹出的“开启保护”对话框中，确认保护组信息无误后，单击“是”按钮，如图 10.13 所示，数据开始同步。

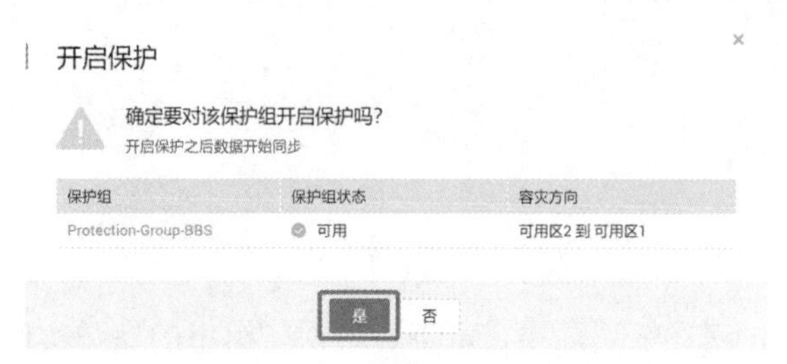

图 10.13 “开启保护”对话框

子任务 2 部署云服务器备份

子任务 2 部署云服务器备份

1. 创建策略

（1）登录华为云，打开服务列表，选择“云服务器备份 CSBS”选项，如图 10.14 所示。

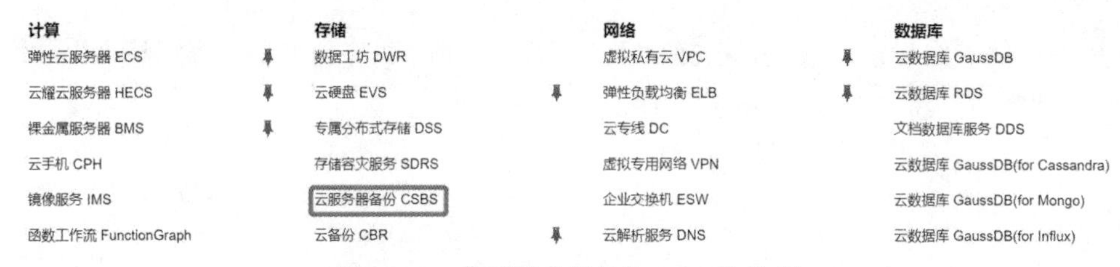

图 10.14 “云服务器备份 CSBS”选项

（2）在打开的“云备份控制台”页面中，选择左侧导航栏中的“策略”选项，在打开的“策略”页面中，单击右上角的“创建策略”按钮，如图 10.15 所示。

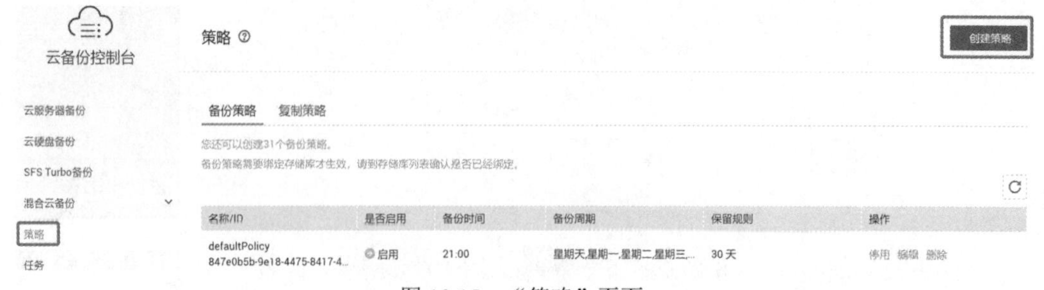

图 10.15 “策略”页面

（3）在打开的“创建策略”页面中，按要求设置图 10.16 所示的信息，然后单击“确定”按钮。

图 10.16　创建备份策略

（4）按照同样的方法，继续创建一个名称为“policy_bbs-复制”的复制策略，如图 10.17 所示。

图 10.17　创建复制策略

（5）成功创建后的备份策略和复制策略如图 10.18 所示。

2. 购买云服务器备份存储库

（1）选择左侧导航栏中的“云服务器备份”选项，在打开的“云服务器备份”页面中，单击右上角的“购买云服务器备份存储库”按钮，如图 10.19 所示。

图 10.18 成功创建的备份策略和复制策略

图 10.19 “云服务器备份”页面

（2）在打开的“购买云服务器备份存储库”页面中，按要求设置图 10.20 所示的信息，然后单击“立即购买”按钮。

购买云服务器备份存储库 < 返回云服务器备份存储库列表
计费模式 包年/包月 按需计费
区域 北京四
保护类型 备份 复制
数据库备份 启用
选择服务器 立即配置 暂不配置
服务器列表 已选服务器 (1)
所有状态 名称
名称/ID 状态 类型 可用区 绑定状态
bbsweb-01... 591f1956-... 关机 弹性云服... 可用区2 否
bbsweb-01 bb3e29cd-... 关机 弹性云服... 可用区1 否
bbsweb-01 de24fe41-c... 关机 弹性云服... 可用区2 否
名称/ID 状态 类型 可用区 已选磁盘 操作
bbsweb-01 de24fe41... 关机 弹性云服... 可用区2 1/1
* 存储库容量 − 80 + GB
当前所选磁盘空间为40GB。为了保证连续性，建议存储库容量不小于所选备份服务器磁盘空间。
当备份总容量超出存储库容量时，备份将会失败。
什么是存储库？
自动备份 立即配置 暂不配置
备份策略 policy_bbs-备份 | 按周备份 | 启用 | 23:00 | 星期天 | ... 创建策略
自动绑定 立即配置 暂不配置
自动扩容 立即配置 暂不配置
* 存储库名称 vault-bbs
配置费用 ¥0.0224/小时
参考价格，具体扣费请以账单为准。了解计费详情
立即购买

图 10.20 “购买云服务器备份存储库”页面

（3）在“规格确认”页面中，再次核对保护实例信息，确认无误后，单击“提交”按钮，如图 10.21 所示，开始购买云服务器备份存储库。如果需要修改，可单击“上一步”按钮进行修改。

图 10.21　“规格确认”页面

（4）以同样的方法，在“上海一”购买一个云服务器备份存储库，如图 10.22 所示。

图 10.22　“购买云服务器备份存储库”页面

（5）成功购买后的2个云服务器备份存储库，如图10.23所示。

图10.23 成功购买后的2个云服务器备份存储库

3. 绑定复制策略

（1）在“北京四”的“云服务器备份”页面的“存储库”页签中，执行该云服务器备份存储库右侧的“更多→绑定复制策略”命令，如图10.24所示。

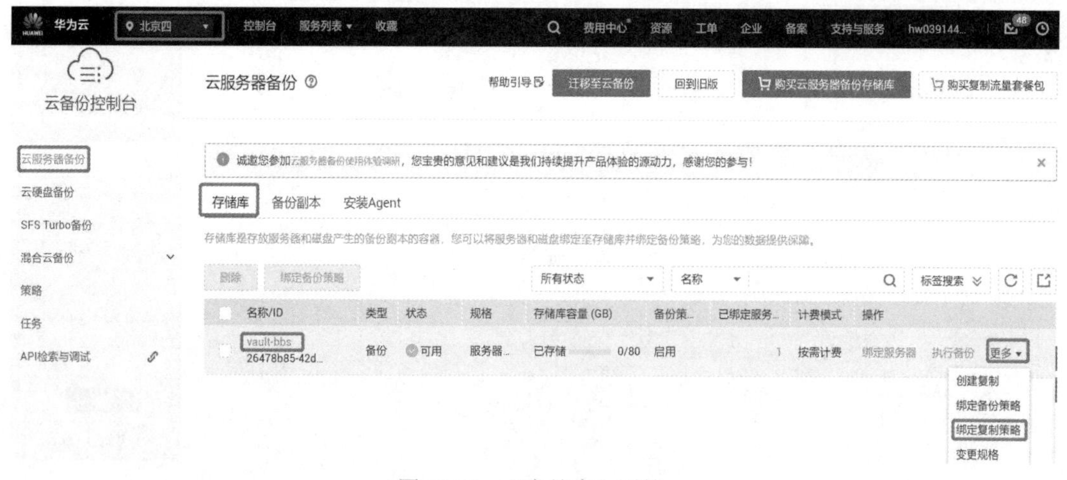

图10.24 “存储库”页签

（2）在弹出的“绑定复制策略”对话框中，按要求设置图10.25所示的信息，单击“确定”按钮。

4. 执行备份

（1）在“北京四”的“云服务器备份”页面的“存储库”页签（图10.24）中，选择该云服务器备份存储库右侧的“执行备份”选项。

（2）在打开的“执行备份”页面中，单击右下角的“确定”按钮，如图10.26所示。

图 10.25　“绑定复制策略”对话框

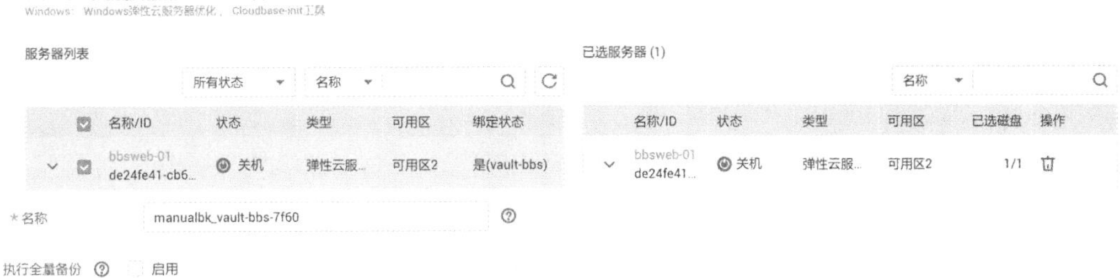

图 10.26　“执行备份”页面

（3）在“云服务器备份”页面的“备份副本”页签中，可以查看到已成功创建的备份，如图 10.27 所示。

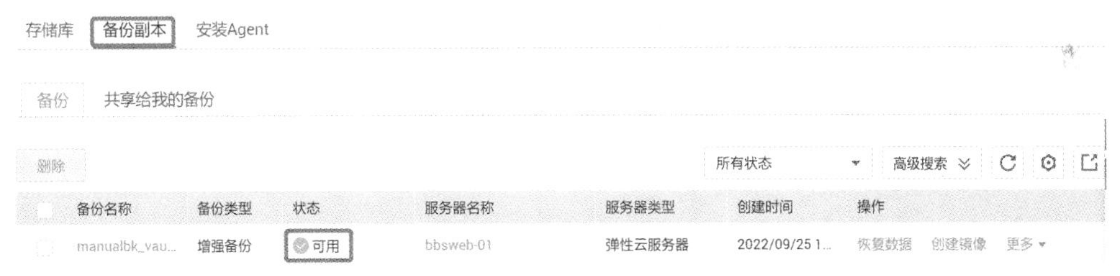

图 10.27　已成功创建的备份

5. 创建复制

（1）在“云服务器备份”页面的“备份副本”页签中，执行备份列表右侧的“更多→创建复制”命令，如图 10.28 所示

图 10.28　执行“创建复制”命令

（2）在“上海一”的“云服务器备份”页面的“备份副本”页签中，可以查看到已成

功创建的复制，如图 10.29 所示。

图 10.29　已成功创建的复制

【任务小结】

本任务主要介绍了容灾与备份的基本概念和区别，以及存储容灾服务和云备份服务的概念、应用场景和约束。通过创建保护组、保护实例和容灾演练，并对该保护组开启保护，从而实现 SDRS 跨可用区灾备的功能。通过创建策略、购买云服务器备份存储库、绑定备份策略及复制策略，实现云服务器备份和复制的功能。

【考核评价】

评价内容	评分项	自评得分	教师考评得分	备注
学习态度	课堂表现、学习活动态度（40 分）			
知识技能目标	容灾与备份概述（10 分）			
	存储容灾服务（10 分）			
	云备份服务（10 分）			
	部署存储容灾服务（15 分）			
	部署云服务器备份（15 分）			
总得分				

【任务拓展】

通过创建灾备任务，实现数据库 RDS 的实时灾备功能。

思考与练习

一、单选题

1. 同一个 Region 内不能共享（　　）资源。
   A. 内存　　B. 块存储　　C. VPC 网络　　D. 弹性计算

2．云上跨 AZ 容灾的 RTO 应（　　）。

A．0 分钟　　B．≤10 分钟　　C．≤20 分钟　　D．≤30 分钟

3．（　　）不属于备份系统要素。

A．BW　　B．VPC　　C．PRO　　D．RTO

4．下面不属于备份分类的是（　　）。

A．完全备份　　B．增量备份　　C．附加备份　　D．差异备份

二、多选题

1．云上容灾常用的方案是（　　）。

A．云上跨 AZ 容灾　　B．云上跨 Region 容灾

C．云上两地三中心　　D．云上跨应用容灾

2．跨云容灾模式有（　　）。

A．应用双活　　B．热备容灾　　C．冷备容灾　　D．数据库容灾

3．数据失效可分为（　　）。

A．物理损坏　　B．病毒损坏　　C．人为损坏　　D．逻辑损坏

4．备份系统的组成包括（　　）。

A．备份网络　　B．备份软件　　C．备份数据　　D．备份设备

三、简答题

容灾和备份的区别有哪些？

参考文献

[1] 云计算的发展历程[EB/OL]．[2020-11-27]．https://zhuanlan.zhihu.com/p/ 304499147．

[2] 南京第五十五所技术开发有限公司．云计算平台运维与开发（中级上）[M]．北京：高等教育出版社，2020．

[3] 什么是云容器实例[EB/OL]．[2022-05-05]．https://support.huaweicloud.com/productdesc-cci/cci_03_0001.html．

[4] 注册华为云账号[EB/OL]．[2022-08-11]．https://support.huaweicloud.com/usermanual-account/zh-cn_topic_0069252244.html．

[5] 登录华为云[EB/OL]．[2022-08-11]．https://support.huaweicloud.com/usermanual-account/account_id_004.html．

[6] 华为云服务[EB/OL]．[2015-09-07]．https://baike.so.com/doc/4444249-4652531.html．

[7] 曾文英．云计算应用开发技术教程[M]．北京：清华大学出版社，2016．

[8] 什么是镜像服务[EB/OL]．[2022-08-15]．https://support.huaweicloud.com/productdesc-ims/zh-cn_topic_0013901609.html．

[9] 配置 DNS[EB/OL]．[2022-07-05]．https://support.huaweicloud.com/usermanual-sfs/sfs_01_0038.html．

[10] 挂载 NFS 文件系统到云服务器（Linux）[EB/OL]．[2022-08-17]．https://support.huaweicloud.com/qs-sfs/zh-cn_topic_0034428728.html．

[11] 应用场景[EB/OL]．[2022-06-24]．https://support.huaweicloud.com/productdesc-vpc/overview_0002.html．

[12] 什么是弹性负载均衡[EB/OL]．[2022-07-07]．https://support.huaweicloud.com/productdesc-elb/zh-cn_topic_0015479966.html．

[13] 弹性公网 IP 的应用场景[EB/OL]．[2020-09-29]．https://www.huaweicloud.com/zhishi/eip3.html．

[14] 弹性公网 IP 简介[EB/OL]．[2022-08-15]．https://support.huaweicloud.com/usermanual-vpc/zh-cn_topic_0166932709.html．

[15] 黄靖．数据库系统原理[M]．北京：机械工业出版社，2018．

[16] 李丽萍，周永福，吴明宇．大数据技术基础与实战[M]．北京：中国水利水电出版社，2022．

[17] 华为 GaussDB100 数据库的基础知识概述[EB/OL]．[2019/12/19]．https://bbs.huaweicloud.com/blogs/139802．

[18] 云容器是什么？云容器服务有哪些优势？[EB/OL]．[2021-06-19]．https://www.xinnet.com/knowledge/2142326148.html．

[19] 什么是消息通知服务[EB/OL]．[2022-07-18]．https://support.huaweicloud.com/productdesc-smn/zh-cn_topic_0043394877.html．

[20] 产品优势[EB/OL]．[2022-07-18]．https://support.huaweicloud.com/productdesc-smn/smn_pd_23000.html．

[21] 功能总览[EB/OL]．[2022-07-18]．https://support.huaweicloud.com/function-smn/index.html．